U0353585

随书附赠光盘

Architecture Details CAD Construction Atlas Ⅲ

建筑细部CAD施工图集Ⅲ

主编/樊思亮 杨佳力 李岳君

玻璃幕墙/墙体构造/阳台雨蓬/防水做法

中国林业出版社

图书在版编目（CIP）数据

建筑细部CAD施工图集. 3 / 樊思亮, 杨佳力, 李岳君主编. -- 北京 : 中国林业出版社, 2014.10
ISBN 978-7-5038-7664-6

Ⅰ.①建… Ⅱ.①樊… ②杨… ③李… Ⅲ.①建筑设计－细部设计－计算机辅助设计－
AutoCAD软件－图集 Ⅳ.①TU201.4-64

中国版本图书馆CIP数据核字(2014)第220801号

本书编委会

主　编：樊思亮 杨佳力 李岳君

副主编：陈礼军 孔 强 郭 超 杨仁钰

参与编写人员：

陈 婧	张文媛	陆 露	何海珍	刘 婕	夏 雪	王 娟	黄 丽	程艳平	高丽媚
汪三红	肖 聪	张雨来	陈书争	韩培培	付珊珊	高囡囡	杨微微	姚栋良	张 雷
傅春元	邹艳明	武 斌	陈 阳	张晓萌	魏明悦	佟 月	金 金	李琳琳	高寒丽
赵乃萍	裴明明	李 跃	金 楠	邵东梅	李 倩	左文超	李凤英	姜 凡	郝春辉
宋光耀	于晓娜	许长友	王 然	王竞超	吉广健	马宝东	于志刚	刘 敏	杨学然

中国林业出版社·建筑家居出版分社
责任编辑：李 顺 王思明
出版咨询：（010）83223051

出版：中国林业出版社（100009 北京西城区德内大街刘海胡同7号）
网站：http://lycb.forestry.gov.cn/
印刷：北京卡乐富印刷有限公司
发行：中国林业出版社发行中心
电话：（010）83224477
版次：2015年 1 月第1版
印次：2015年 1 月第1次
开本：889mm×1194mm 1／12
印张：19
字数：200千字
定价：98.00元

前　言

自2010年组织相关单位编写三套CAD图集（建筑、景观、室内）以来，现因建筑细部CAD图集的正式出版，前期工作已告一段落，从读者对整套图集反映来看，非常值得整个编写团队欣慰。

从最初的构思，至现在整套CAD图集的全部出版，历时近5年，当初组织各设计院和设计单位汇集材料，大家提供的东西可谓"各有千秋"，让编写团队头疼不已。编写者基本是设计行业管理者和一线工作者，非常清楚在实践设计和制图中遇到的困难，正是因为这样，我们不断收集设计师提供的建议和信息，不断修改和调整，希望这套施工图集不要沦为像现在市面上大部分CAD图集一样，无轻无重，无章无序。

还是如中国林业出版社一位策划编辑所言，最终检验我们所付出劳动的验金石——市场，才会给我最终的答案。但我们仍然信心百倍。

在此我大致说说本套建筑细部CAD施工图集的亮点：

首先，本套书区别于以往的CAD施工图集，对CAD模块进行非常详细的分类与调整，根据现代设计的要求，将四本书大体分为建筑面层类、建筑构件类、建筑基础类、钢结构类，在这四类的基础上再进一步细分，争取做到让施工图设计者能得其中一本，便能把握一类的制图技巧和技术要点。

其次，就是整套图集的全面性和权威性，我们联合了近20所建筑计院所编写这套图集，严格按照建筑及施工设计标准制定规范，让设计师在设计和制作施工图时有据可依，有章可循，并且能依此类推，应用至其他施工图中。

再次，我们对这套书作了严格的版权保护，光盘进行了严格的加密，这也是对作品提供者的保护和认同，我们更希望读者们有版权保护的意识，为我国的版权事业贡献力量。

施工图是建筑设计中既基础而又非常重要的一部分，无论对于刚入行的制图员，还是设计大师，都是必不可少的一门技能。但这绝非一朝一夕能练就的，就像一句古语："千里之行，始于足下"，希望广大的设计者能从这里得到些东西，抑或发现些东西，我们更希望大家提出意见，甚或是批评，指导我们做得更好！

编著者

2014年9月

目 录

玻璃幕墙

墙体构造

Contents

玻璃幕墙

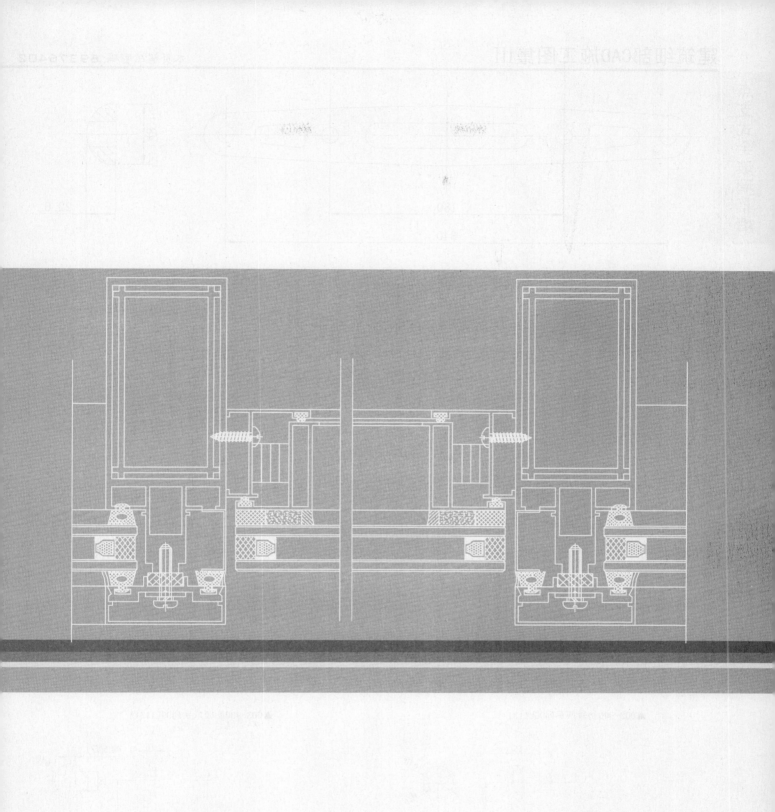

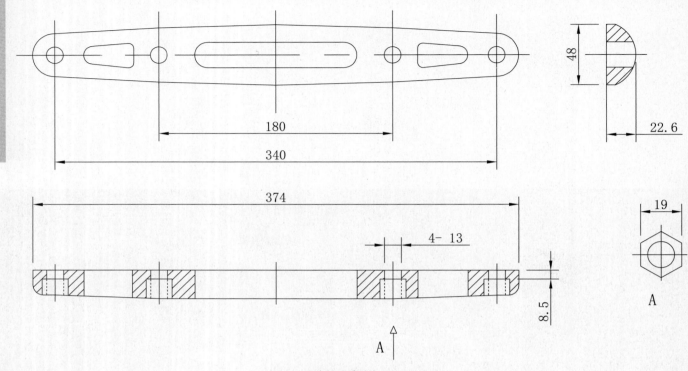

▲001-900肋驳爪系列1DGL340A

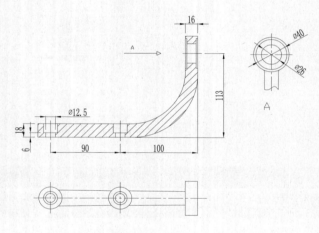

▲002-900肋驳爪系列DGL1131

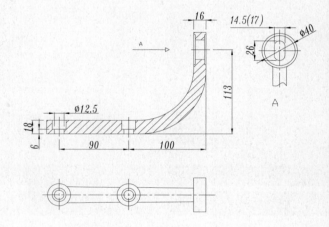

▲003-900肋驳爪系列DGL1131A

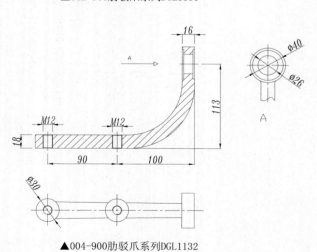

▲004-900肋驳爪系列DGL1132

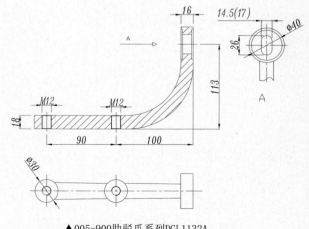

▲005-900肋驳爪系列DGL1132A

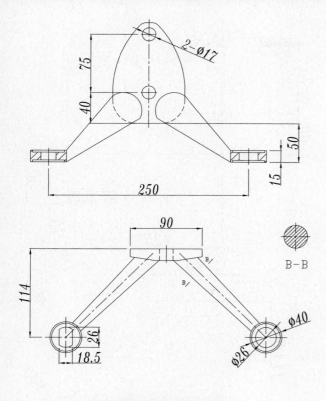

▲006-900肋驳爪系列DGL2503

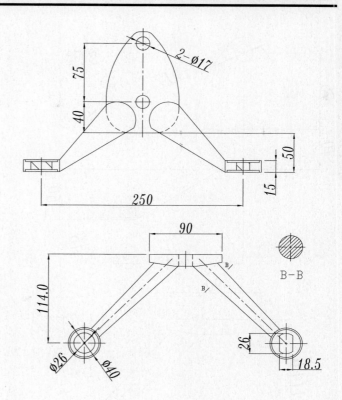

▲007-900肋驳爪系列DGL2503A

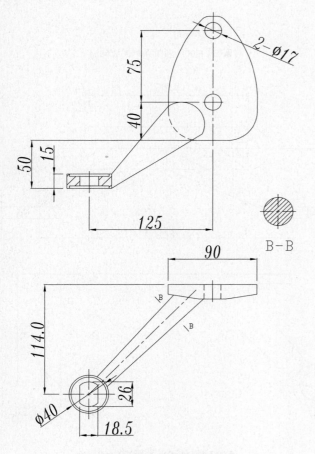

▲008-900肋驳爪系列DGL2504

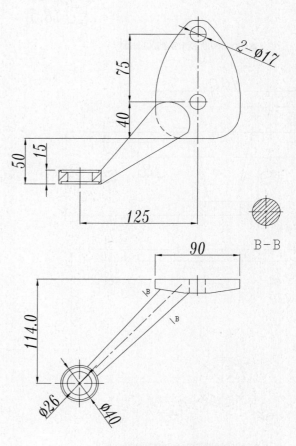

▲009-900肋驳爪系列DGL2504A

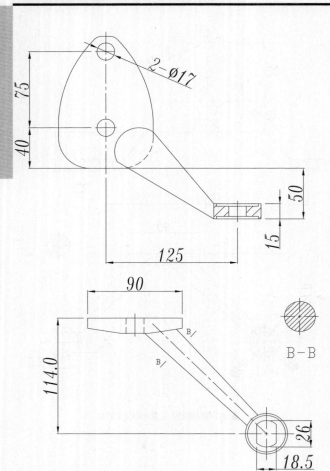

▲010-900肋驳爪系列DGL2505

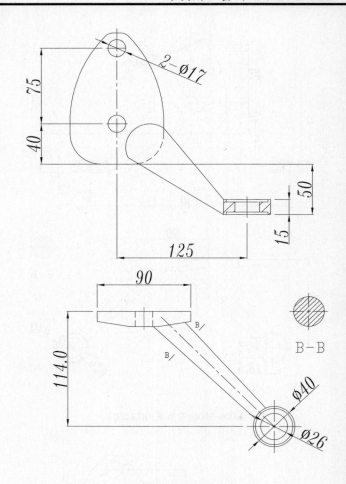

▲011-900肋驳爪系列DGL2505A

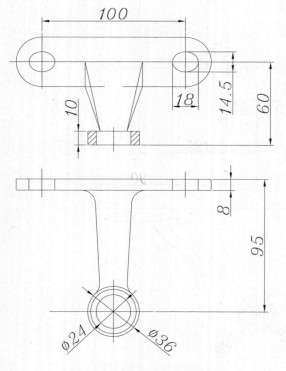

▲012-900肋驳爪系列DGQ2101

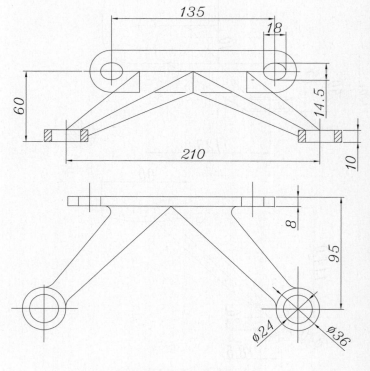

▲013-900肋驳爪系列DGQ2102

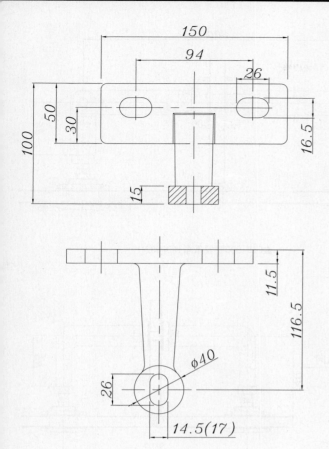

▲014-900肋驳爪系列DGQ2501

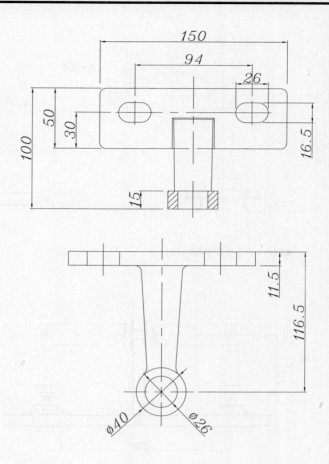

▲015-900肋驳爪系列DGQ2501A

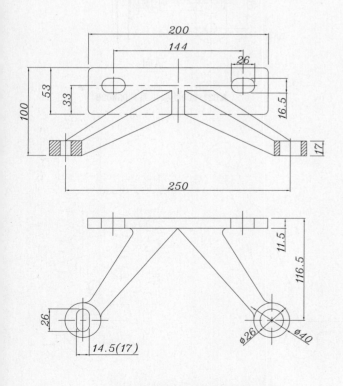

▲016-900肋驳爪系列DGQ2502

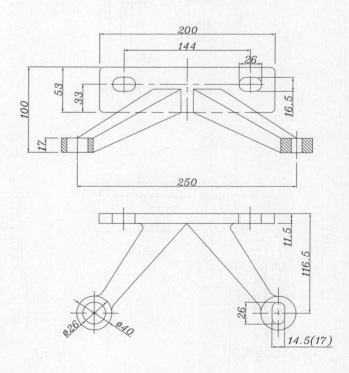

▲017-900肋驳爪系列DGQ2502A

点支式全玻璃幕墙

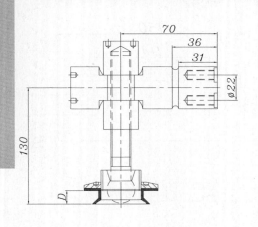

▲018-900肋驳爪系列DGW01

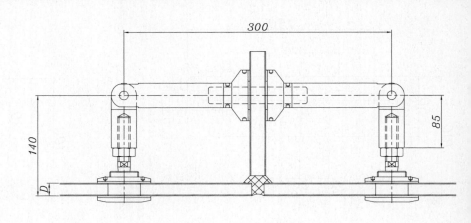

▲019-900肋驳爪系列DGW02

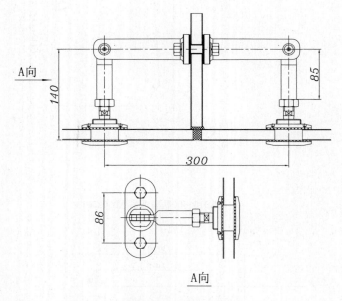

▲020-900肋驳爪系列DGW02A

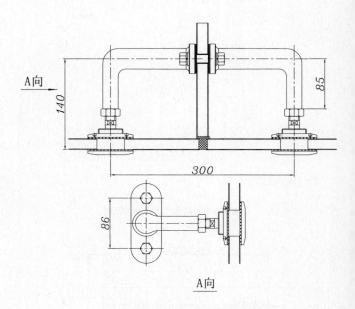

▲021-900肋驳爪系列DGW02B

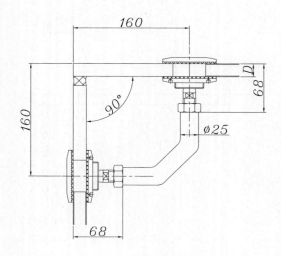

▲022-900肋驳爪系列DGW160

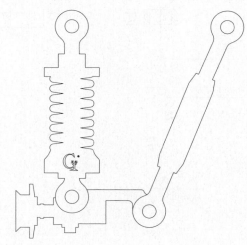

▲023-AS驳接头侧面

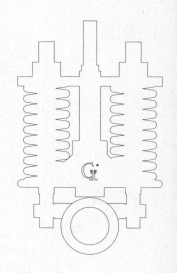

▲024-AS驳接头正面

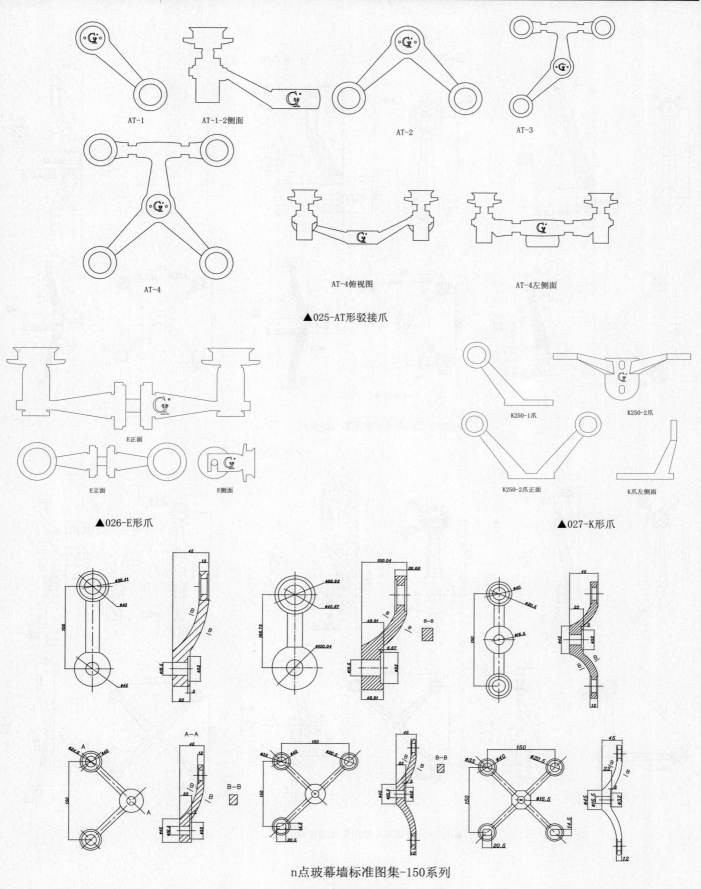

AT-1　　　　AT-1-2侧面　　　　　　　AT-2　　　　AT-3

AT-4

AT-4俯视图　　　　　　AT-4左侧面

▲025-AT形驳接爪

E正面

E立面　　　E侧面

▲026-E形爪

K250-1爪　　　K250-2爪

K250-2爪正面　　　K爪左侧面

▲027-K形爪

n点玻幕墙标准图集-150系列

▲028-n点玻幕墙标准图集-150系列

点支式全玻璃幕墙

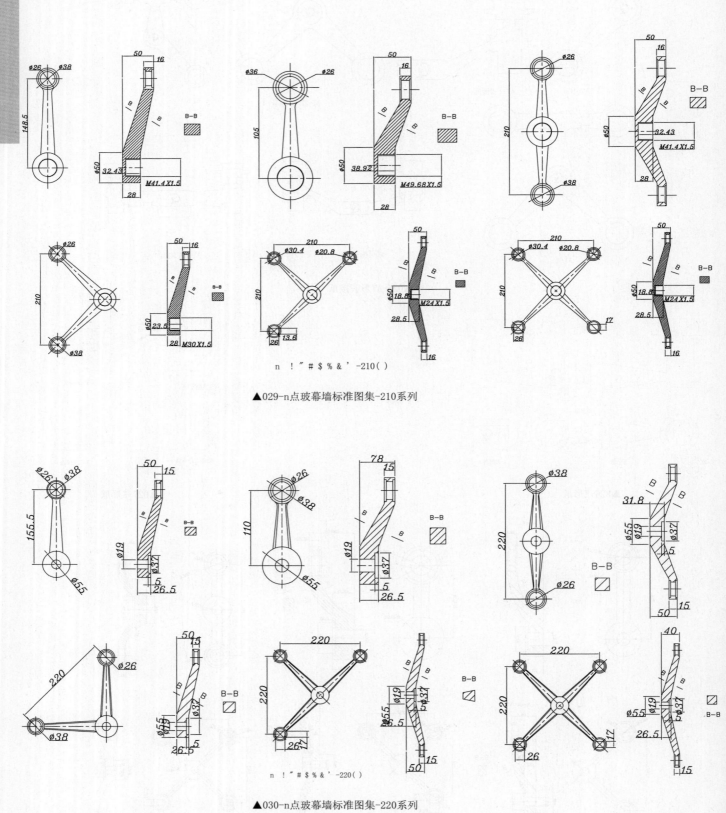

n！"＃＄％％＆'-210( )

▲029-n点玻幕墙标准图集-210系列

n！"＃＄％％＆'-220( )

▲030-n点玻幕墙标准图集-220系列

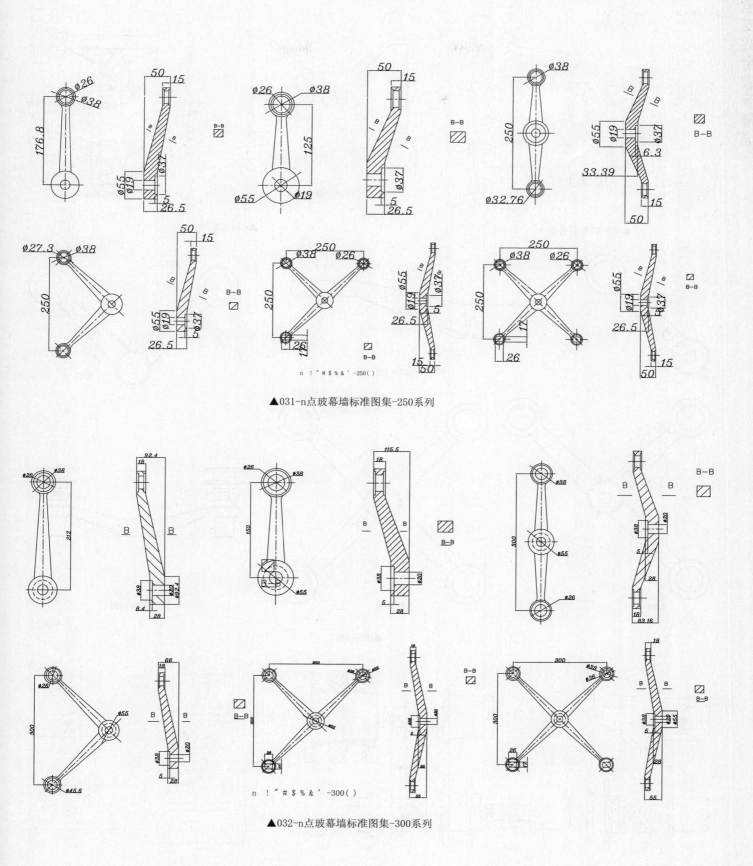

▲031-n点玻幕墙标准图集-250系列

▲032-n点玻幕墙标准图集-300系列

点支式全玻璃幕墙

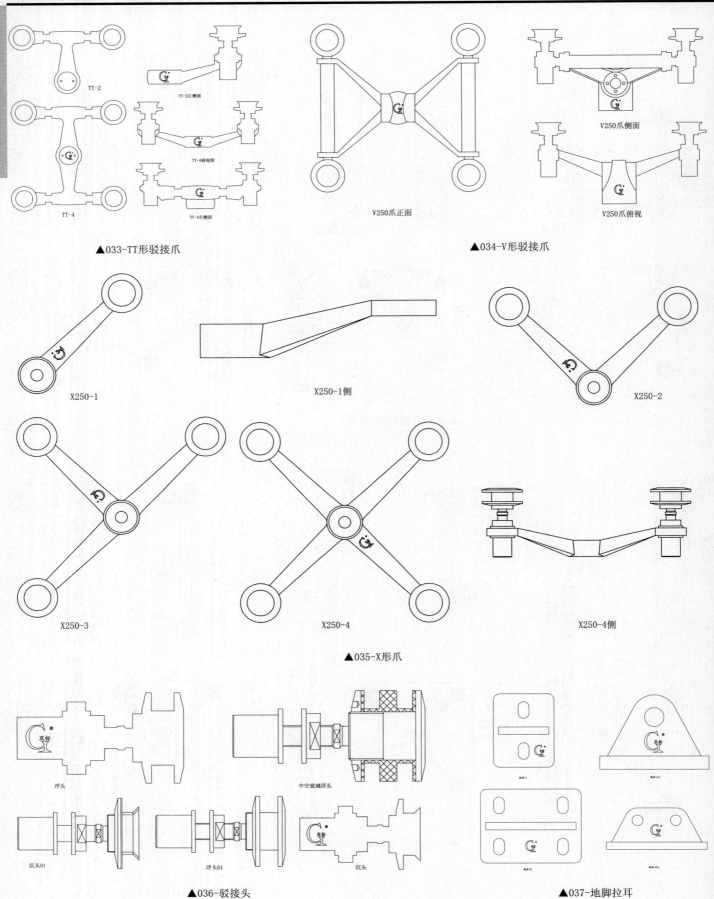

▲033-TT形驳接爪

▲034-V形驳接爪

▲035-X形爪

▲036-驳接头

▲037-地脚拉耳

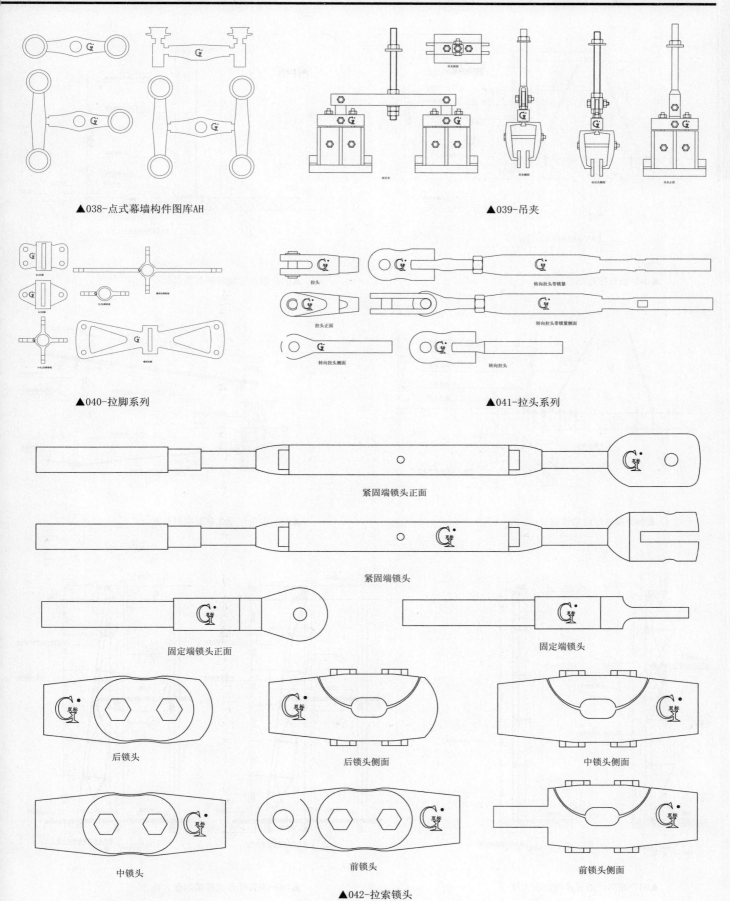

▲038-点式幕墙构件图库AH

▲039-吊夹

▲040-拉脚系列

▲041-拉头系列

紧固端锁头正面

紧固端锁头

固定端锁头正面

固定端锁头

后锁头

后锁头侧面

中锁头侧面

中锁头

前锁头

前锁头侧面

▲042-拉索锁头

点支式全玻璃幕墙

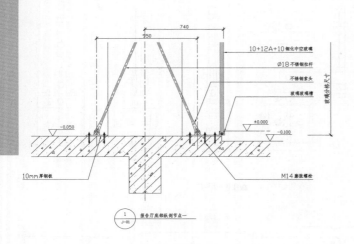

10+12A+10钢化中空玻璃
Ø18不锈钢拉杆
不锈钢索头
玻璃底槽

玻璃分格尺寸

10mm厚钢板

M14膨胀螺栓

▲043-报告厅底部纵剖节点一

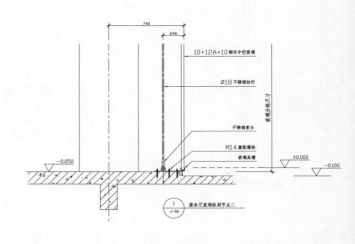

10+12A+10钢化中空玻璃
Ø18不锈钢拉杆
不锈钢索头
M14膨胀螺栓
玻璃底槽

▲044-报告厅底部纵剖节点二

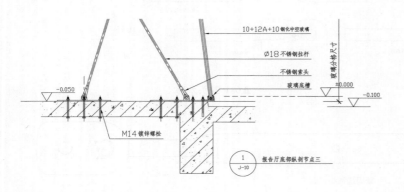

10+12A+10钢化中空玻璃
Ø18不锈钢拉杆
不锈钢索头
玻璃底槽

M14镀锌螺栓

▲045-报告厅底部纵剖节点三

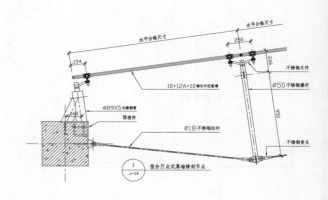

不锈钢爪件
Ø50不锈钢撑杆
10+12A+10钢化中空玻璃
Ø89×5无缝钢管
预埋件
Ø18不锈钢拉杆
不锈钢索头

▲046-报告厅点式幕墙横剖节点

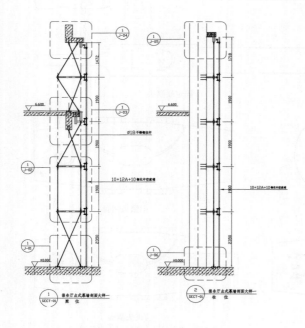

Ø18不锈钢拉杆
10+12A+10钢化中空玻璃
10+12A+10钢化中空玻璃

▲047-报告厅点式幕墙剖面大样一

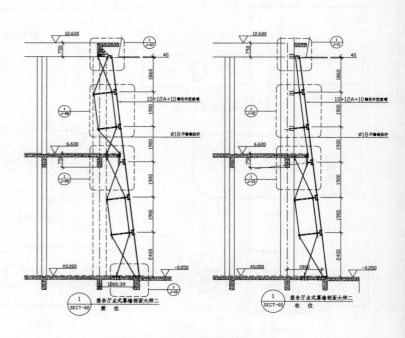

10+12A+10钢化中空玻璃
Ø18不锈钢拉杆

▲048-报告厅点式幕墙剖面大样二

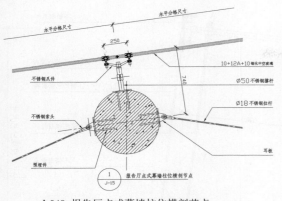

水平分格尺寸
250
10+12A+10钢化中空玻璃
不锈钢爪件
Ø50不锈钢撑杆
Ø18不锈钢拉杆
不锈钢索头
耳板
预埋件

▲049-报告厅点式幕墙柱位横剖节点

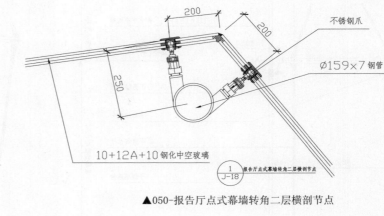

200
200
不锈钢爪
250
Ø159×7钢管
10+12A+10钢化中空玻璃

▲050-报告厅点式幕墙转角二层横剖节点

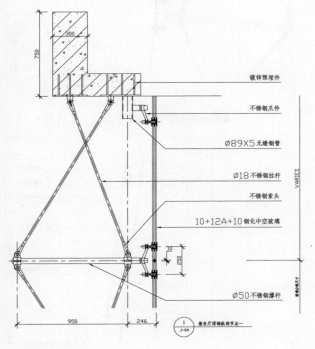

300
750
镀锌预埋件
不锈钢爪件
Ø89X5无缝钢管
Ø18不锈钢拉杆
不锈钢索头
10+12A+10钢化中空玻璃
Ø50不锈钢撑杆
950
246

▲051-报告厅顶部纵剖节点一

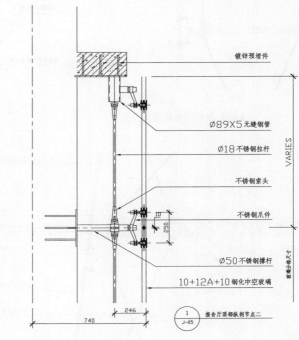

镀锌预埋件
Ø89X5无缝钢管
Ø18不锈钢拉杆
不锈钢索头
不锈钢爪件
Ø50不锈钢撑杆
10+12A+10钢化中空玻璃
740
246

▲052-报告厅顶部纵剖节点二

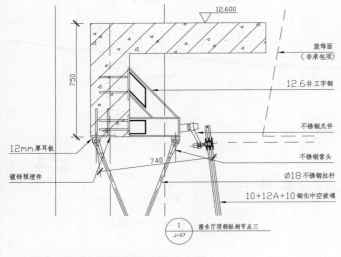

12.600
装饰面
（非承包项）
12.6#工字钢
750
不锈钢爪件
12mm厚耳板
740
不锈钢索头
Ø18不锈钢拉杆
镀锌预埋件
10+12A+10钢化中空玻璃

▲053-报告厅顶部纵剖节点三

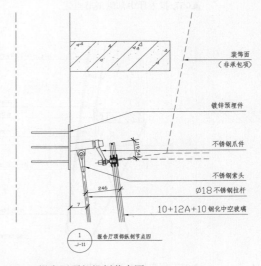

装饰面
（非承包项）
镀锌预埋件
不锈钢爪件
不锈钢索头
246
Ø18不锈钢拉杆
7
10+12A+10钢化中空玻璃

▲054-报告厅顶部纵剖节点四

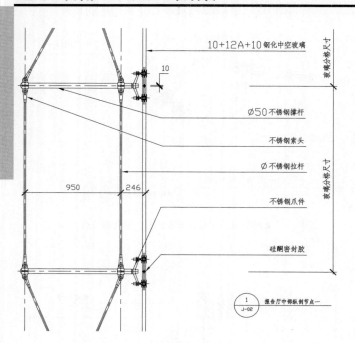

10+12A+10钢化中空玻璃
10
Ø50不锈钢撑杆
不锈钢索头
Ø不锈钢拉杆
不锈钢爪件
硅酮密封胶
950 246
玻璃分格尺寸

▲055-报告厅中部纵剖节点一

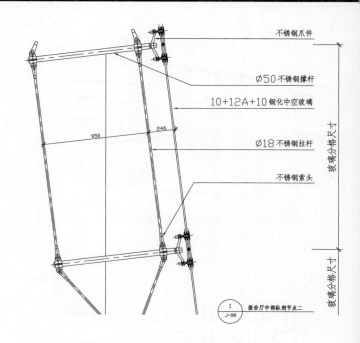

不锈钢爪件
Ø50不锈钢撑杆
10+12A+10钢化中空玻璃
Ø18不锈钢拉杆
不锈钢索头
950 246
玻璃分格尺寸

▲056-报告厅中部纵剖节点二

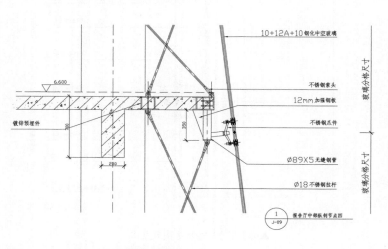

10+12A+10钢化中空玻璃
6.600
不锈钢索头
12mm加强钢板
镀锌预埋件
不锈钢爪件
Ø89X5无缝钢管
Ø18不锈钢拉杆
玻璃分格尺寸

▲057-报告厅中部纵剖节点三

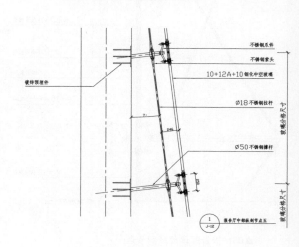

不锈钢爪件
不锈钢索头
10+12A+10钢化中空玻璃
镀锌预埋件
Ø18不锈钢拉杆
Ø50不锈钢撑杆
玻璃分格尺寸

▲058-报告厅中部纵剖节点四

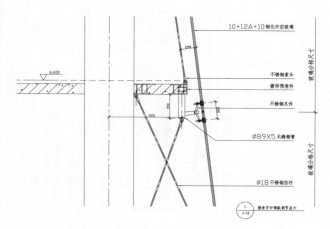

10+12A+10钢化中空玻璃
6.600
不锈钢索头
镀锌预埋件
不锈钢爪件
Ø89X5无缝钢管
Ø18不锈钢拉杆
玻璃分格尺寸

▲059-报告厅中部纵剖节点五

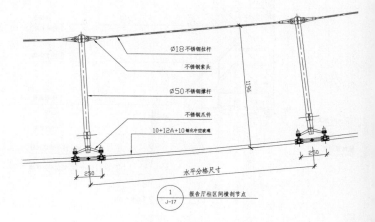

Ø18不锈钢拉杆
不锈钢索头
Ø50不锈钢撑杆
不锈钢爪件
10+12A+10钢化中空玻璃
1196
250 250 250
水平分格尺寸

▲060-报告厅柱区间横剖节点

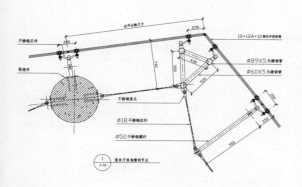

▲061-报告厅转角横剖节点

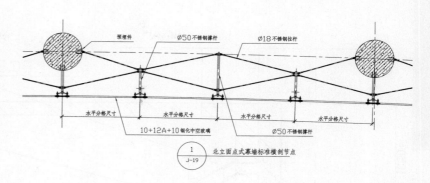

▲062-北立面点式幕墙标准横剖节点

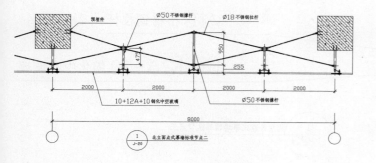

▲063-北立面点式幕墙标准节点二

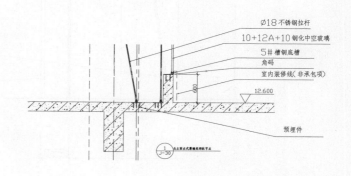

▲064-北立面点式幕墙底部纵节点

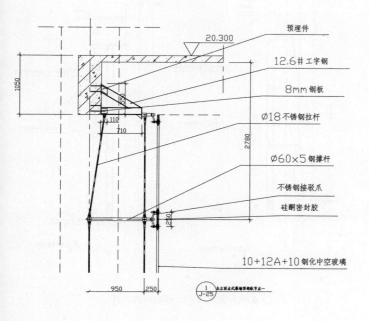

▲065-北立面点式幕墙顶部纵节点一

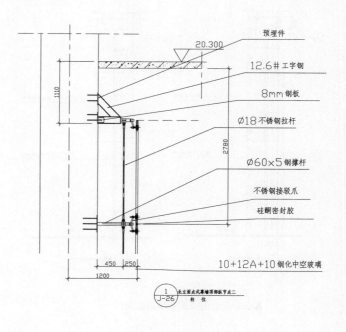

▲066-北立面点式幕墙顶部纵节点二

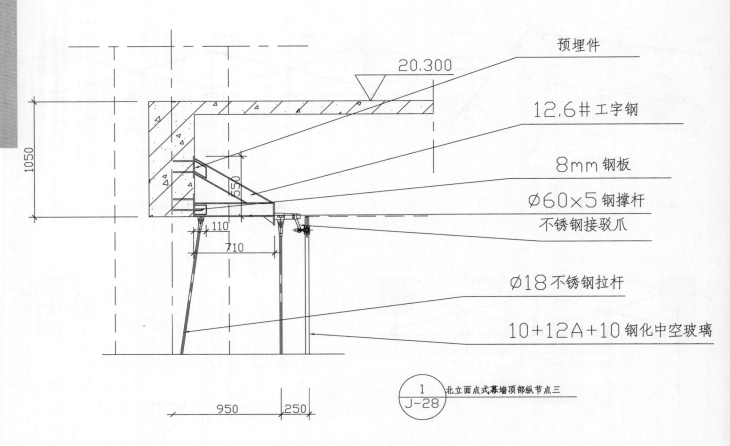

预埋件

12.6#工字钢

8mm 钢板

∅60×5钢撑杆

不锈钢接驳爪

∅18不锈钢拉杆

10+12A+10 钢化中空玻璃

20.300

1050

110

710

950   250

1
J-28
北立面点式幕墙顶部纵节点三

▲067-北立面点式幕墙顶部纵节点三

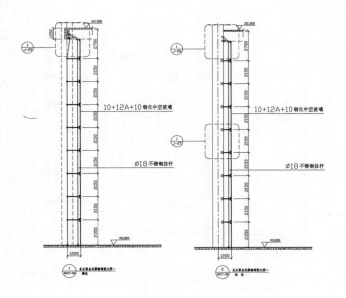

▲068-北立面点式幕墙剖面大样一

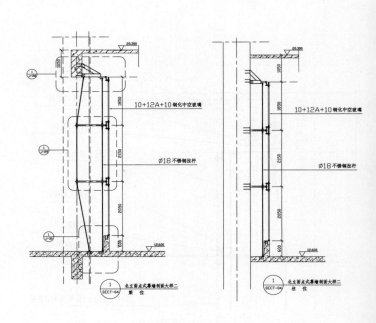

▲069-北立面点式幕墙剖面大样二

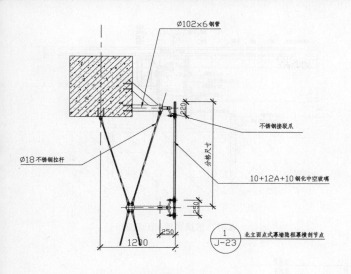

▲070-北立面点式幕墙隐框幕横剖节点

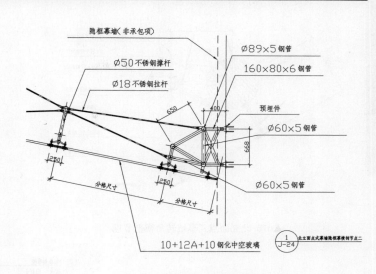

▲071-北立面点式幕墙隐框幕横剖节点二

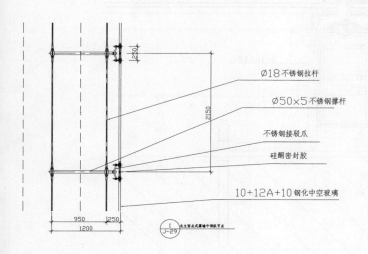

▲072-北立面点式幕墙中部纵节点-1

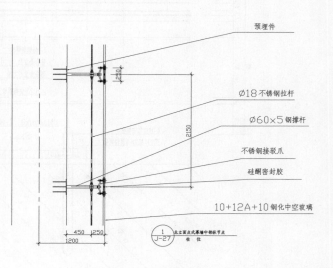

▲073-北立面点式幕墙中部纵节点

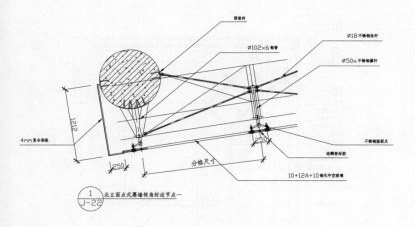

▲074-北立面点式幕墙转角封边节点一

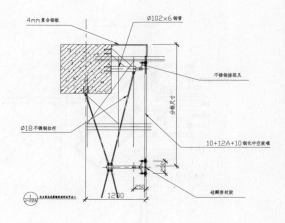

▲075-北立面点式幕墙转角封边节点二

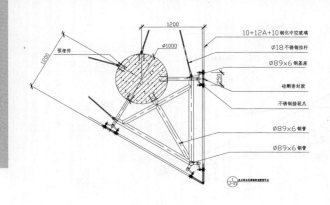

10+12A+10钢化中空玻璃
Ø18不锈钢拉杆
Ø89×6钢基座
硅酮密封胶
不锈钢接驳爪
Ø89×6钢管
Ø89×6钢管

▲076-北立面点式幕墙转角横剖节点

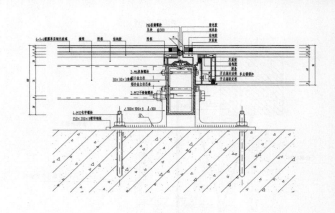

▲077-玻璃幕墙1节点图1

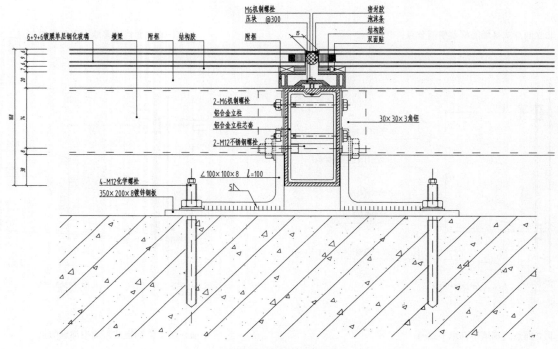

M6机制螺栓
压块 @300
密封胶
泡沫条
结构胶
双面贴

6+9+6镀膜单层钢化玻璃　横梁　附框　结构胶　　附框

2-M6机制螺栓
铝合金立柱
铝合金立柱芯套
2-M12不锈钢螺栓

30×30×3角铝

4-M12化学螺栓
350×200×8镀锌钢板

∠100×100×8 l=100

▲078-玻璃幕墙1节点图2

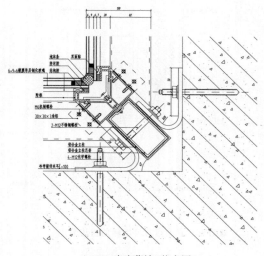

泡沫条
双面贴
6+9+6镀膜单层钢化玻璃
结构胶
M6机制螺栓
30×30×3角铝
2-M12不锈钢螺栓

铝合金立柱
铝合金立柱芯套
4-M12化学螺栓
冷弯管转夹写≤100

▲079-玻璃幕墙1节点图3

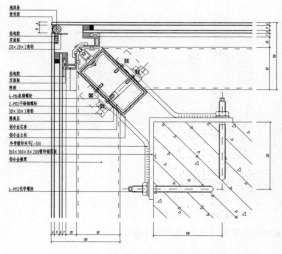

泡沫条
密封胶
结构胶
20×20×2角铝
结构胶
双面贴
附框
4-M6机制螺栓
2-M12不锈钢螺栓
30×30×3角铝
隔热层
铝合金立柱芯套
铝合金立柱
冷弯管转夹写≤100
160×160×8×200镀锌钢折板
铝合金横梁
4-M12化学螺栓

▲080-玻璃幕墙1节点图4

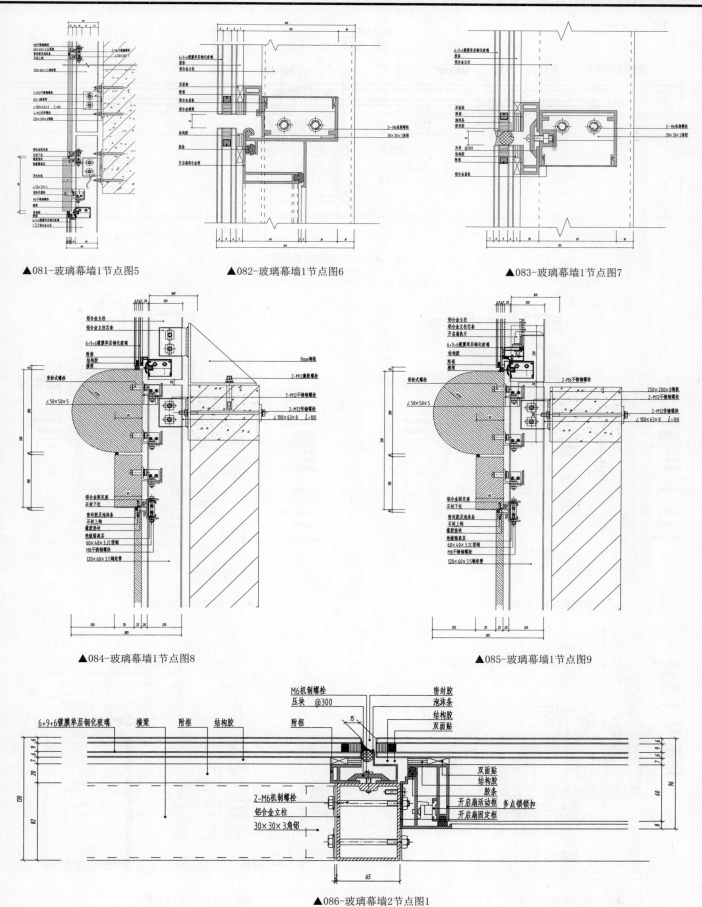

▲081-玻璃幕墙1节点图5　　　　▲082-玻璃幕墙1节点图6　　　　▲083-玻璃幕墙1节点图7

▲084-玻璃幕墙1节点图8　　　　　　　　　▲085-玻璃幕墙1节点图9

▲086-玻璃幕墙2节点图1

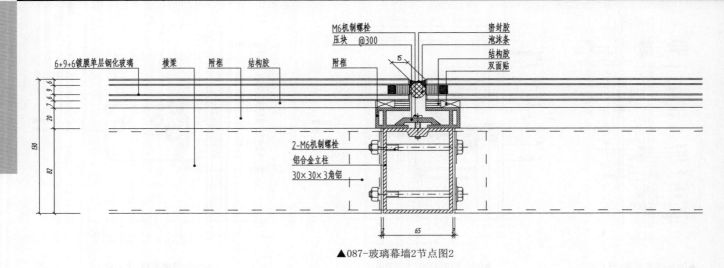

▲087-玻璃幕墙2节点图2

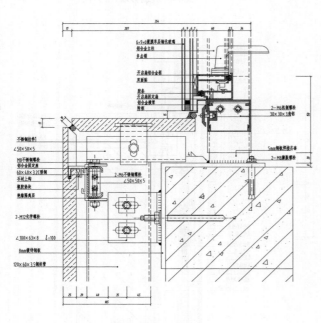

▲088-玻璃幕墙2节点图3

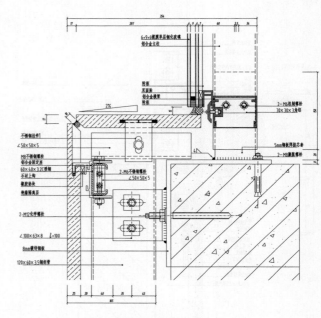

▲089-玻璃幕墙2节点图4

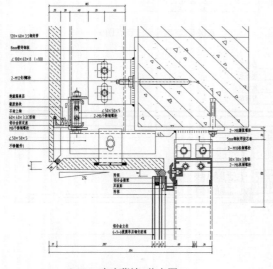

▲090-玻璃幕墙2节点图5

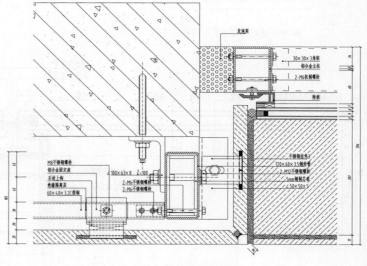

▲091-玻璃幕墙2节点图6

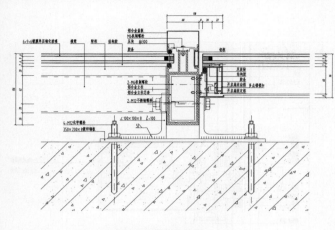

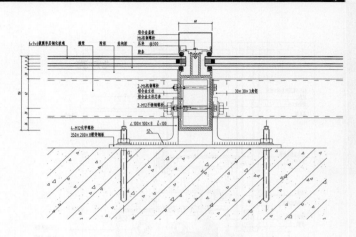

▲092-玻璃幕墙节点图1

▲093-玻璃幕墙节点图2

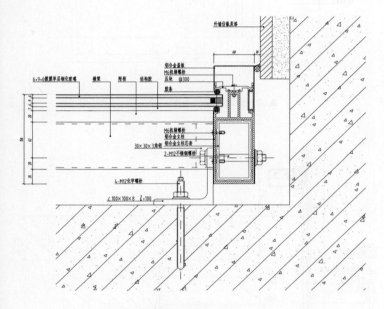

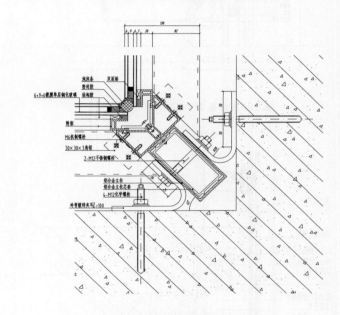

▲094-玻璃幕墙节点图3

▲095-玻璃幕墙节点图5

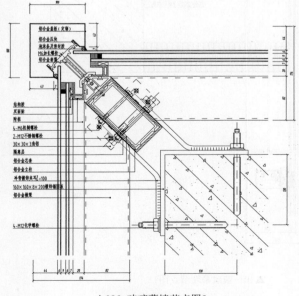

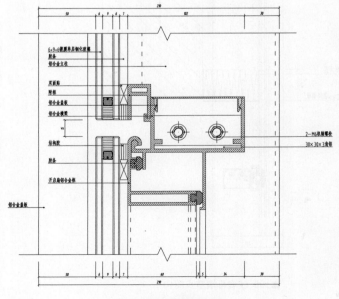

▲096-玻璃幕墙节点图6

▲097-玻璃幕墙节点图7

点支式全玻璃幕墙

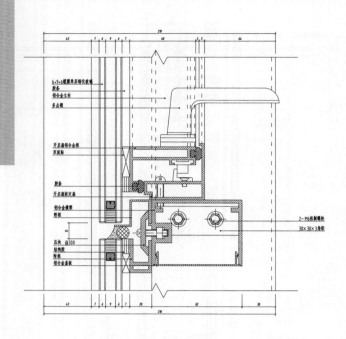

▲098-玻璃幕墙节点图8

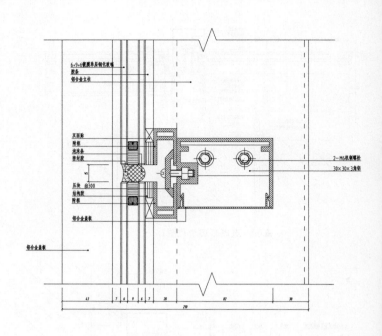

▲099-玻璃幕墙节点图9

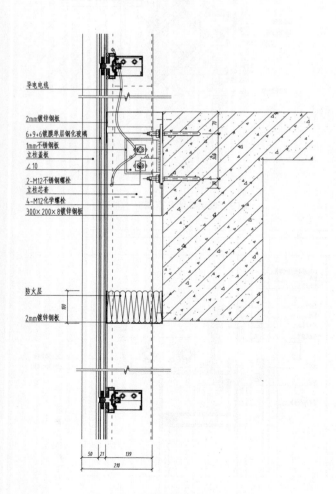

▲100-玻璃幕墙节点图10

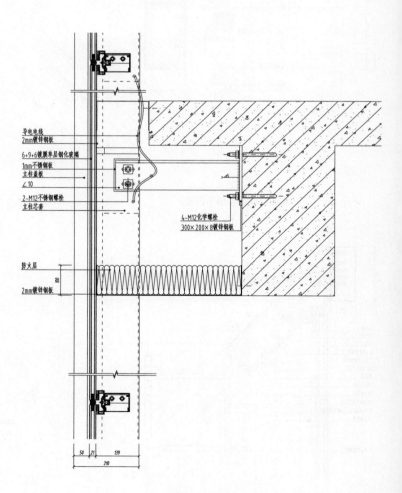

▲101-玻璃幕墙节点图11

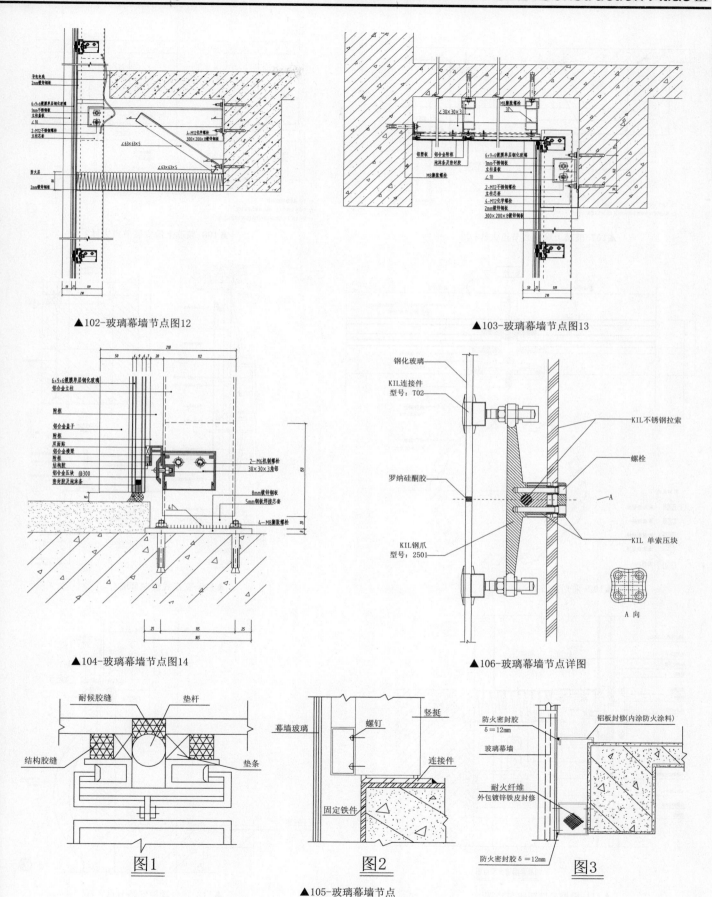

▲102-玻璃幕墙节点图12

▲103-玻璃幕墙节点图13

▲104-玻璃幕墙节点图14

▲106-玻璃幕墙节点详图

图1

图2

图3

▲105-玻璃幕墙节点

点
支
式
全
玻
璃
幕
墙

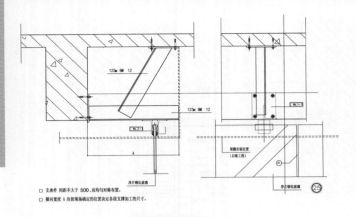

▲107-玻璃上端安装节点大样1

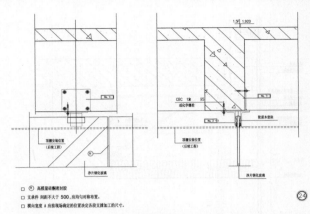

▲108-玻璃上端安装节点大样2

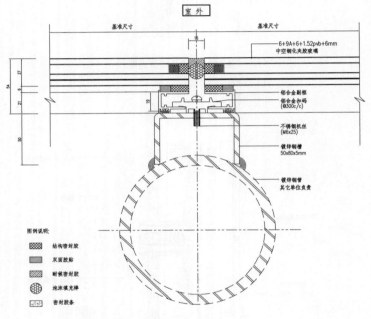

▲109-采光顶节点

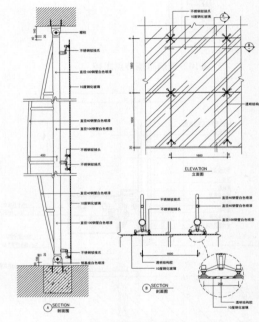

▲110-支点式玻璃幕墙

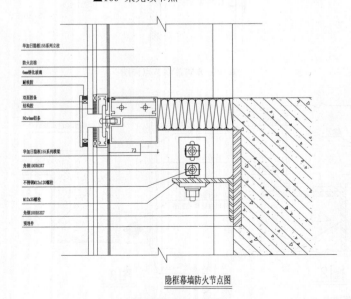

隐框幕墙防火节点图

▲111-隐框幕墙防火节点图

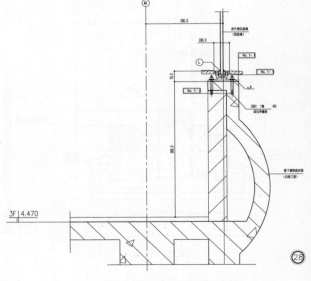

▲112-窗台埋板安装节点大样

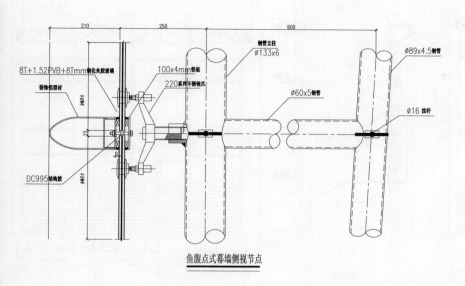

鱼腹点式幕墙侧视节点

▲113-鱼腹梁侧视标准节点

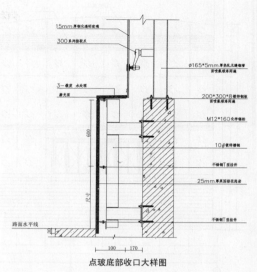

点玻底部收口大样图

▲114-点玻底部收口大样图

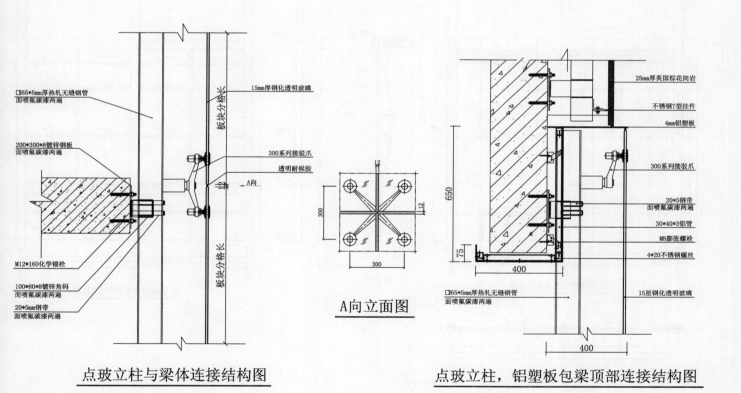

点玻立柱与梁体连接结构图　　A向立面图　　点玻立柱，铝塑板包梁顶部连接结构图

▲115-点玻立柱与梁体连接节点详图

点
支
式
全
玻
璃
幕
墙

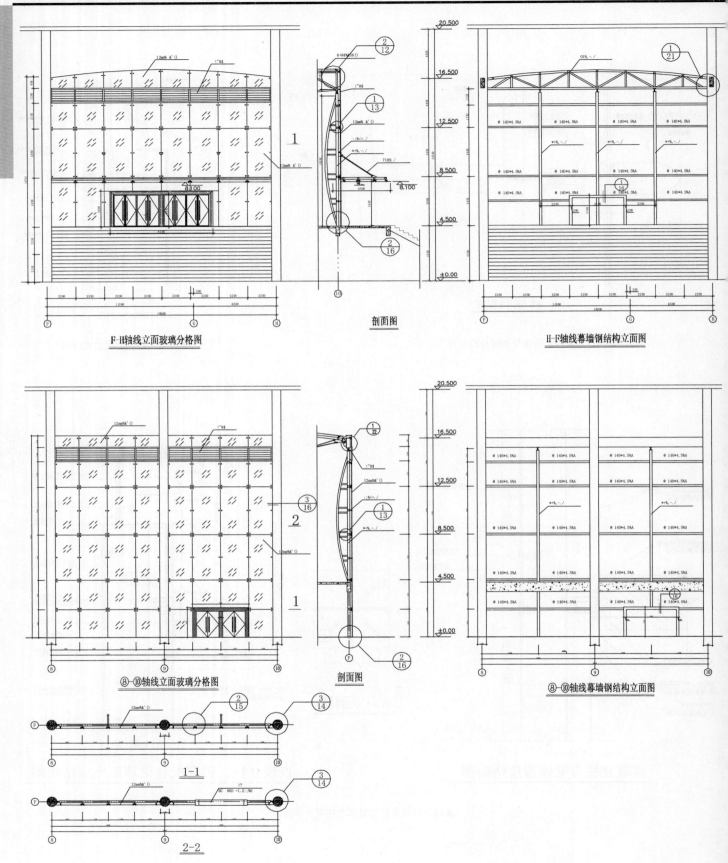

F-H轴线立面玻璃分格图　　　　剖面图　　　　H-F轴线幕墙钢结构立面图

⑧-⑩轴线立面玻璃分格图　　　　剖面图　　　　⑧-⑩轴线幕墙钢结构立面图

1-1

2-2

▲116-点驳式玻璃幕

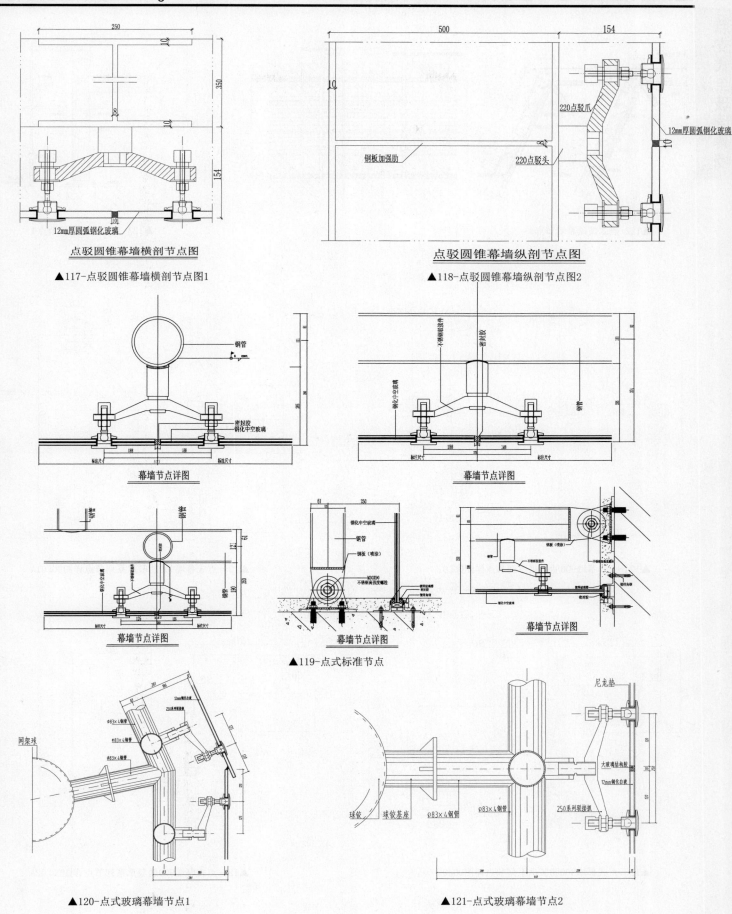

点驳圆锥幕墙横剖节点图

▲117-点驳圆锥幕墙横剖节点图1

点驳圆锥幕墙纵剖节点图

▲118-点驳圆锥幕墙纵剖节点图2

幕墙节点详图

幕墙节点详图

幕墙节点详图

幕墙节点详图

幕墙节点详图

▲119-点式标准节点

▲120-点式玻璃幕墙节点1

▲121-点式玻璃幕墙节点2

点支式全玻璃幕墙

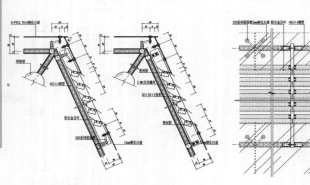

▲122-点式玻璃幕墙节点3

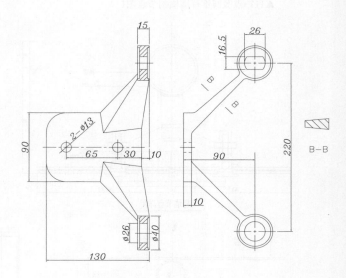

▲123-点式玻璃幕墙节点4

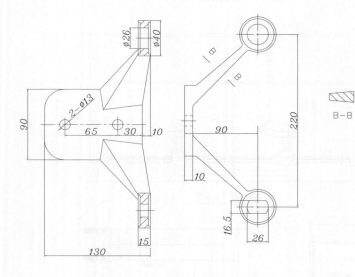

▲124-点式幕墙900肋驳爪系列节点详图DGL01

▲125-点式幕墙900肋驳爪系列节点详图DGL01A

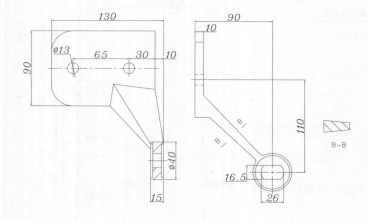

▲126-点式幕墙900肋驳爪系列节点详图DGL02

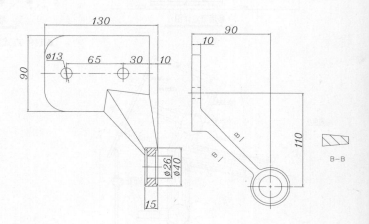

▲127-点式幕墙900肋驳爪系列节点详图DGL02A

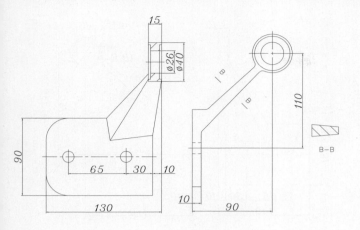

▲128-点式幕墙900肋驳爪系列节点详图DGL03

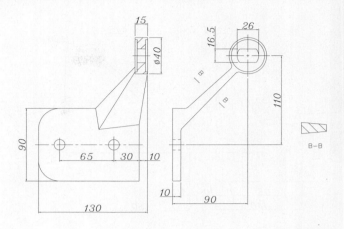

▲129-点式幕墙900肋驳爪系列节点详图DGL03A

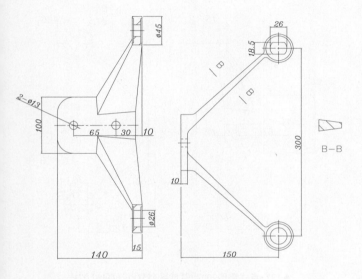

▲130-点式幕墙900肋驳爪系列节点详图DGL04

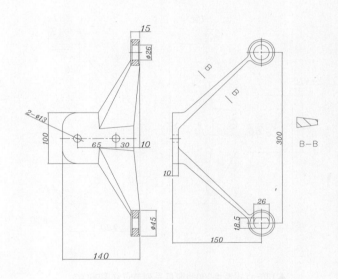

▲131-点式幕墙900肋驳爪系列节点详图DGL04A

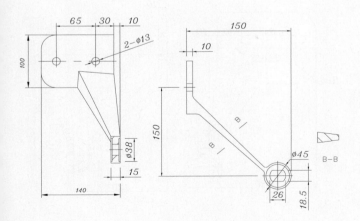

▲132-点式幕墙900肋驳爪系列节点详图DGL05

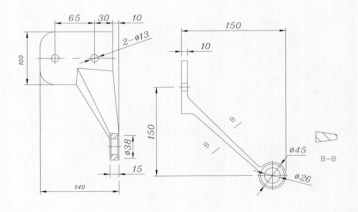

▲133-点式幕墙900肋驳爪系列节点详图DGL05A

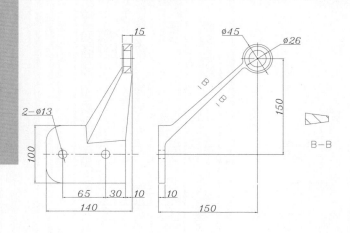

▲134-点式幕墙900肋驳爪系列节点详图DGL06

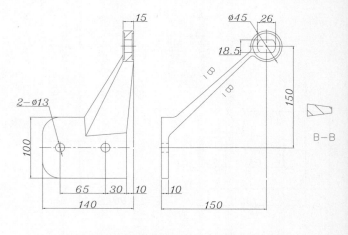

▲135-点式幕墙900肋驳爪系列节点详图DGL06A

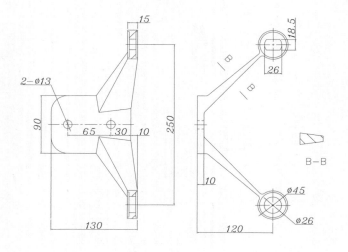

▲136-点式幕墙900肋驳爪系列节点详图DGL07

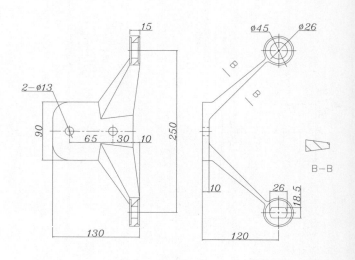

▲137-点式幕墙900肋驳爪系列节点详图DGL07A

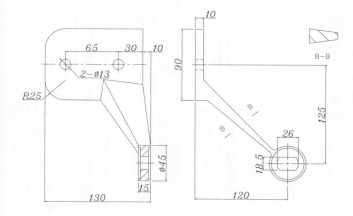

▲138-点式幕墙900肋驳爪系列节点详图DGL08

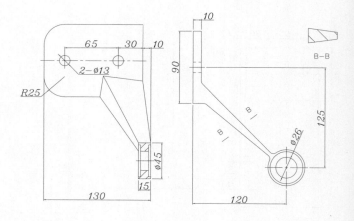

▲139-点式幕墙900肋驳爪系列节点详图DGL08A

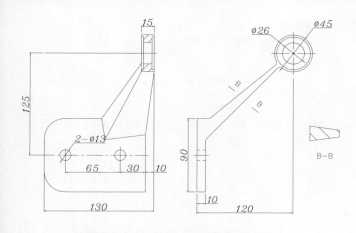

▲140-点式幕墙900肋驳爪系列节点详图DGL09

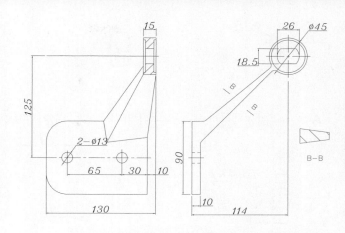

▲141-点式幕墙900肋驳爪系列节点详图DGL09A

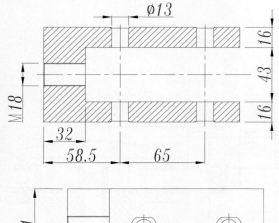

▲142-点式幕墙900肋驳爪系列节点详图DGL10

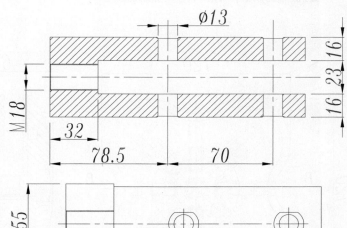

▲143-点式幕墙900肋驳爪系列节点详图DGL10A

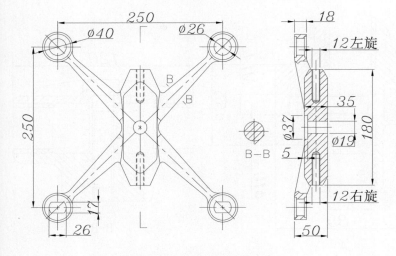

▲144-点式幕墙a特殊爪件节点详图DGB251G

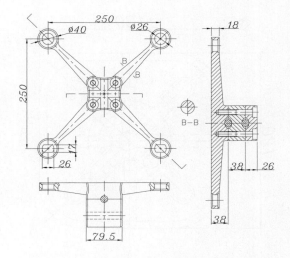

▲145-点式幕墙a特殊爪件节点详图DGB251S

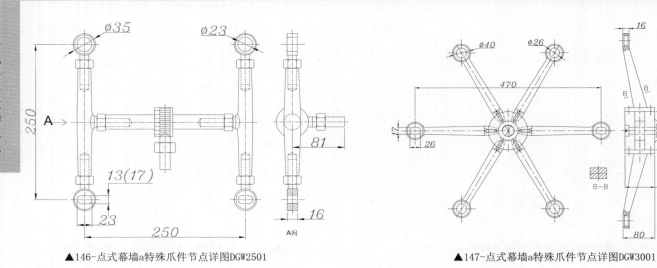

▲146-点式幕墙a特殊爪件节点详图DGW2501　　　　　　▲147-点式幕墙a特殊爪件节点详图DGW3001

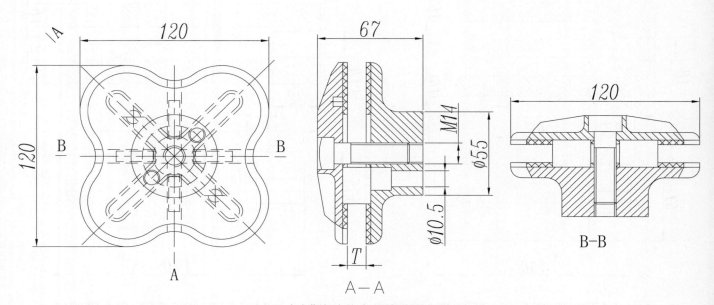

▲148-点式幕墙e夹具系列节点详图DGSJ01

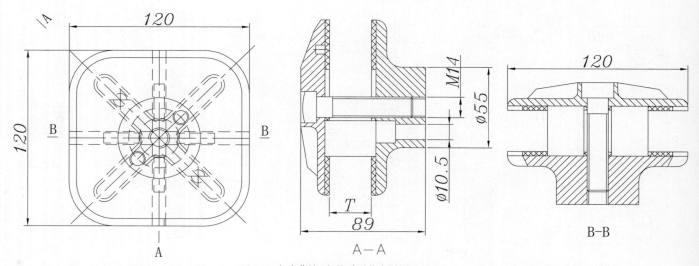

▲149-点式幕墙e夹具系列节点详图DGSJ02

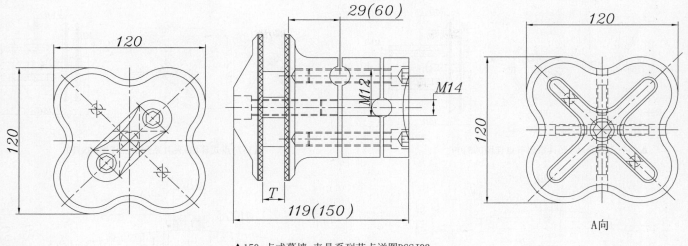

▲150-点式幕墙e夹具系列节点详图DGSJ03

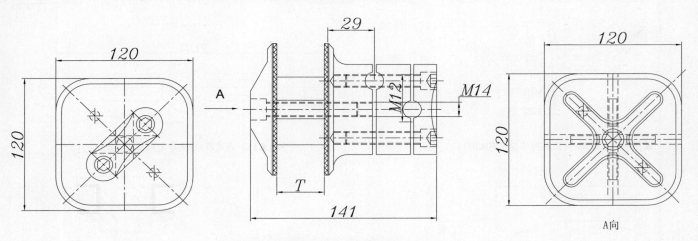

▲151-点式幕墙e夹具系列节点详图DGSJ04

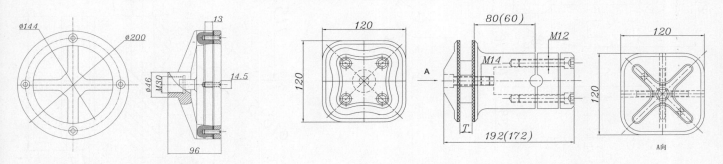

▲152-点式幕墙e夹具系列节点详图DGSJ05　　　　▲153-点式幕墙e夹具系列节点详图DGSJ06

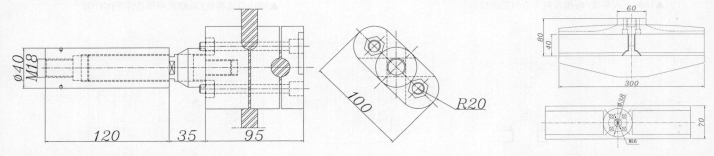

▲154-点式幕墙e夹具系列节点详图DGSJ07　　　　▲155-点式幕墙e夹具系列节点详图DGSJ08

点支式全玻璃幕墙

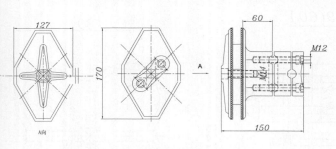

▲156-点式幕墙e夹具系列节点详图DGSJ09

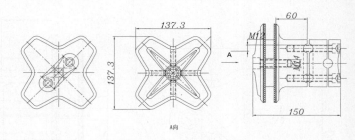

▲157-点式幕墙e夹具系列节点详图DGSJ10

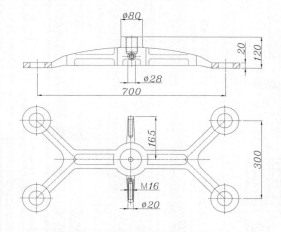

▲158-点式幕墙e夹具系列节点详图DGSJ11

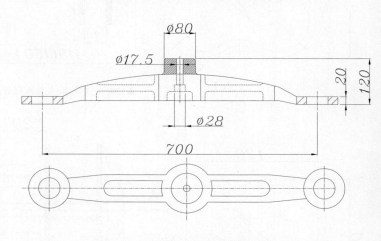

▲159-点式幕墙e夹具系列节点详图DGSJ12

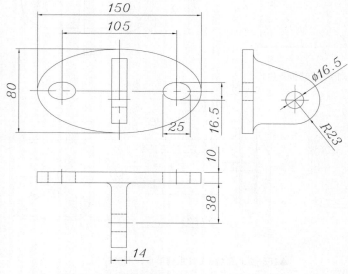

▲160-点式幕墙f雨棚系列节点详图DGYP01

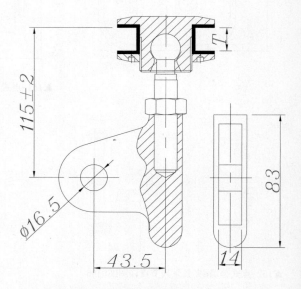

▲161-点式幕墙f雨棚系列节点详图DGYP02

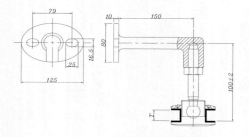

▲162-点式幕墙f雨棚系列节点详图DGYP03

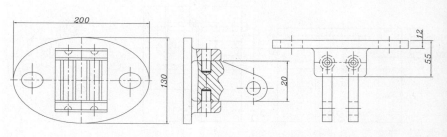

▲163-点式幕墙f雨棚系列节点详图DGYP04

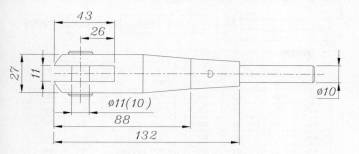

▲164-点式幕墙i拉杆索头系列1(φ10)

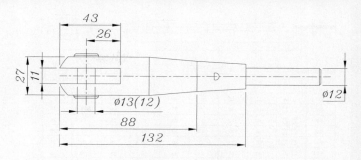

▲165-点式幕墙i拉杆索头系列2(φ12)

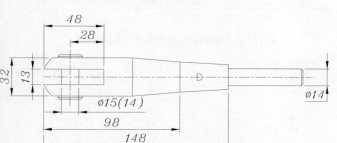

▲166-点式幕墙i拉杆索头系列3(φ14)

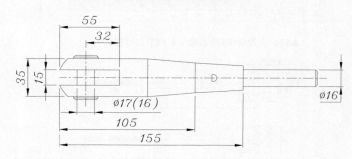

▲167-点式幕墙i拉杆索头系列4(φ16)

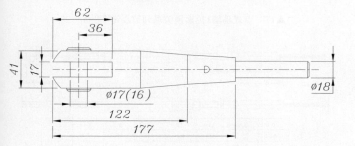

▲168-点式幕墙i拉杆索头系列5(φ18)

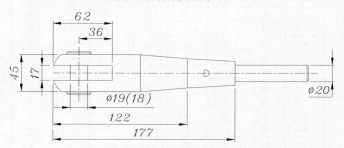

▲169-点式幕墙i拉杆索头系列6(φ20)

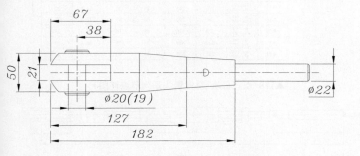

▲170-点式幕墙i拉杆索头系列7(φ22)

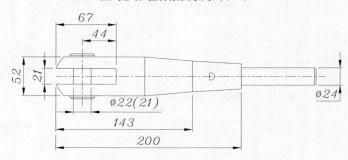

▲171-点式幕墙i拉杆索头系列8(φ24)

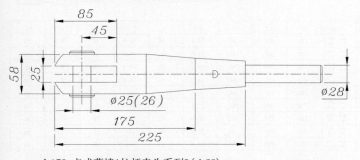

▲172-点式幕墙i拉杆索头系列9(φ28)

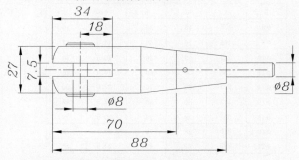

▲173-点式幕墙i拉杆索头系列10(φ8)

点支式全玻璃幕墙

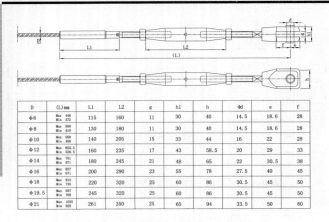

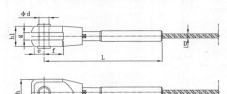

D	(L)mm	L1	L2	g	h1	h	Φd	e	f
Φ6	Max 448 Min 372	115	160	11	30	40	14.5	18.6	28
Φ8	Max 500 Min 410	130	180	11	30	40	14.5	18.6	28
Φ10	Max 568 Min 458	140	205	15	33	44	16	22	28
Φ12	Max 652.5 Min 526.5	160	235	17	43	58.5	20	29	33
Φ14	Max 701 Min 571	180	245	21	48	65	22	30.5	38
Φ16	Max 827 Min 671	200	290	23	55	78	27.5	40	45
Φ18	Max 912 Min 735	220	320	25	60	86	30.5	45	50
Φ19.5	Max 937 Min 760	245	320	25	60	86	30.5	45	50
Φ21	Max 1025 Min 829	261	350	25	65	94	33.5	50	60

▲174-点式幕墙i拉索锁头系列节点详图1

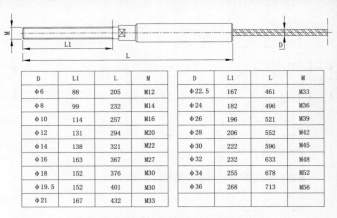

D	L1	L	M	D	L1	L	M
Φ6	88	205	M12	Φ22.5	167	461	M33
Φ8	99	232	M14	Φ24	182	496	M36
Φ10	114	257	M16	Φ26	196	521	M39
Φ12	131	294	M20	Φ28	206	552	M42
Φ14	138	321	M22	Φ30	222	596	M45
Φ16	163	367	M27	Φ32	232	633	M48
Φ18	152	376	M30	Φ34	255	678	M52
Φ19.5	152	401	M30	Φ36	268	713	M56
Φ21	167	432	M33				

▲175-点式幕墙i拉索锁头系列节点详图1-A

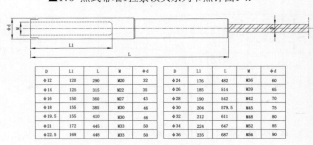

D	L1	L	M	Φd	D	L1	L	M	Φd
Φ12	120	290	M20	32	Φ24	176	482	M36	60
Φ14	125	315	M22	37	Φ26	185	514	M39	65
Φ16	150	360	M27	43	Φ28	190	542	M42	70
Φ18	155	385	M30	46	Φ30	204	579.5	M45	75
Φ19.5	155	410	M30	46	Φ32	212	611	M48	80
Φ21	172	445	M33	50	Φ34	224	647	M52	85
Φ22.5	169	448	M33	50	Φ36	235	687	M56	90

▲177-点式幕墙i拉索锁头系列节点详图2-A

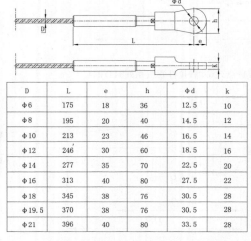

D	L	g	Φd	h1	h	e	f
Φ6	166	11	14.5	30	40	18.6	28
Φ8	181	11	14.5	30	40	18.6	28
Φ10	190	15	16	33	44	22	28
Φ12	226.5	17	20	43	58.5	29	33
Φ14	256	21	22	48	65	30.5	38
Φ16	300	23	27.5	55	78	40	45
Φ18	330	25	30.5	60	86	45	50
Φ19.5	355	25	30.5	60	86	45	50
Φ21	383	25	33.5	65	94	50	60
Φ22.5	427	28	36	76	100	57.5	77
Φ24	451	32	37	83	105	60	81
Φ26	472	32	41	89	112	65	90
Φ28	500	36	45	98	118	70	94
Φ30	544	42	49	106	125	77	92
Φ32	587	42	53	112	138	82	102
Φ34	622	46	56	119	148	88	108
Φ36	657	48	59	126	158	92	114

▲176-点式幕墙i拉索锁头系列节点详图2

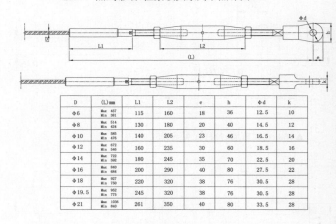

D	(L)mm	L1	L2	e	h	Φd	k
Φ6	Max 457 Min 381	115	160	18	36	12.5	10
Φ8	Max 514 Min 424	130	180	20	40	14.5	12
Φ10	Max 585 Min 476	140	205	23	46	16.5	14
Φ12	Max 672 Min 546	160	235	30	60	18.5	16
Φ14	Max 722 Min 592	180	245	35	70	22.5	20
Φ16	Max 840 Min 684	200	290	40	80	27.5	22
Φ18	Max 927 Min 750	220	320	38	76	30.5	28
Φ19.5	Max 952 Min 775	245	320	38	76	30.5	28
Φ21	Max 1036 Min 840	261	350	40	80	33.5	28

▲178-点式幕墙i拉索锁头系列节点详图3

D	L	e	h	Φd	k
Φ6	175	18	36	12.5	10
Φ8	195	20	40	14.5	12
Φ10	213	23	46	16.5	14
Φ12	246	30	60	18.5	16
Φ14	277	35	70	22.5	20
Φ16	313	40	80	27.5	22
Φ18	345	38	76	30.5	28
Φ19.5	370	38	76	30.5	28
Φ21	396	40	80	33.5	28

▲179-点式幕墙i拉索锁头系列节点详图4

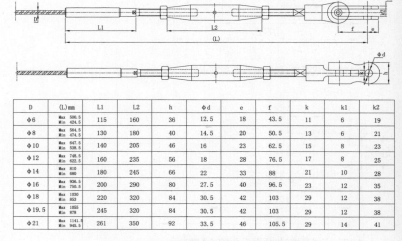

D	(L)mm	L1	L2	h	Φd	e	f	k	k1	k2
Φ6	Max 500.5 Min 424.5	115	160	36	12.5	18	43.5	11	6	19
Φ8	Max 564.5 Min 474.5	130	180	40	14.5	20	50.5	13	6	21
Φ10	Max 647.5 Min 538.5	140	205	46	16	23	62.5	15	8	23
Φ12	Max 748.5 Min 622.5	160	235	56	18	28	76.5	17	8	25
Φ14	Max 810 Min 680	180	245	66	22	33	88	21	10	28
Φ16	Max 936.5 Min 750.5	200	290	80	27.5	40	96.5	23	12	35
Φ18	Max 1030 Min 853	220	320	84	30.5	42	103	29	12	38
Φ19.5	Max 1055 Min 878	245	320	84	30.5	42	103	29	12	38
Φ21	Max 1141.5 Min 945.5	261	350	92	33.5	46	105.5	29	14	41

▲180-点式幕墙i拉索锁头系列节点详图5

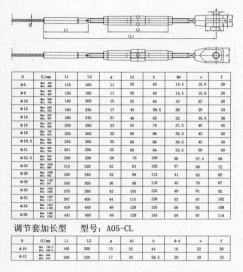

D	(L)mm	L1	L2	g	h1	h	Φd	e	f
Φ6	Max 448 / Min 369	115	160	11	30	40	14.5	18.6	28
Φ8	Max 487 / Min 408	130	180	11	30	40	14.5	18.6	28
Φ10	Max 558 / Min 419	140	205	15	33	44	16	22	28
Φ12	Max 649 / Min 523	160	235	17	43	58.5	20	29	33
Φ14	Max 697 / Min 567	180	245	21	48	65	22	30.5	38
Φ16	Max 822 / Min 686	200	290	23	55	78	27.5	40	45
Φ18	Max 796 / Min 674	220	265	25	60	86	30.5	45	50
Φ19.5	Max 821 / Min 699	245	265	25	60	86	30.5	45	50
Φ21	Max 900 / Min 764	261	290	25	68	94	33.5	50	60
Φ22.5	Max 944 / Min 808	290	290	28	76	100	36	57.5	68
Φ24	Max 1025 / Min 880	310	320	32	83	105	37	60	72
Φ26	Max 1090 / Min 932	320	340	32	89	112	41	65	82
Φ28	Max 1150 / Min 992	340	360	36	98	118	45	70	87
Φ30	Max 1240 / Min 1062	370	380	42	105	125	49	81	92
Φ32	Max 1310 / Min 1111	397	400	44	115	128	53	87	102
Φ34	Max 1424 / Min 1199	419	440	46	120	135	56	92	108
Φ36	Max 1495 / Min 1262	441	460	49	128	145	59	97	114

调节套加长型　型号：A05-CL

D	(L)mm	L1	L2	g	h1	h	Φd	e	f
Φ10	Max 745.5 / Min 565.5	140	300	15	32	44	16	22	28
Φ12	Max 840 / Min 618	160	330	17	43	58.5	20	29	33

▲181-点式幕墙i拉索锁头系列节点详图6

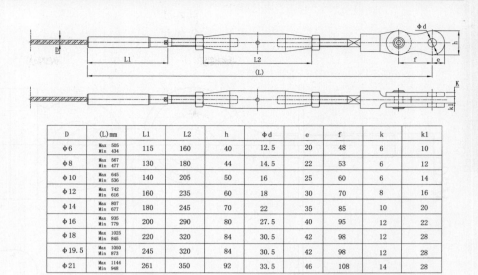

D	(L)mm	L1	L2	h	Φd	e	f	k	k1
Φ6	Max 505 / Min 434	115	160	40	12.5	20	48	6	10
Φ8	Max 567 / Min 477	130	180	44	14.5	22	53	6	12
Φ10	Max 645 / Min 536	140	205	50	16	25	60	6	14
Φ12	Max 742 / Min 616	160	235	60	18	30	70	8	16
Φ14	Max 807 / Min 677	180	245	70	22	35	85	10	20
Φ16	Max 935 / Min 779	200	290	80	27.5	40	95	12	22
Φ18	Max 1025 / Min 845	220	320	84	30.5	42	98	12	28
Φ19.5	Max 1050 / Min 873	245	320	84	30.5	42	98	12	28
Φ21	Max 1144 / Min 948	261	350	92	33.5	46	108	14	28

▲182-点式幕墙i拉索锁头系列节点详图7

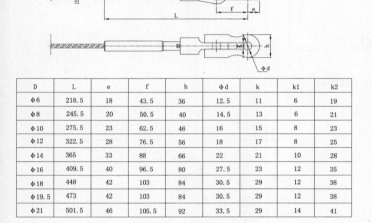

D	L	e	f	h	Φd	k	k1	k2
Φ6	218.5	18	43.5	36	12.5	11	6	19
Φ8	245.5	20	50.5	40	14.5	13	6	21
Φ10	275.5	23	62.5	46	16	15	8	23
Φ12	322.5	28	76.5	56	18	17	8	25
Φ14	365	33	88	66	22	21	10	28
Φ16	409.5	40	96.5	80	27.5	23	12	35
Φ18	448	42	103	84	30.5	29	12	38
Φ19.5	473	42	103	84	30.5	29	12	38
Φ21	501.5	46	105.5	92	33.5	29	14	41

▲183-点式幕墙i拉索锁头系列节点详图8

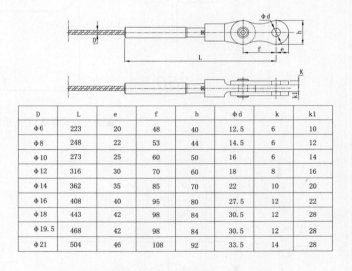

D	L	e	f	h	Φd	k	k1
Φ6	223	20	48	40	12.5	6	10
Φ8	248	22	53	44	14.5	6	12
Φ10	273	25	60	50	16	6	14
Φ12	316	30	70	60	18	8	16
Φ14	362	35	85	70	22	10	20
Φ16	408	40	95	80	27.5	12	22
Φ18	443	42	98	84	30.5	12	28
Φ19.5	468	42	98	84	30.5	12	28
Φ21	504	46	108	92	33.5	14	28

▲184-点式幕墙i拉索锁头系列节点详图9

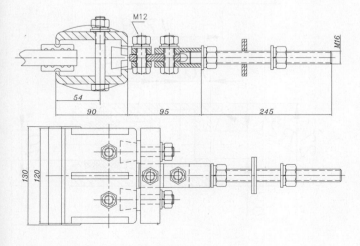

▲185-点式幕墙j吊夹系列节点详图1

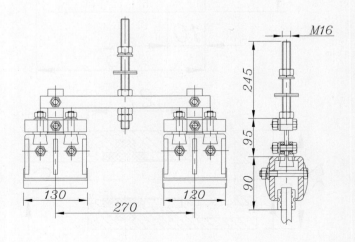

▲186-点式幕墙j吊夹系列节点详图2

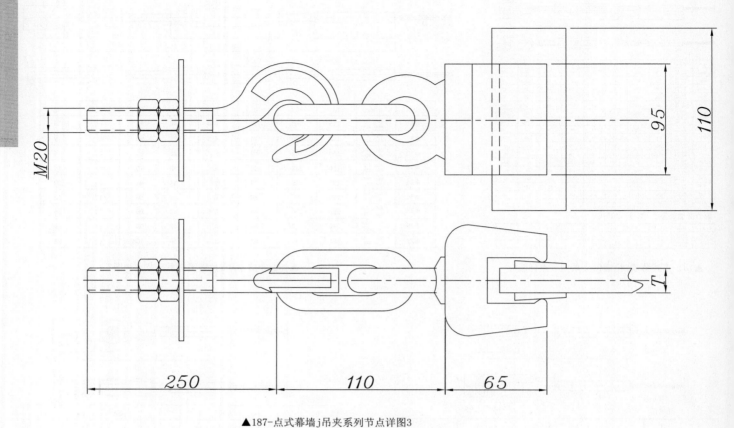

▲187-点式幕墙j吊夹系列节点详图3

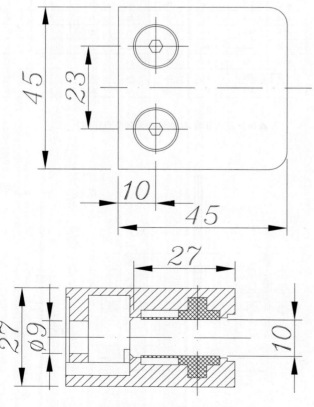

▲188-点式幕墙k扶手系列节点详图1

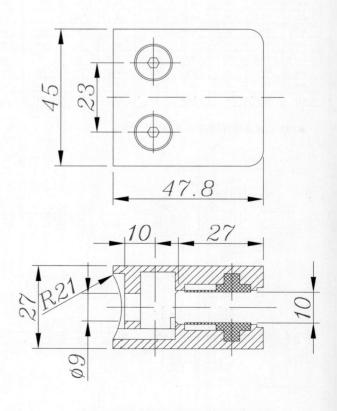

▲189-点式幕墙k扶手系列节点详图2

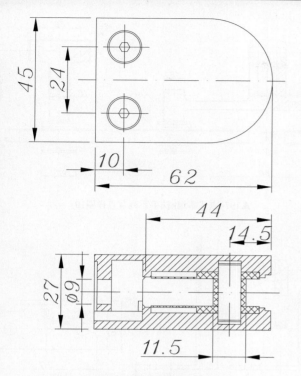

▲190-点式幕墙k扶手系列节点详图3

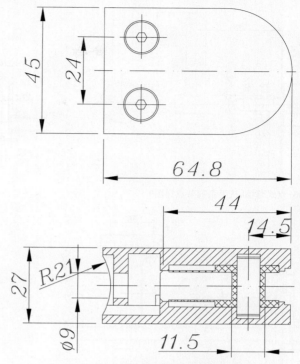

▲191-点式幕墙k扶手系列节点详图4

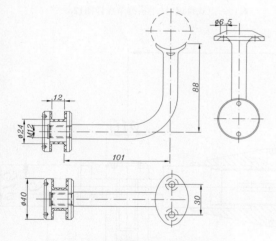

▲192-点式幕墙k扶手系列节点详图5

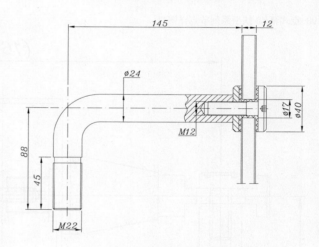

▲193-点式幕墙k扶手系列节点详图6

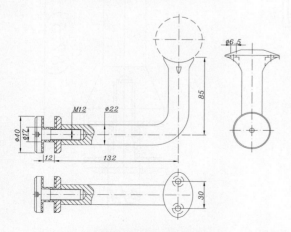

▲194-点式幕墙k扶手系列节点详图7

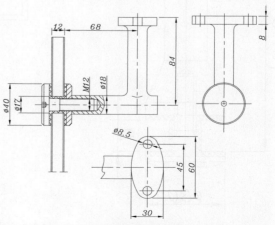

▲195-点式幕墙k扶手系列节点详图8

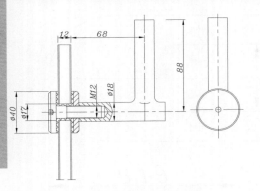

▲196-点式幕墙k扶手系列节点详图9

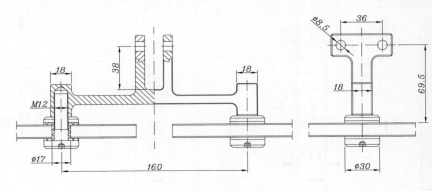

▲197-点式幕墙k扶手系列节点详图10

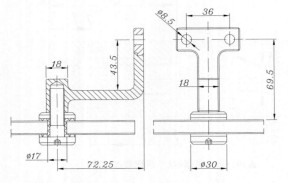

▲198-点式幕墙k扶手系列节点详图11

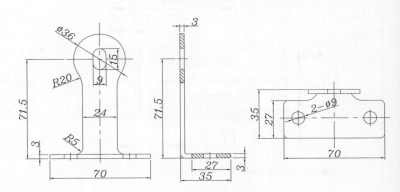

▲199-点式幕墙k扶手系列节点详图12

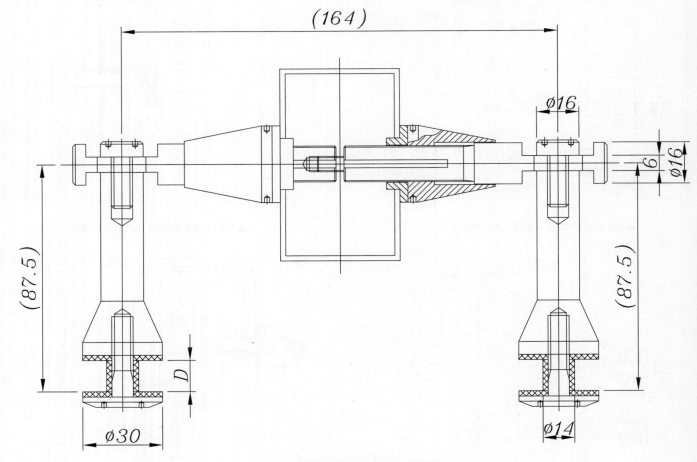

▲200-点式幕墙k扶手系列节点详图13

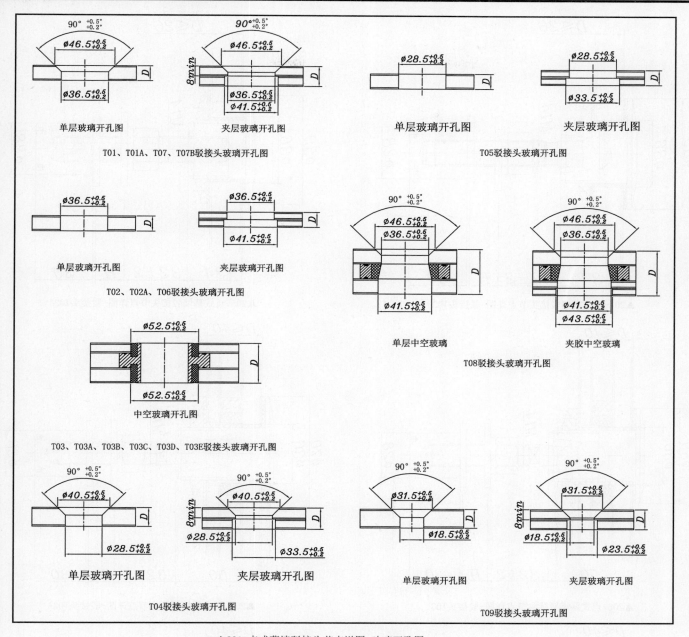

单层玻璃开孔图   夹层玻璃开孔图

T01、T01A、T07、T07B驳接头玻璃开孔图

单层玻璃开孔图   夹层玻璃开孔图

T05驳接头玻璃开孔图

单层玻璃开孔图   夹层玻璃开孔图

T02、T02A、T06驳接头玻璃开孔图

单层中空玻璃   夹胶中空玻璃

T08驳接头玻璃开孔图

中空玻璃开孔图

T03、T03A、T03B、T03C、T03D、T03E驳接头玻璃开孔图

单层玻璃开孔图   夹层玻璃开孔图

T04驳接头玻璃开孔图

单层玻璃开孔图   夹层玻璃开孔图

T09驳接头玻璃开孔图

▲201-点式幕墙驳接头节点详图-玻璃开孔图

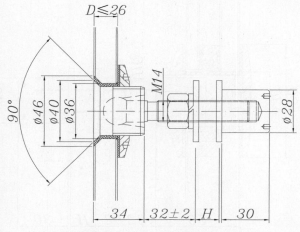

▲202-点式幕墙驳接头节点详图-驳接头T01

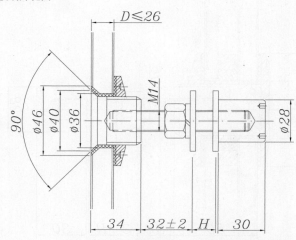

▲203-点式幕墙驳接头节点详图-驳接头T01A

点支式全玻璃幕墙

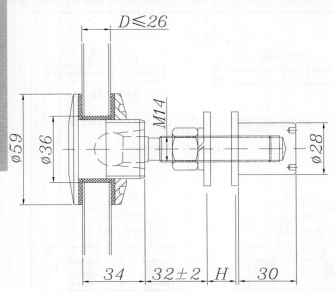

▲204-点式幕墙驳接头节点详图-驳接头T02

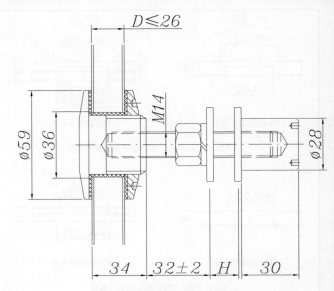

▲205-点式幕墙驳接头节点详图-驳接头T02A

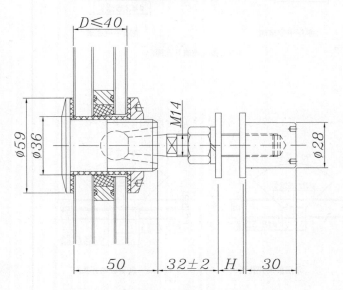

▲206-点式幕墙驳接头节点详图-驳接头T03

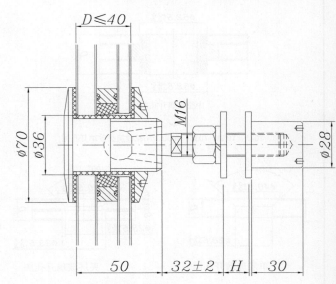

▲207-点式幕墙驳接头节点详图-驳接头T03A

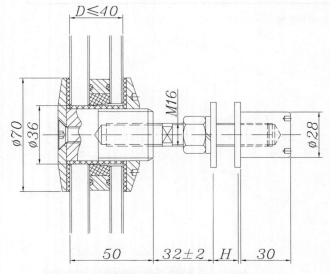

▲208-点式幕墙驳接头节点详图-驳接头T03B

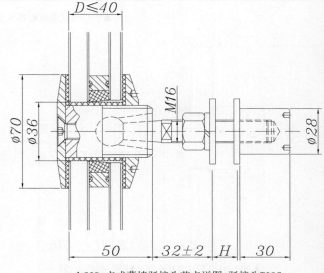

▲209-点式幕墙驳接头节点详图-驳接头T03C

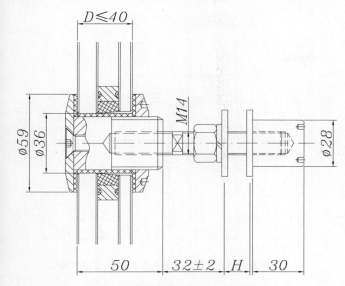

▲210-点式幕墙驳接头节点详图-驳接头T03D

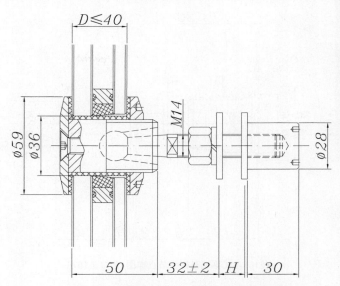

▲211-点式幕墙驳接头节点详图-驳接头T03E

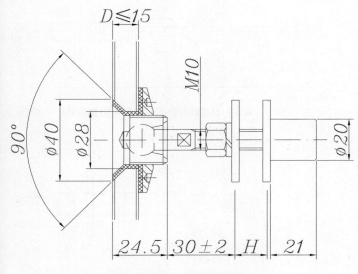

▲212-点式幕墙驳接头节点详图-驳接头T04

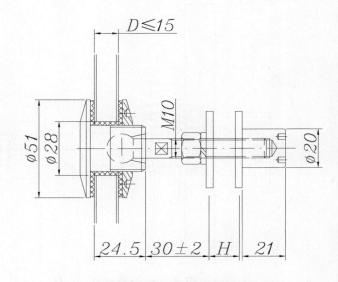

▲213-点式幕墙驳接头节点详图-驳接头T05

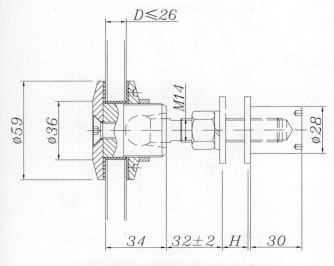

▲214-点式幕墙驳接头节点详图-驳接头T06

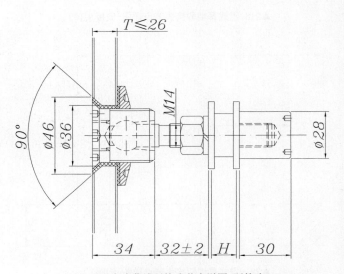

▲215-点式幕墙驳接头节点详图-驳接头T07

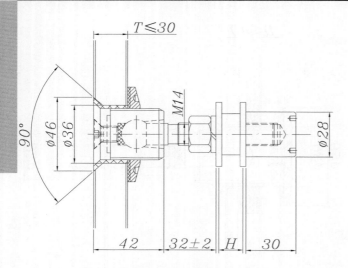

▲216-点式幕墙驳接头节点详图-驳接头T07B

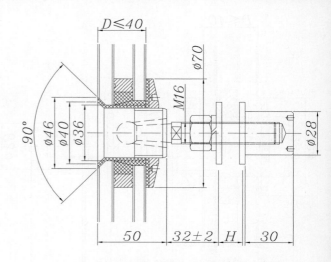

▲217-点式幕墙驳接头节点详图-驳接头T08

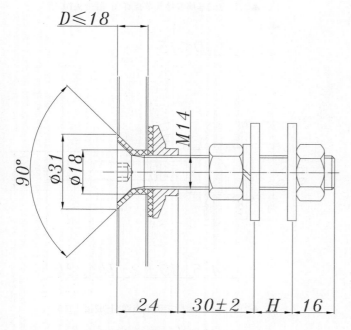

▲218-点式幕墙驳接头节点详图-驳接头T09

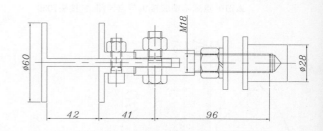

▲219-点式幕墙驳接头节点详图-接头J01

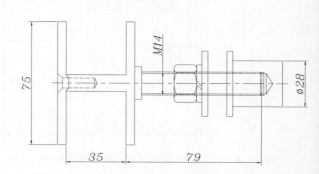

▲220-点式幕墙驳接头节点详图-接头J02

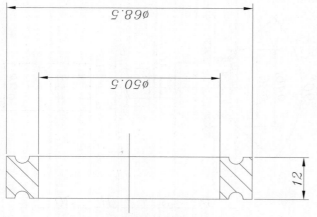

▲221-点式幕墙驳接头节点详图-铝圈1

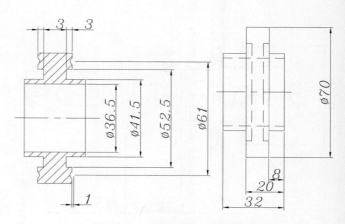

▲222-点式幕墙驳接头节点详图-铝圈2

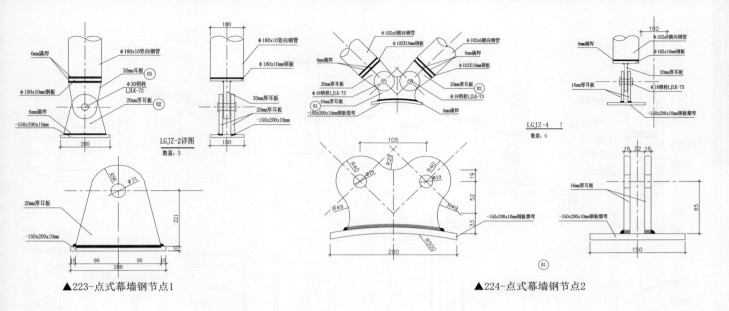

▲223-点式幕墙钢节点1

▲224-点式幕墙钢节点2

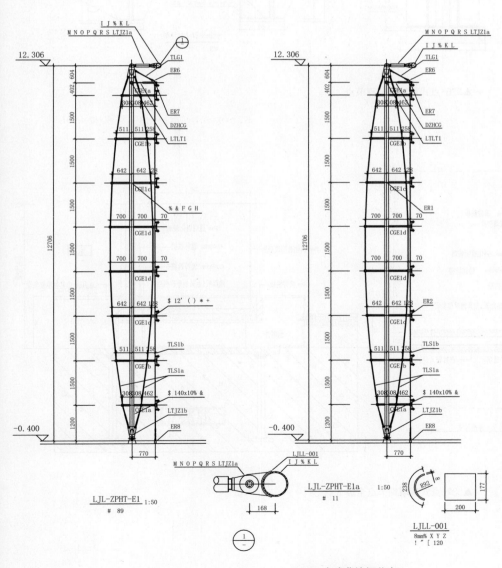

▲225-点式幕墙钢节点3

点支式全玻璃幕墙

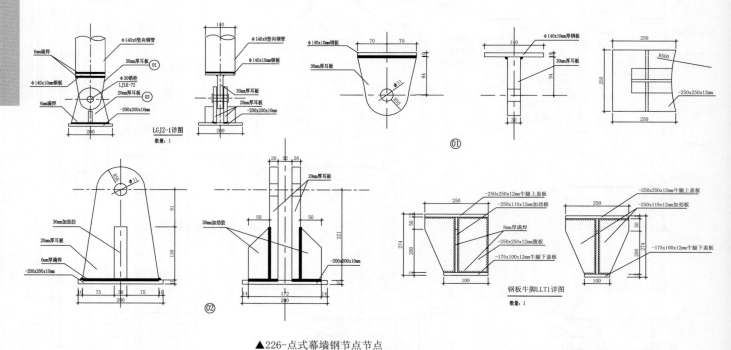

▲226-点式幕墙钢节点节点

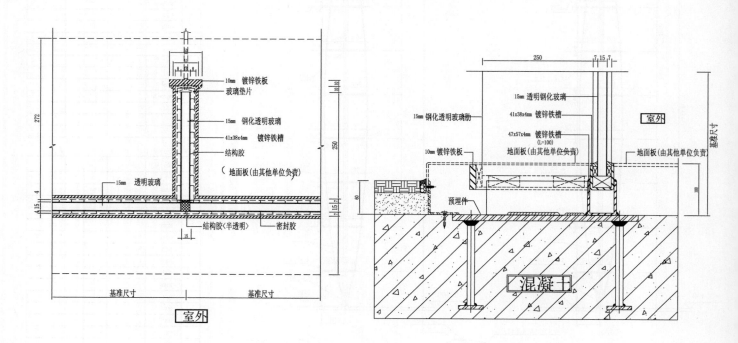

▲227-点式幕墙钢节点全玻节点

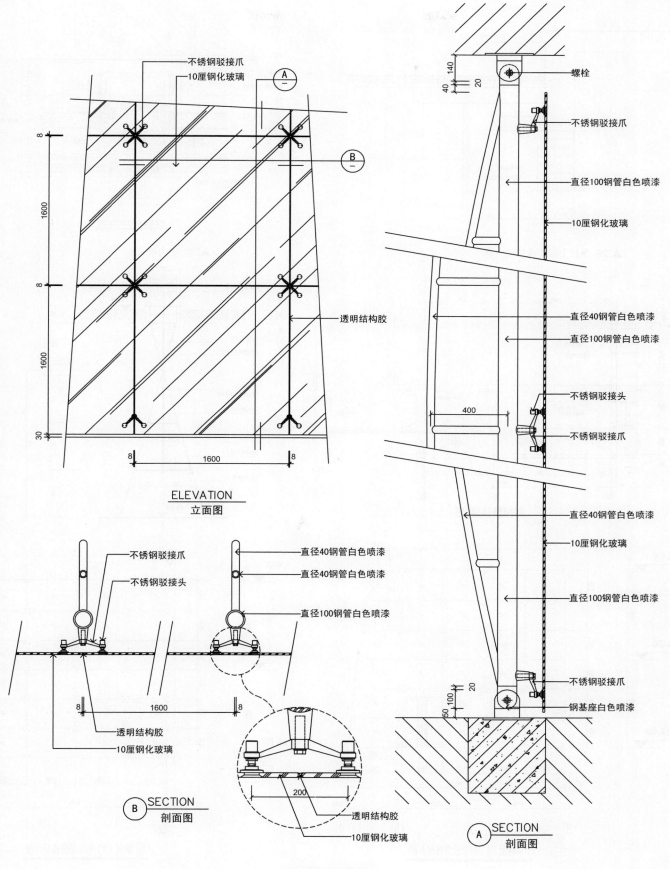

不锈钢驳接爪
10厘钢化玻璃

透明结构胶

ELEVATION
立面图

螺栓

不锈钢驳接爪

直径100钢管白色喷漆

10厘钢化玻璃

直径40钢管白色喷漆

直径100钢管白色喷漆

不锈钢驳接头

不锈钢驳接爪

直径40钢管白色喷漆

10厘钢化玻璃

直径100钢管白色喷漆

不锈钢驳接爪

钢基座白色喷漆

不锈钢驳接爪

不锈钢驳接头

直径40钢管白色喷漆

直径40钢管白色喷漆

直径100钢管白色喷漆

透明结构胶

10厘钢化玻璃

透明结构胶

10厘钢化玻璃

B SECTION
剖面图

A SECTION
剖面图

▲228-点字幕墙

点支式全玻璃幕墙

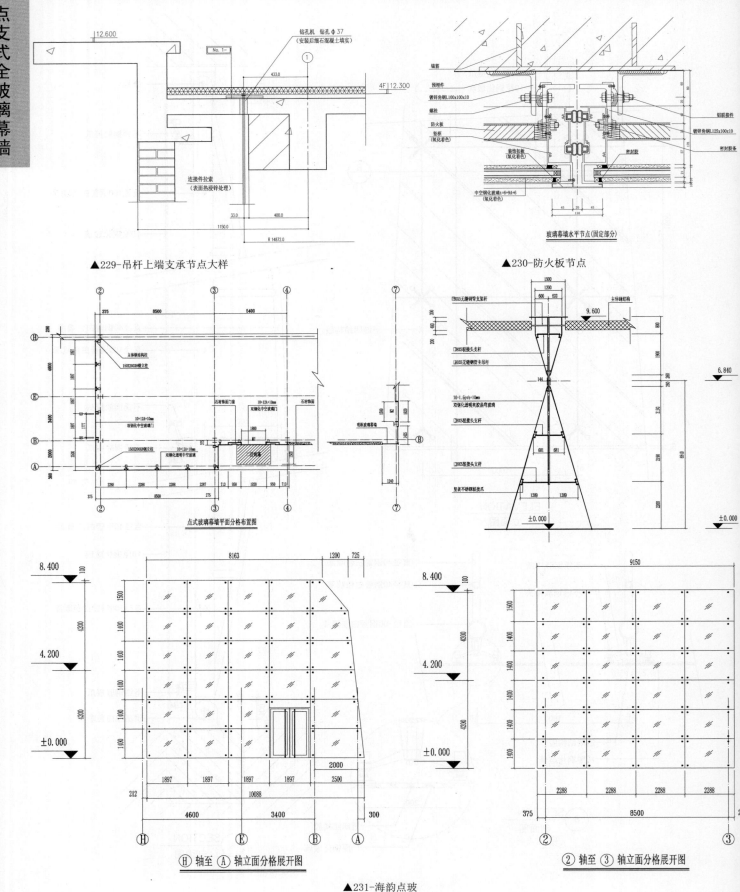

▲229-吊杆上端支承节点大样　　　　▲230-防火板节点

点式玻璃幕墙平面分格布置图

Ⓗ 轴至 Ⓐ 轴立面分格展开图　　　　② 轴至 ③ 轴立面分格展开图

▲231-海韵点玻

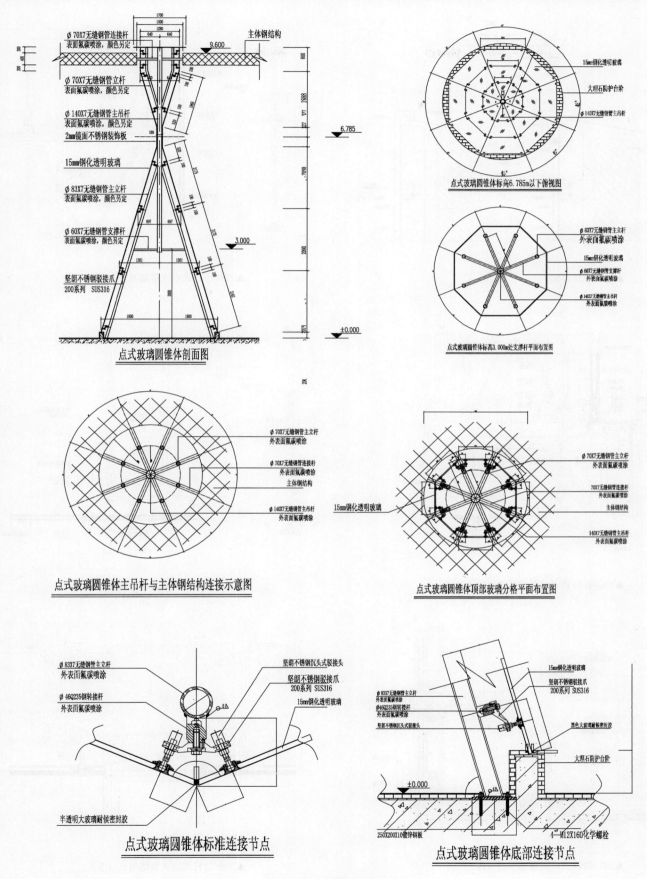

点式玻璃圆锥体剖面图

点式玻璃圆锥体标高6.785m以下俯视图

点式玻璃圆锥体标高3.000m处支撑杆平面布置图

点式玻璃圆锥体主吊杆与主体钢结构连接示意图

点式玻璃圆锥体顶部玻璃分格平面布置图

点式玻璃圆锥体标准连接节点

点式玻璃圆锥体底部连接节点

▲232-海韵点式玻璃锥体

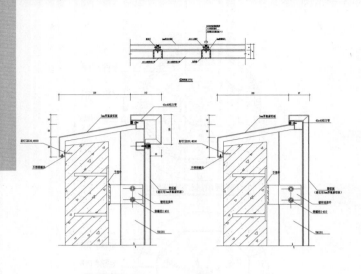

▲233-建筑幕墙

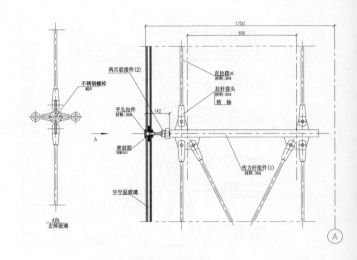

▲234-拉杆式点式幕墙节点（一）

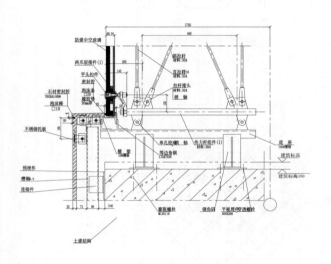

▲235-拉杆式点式幕墙节点（二）

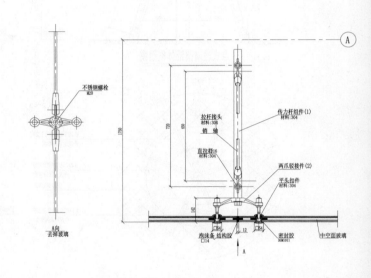

▲236-拉杆式点式幕墙节点（三）

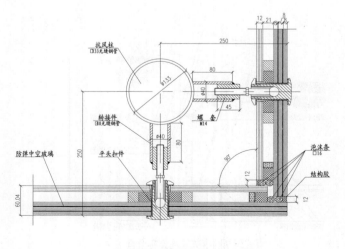

▲237-拉杆式点式幕墙节点（四）

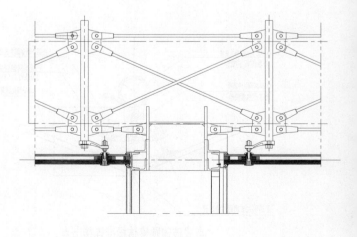

▲238-拉杆式点式幕墙节点（五）

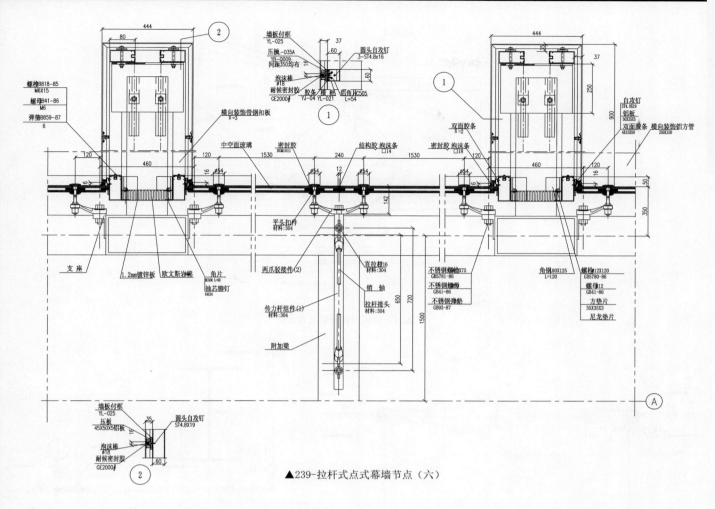

▲239-拉杆式点式幕墙节点（六）

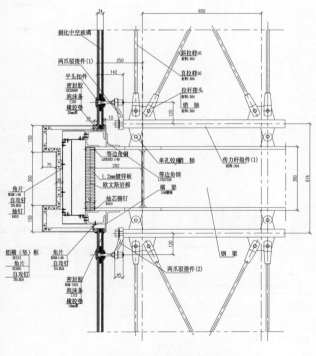

▲240-拉杆式点式幕墙节点（七）

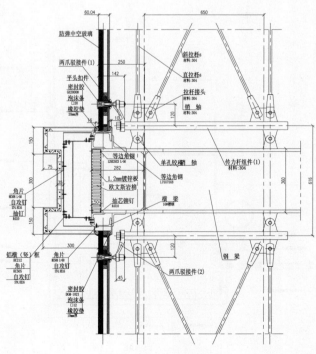

▲241-拉杆式点式幕墙节点（八）

点支式全玻璃幕墙

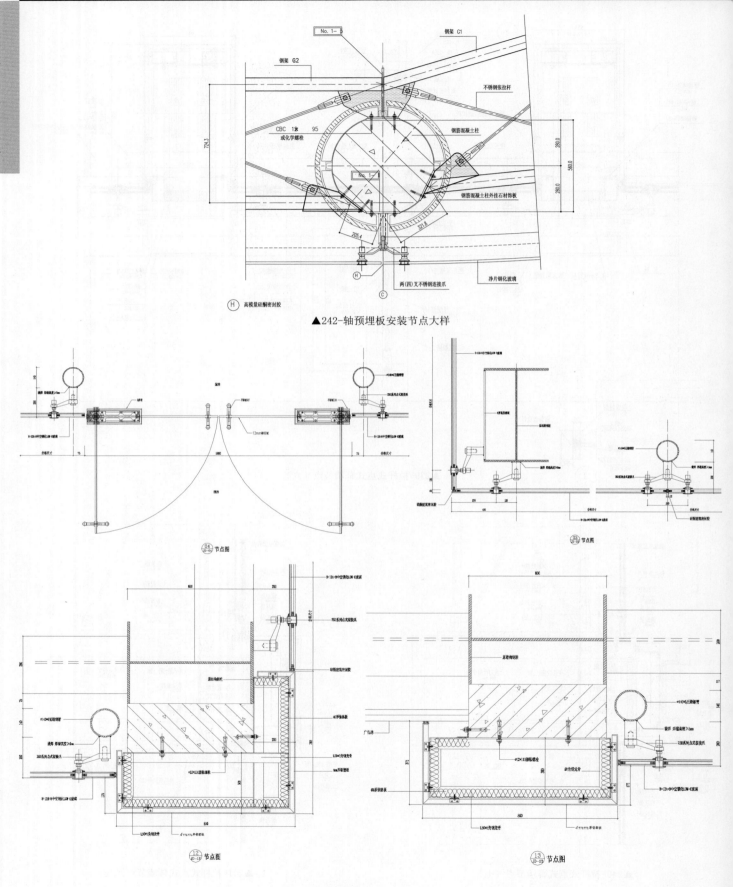

▲242-轴预埋板安装节点大样

▲243-幕墙节点1

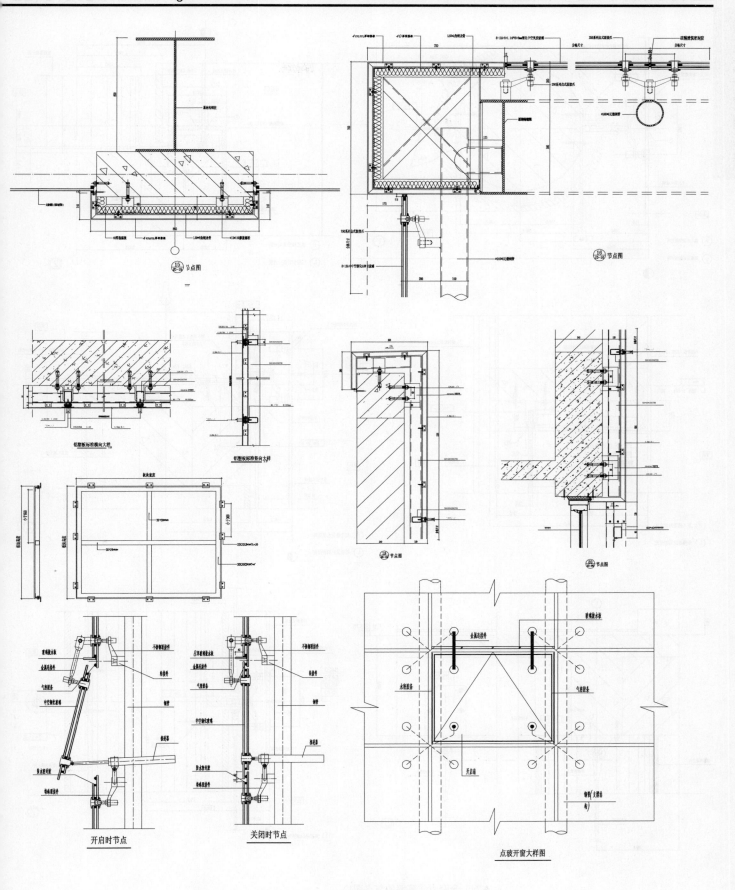

开启时节点

关闭时节点

点玻开窗大样图

▲244-幕墙节点2

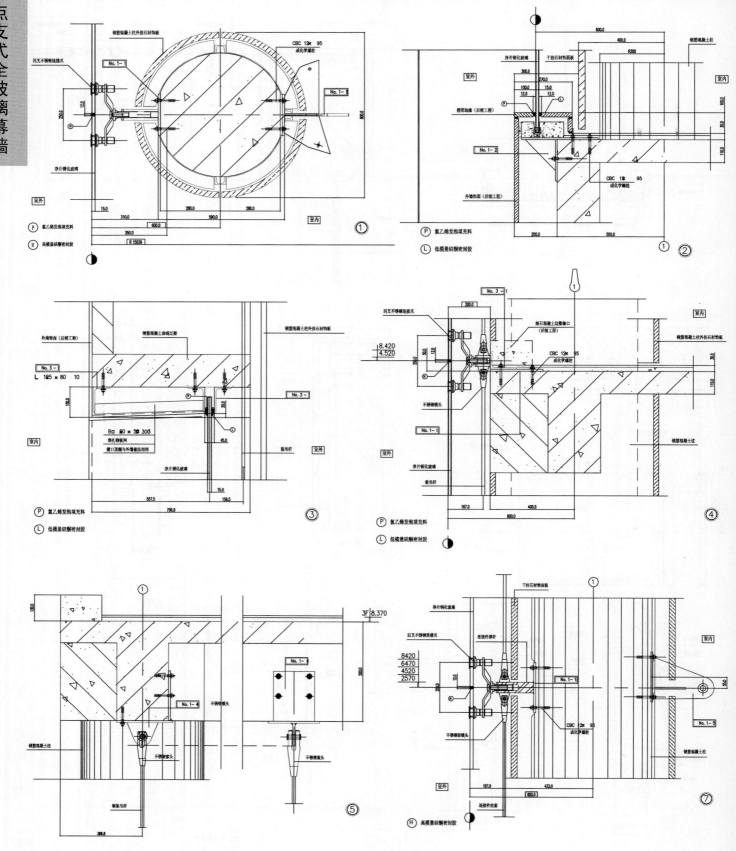

▲245-全套点式幕墙的节点图1

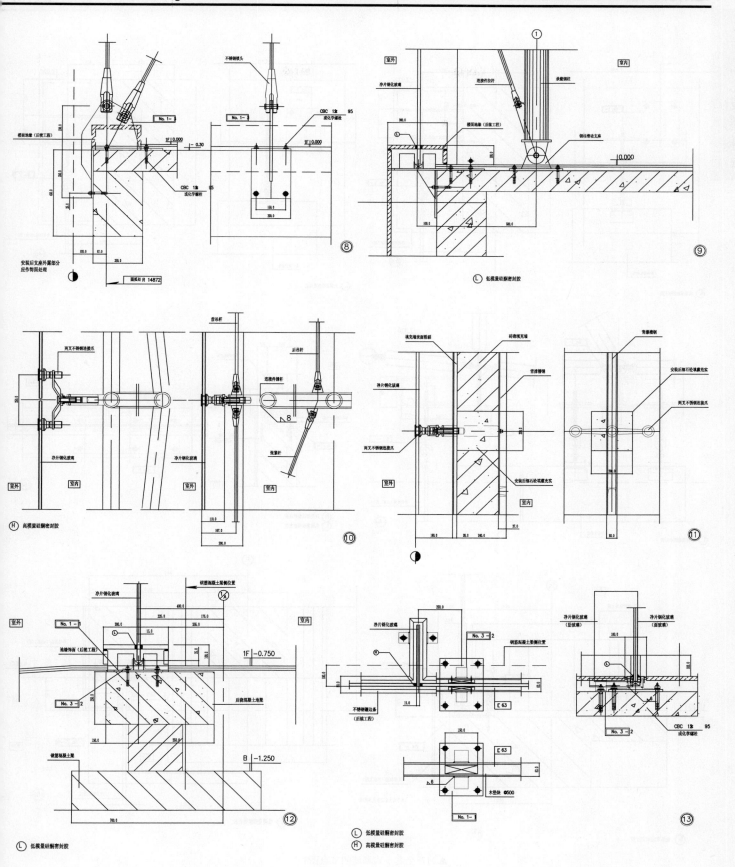

▲246-全套点式幕墙的节点图2

点支式全玻璃幕墙

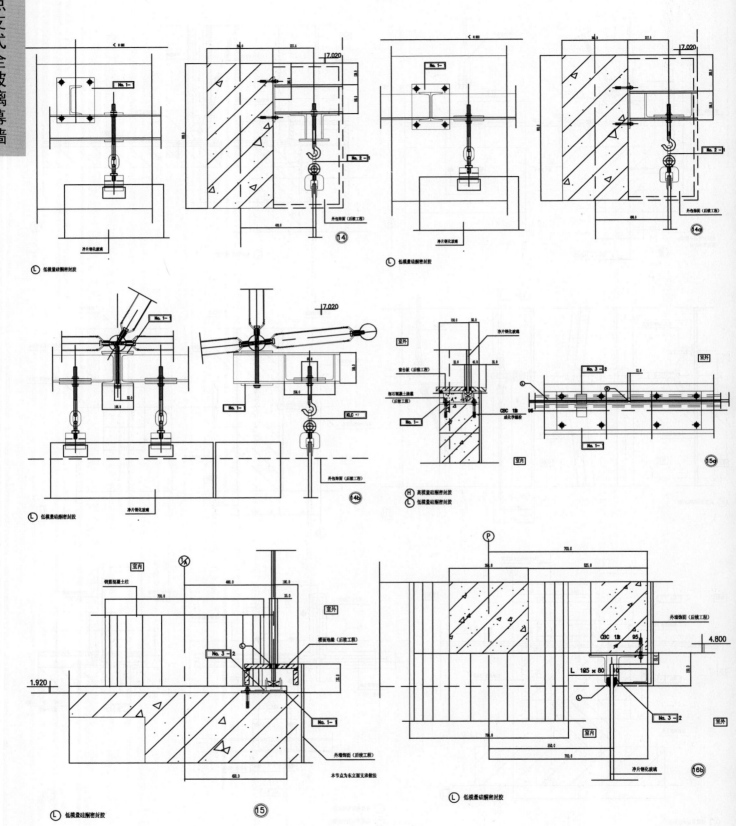

▲247-全套点式幕墙的节点图3

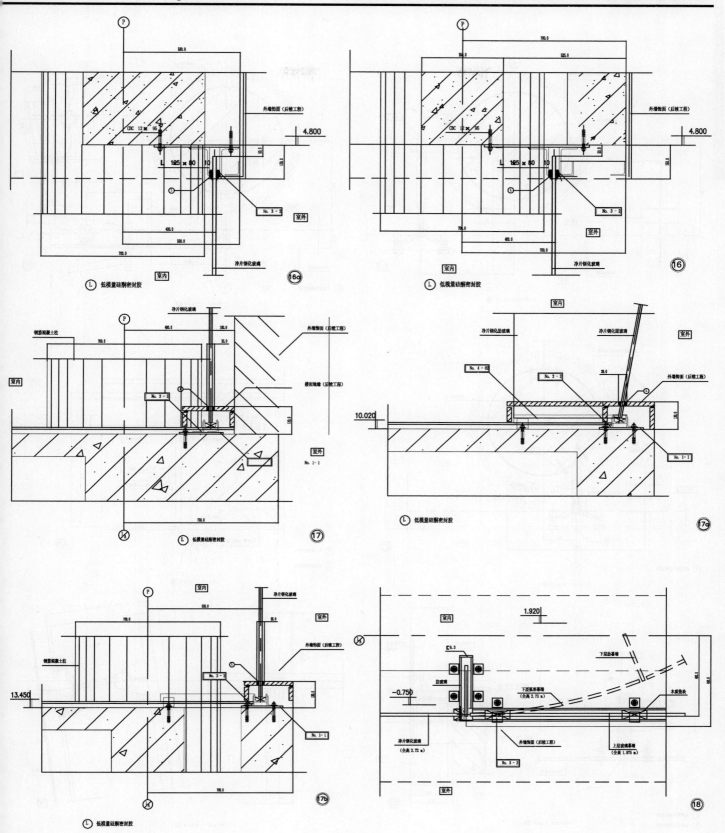

▲248-全套点式幕墙的节点图4

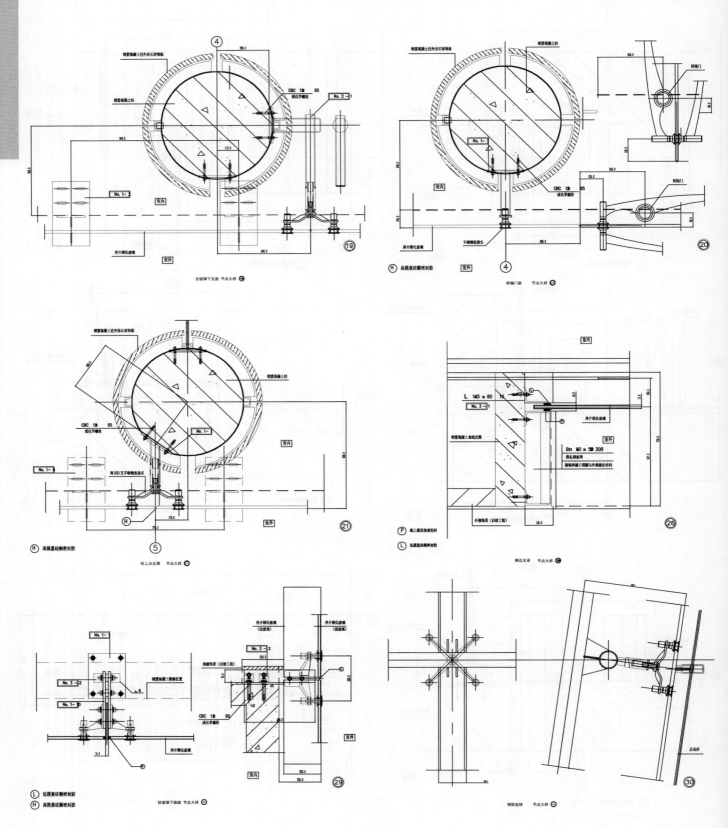

▲249-全套点式幕墙的节点图5

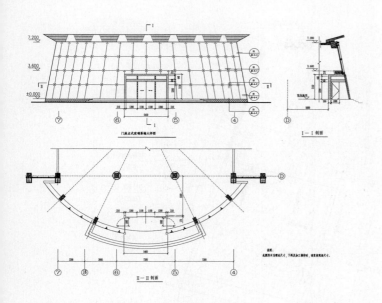

▲250-门庭点式玻璃幕墙大样

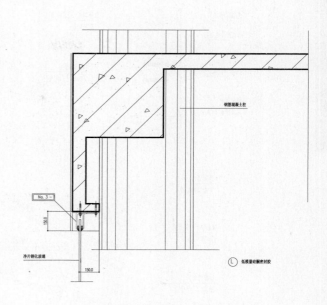

▲251-上沿埋板安装节点大样

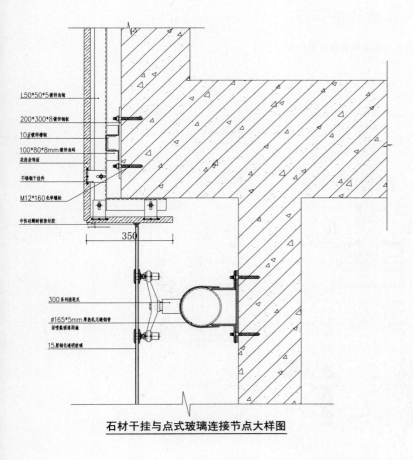

石材干挂与点式玻璃连接节点大样图

▲252-石材干挂与点式玻璃连接节点详图

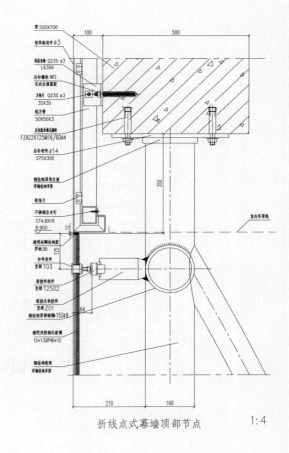

折线点式幕墙顶部节点　　1:4

▲253-折线和群房点式玻璃幕墙详图J-01

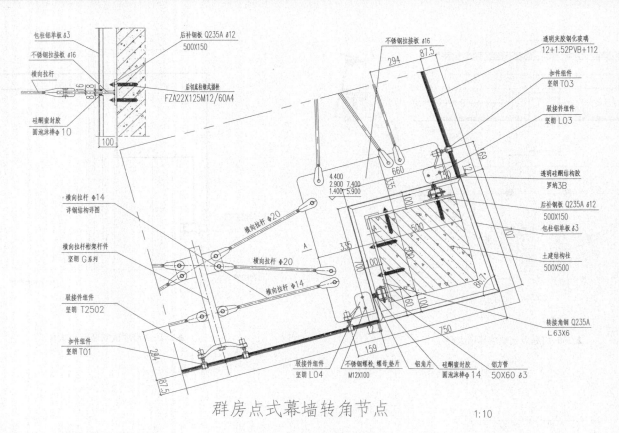

群房点式幕墙转角节点　　1:10

▲254-折线和群房点式玻璃幕墙详图J-02

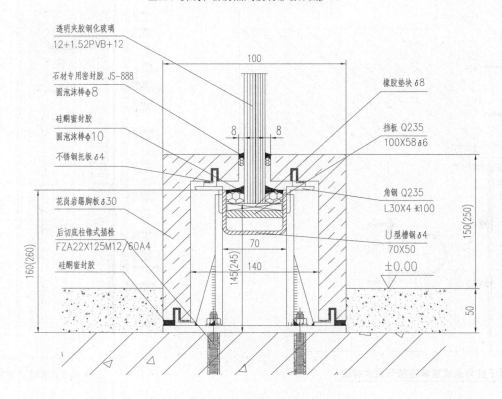

点式幕墙底封修节点　　1:1

▲255-折线和群房点式玻璃幕墙详图J-03

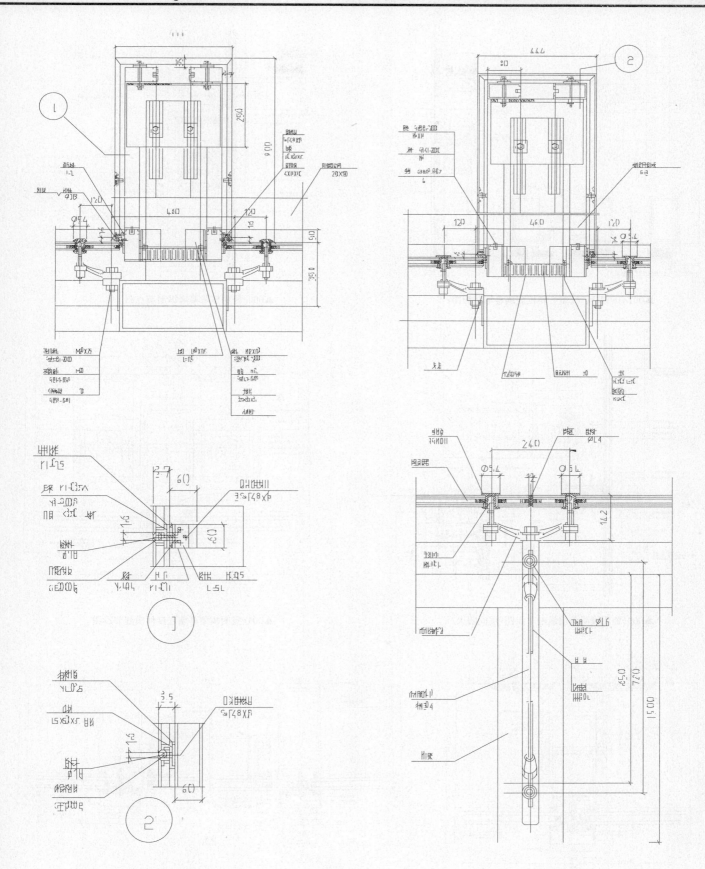

▲点支式玻璃幕墙节点构造详图（钢化中空玻璃幕墙）-Model

半隐形玻璃幕墙

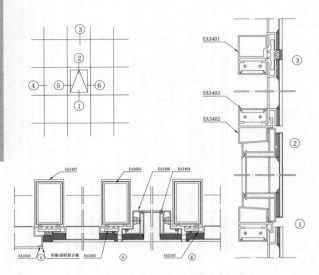

▲001-150系列（C型）隐框玻璃幕墙装配图

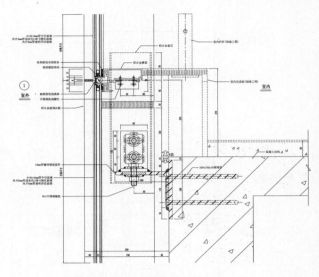

▲002-竖明横隐幕墙纵剖节点图

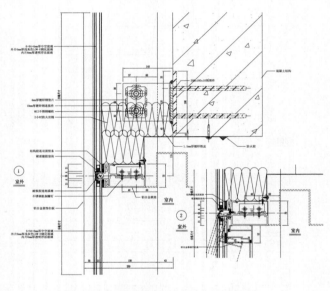

▲003-竖明横隐幕墙纵剖节点图(层间防火)

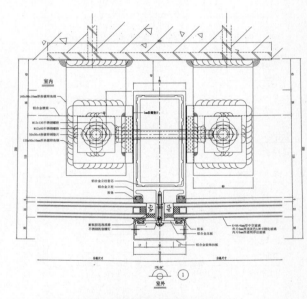

▲004-竖明横隐幕墙连接件横剖节点图

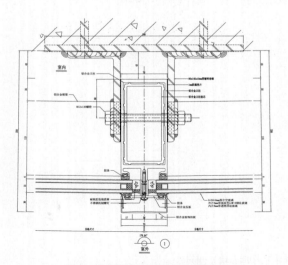

▲005-竖明横隐幕墙连接件横剖节点图

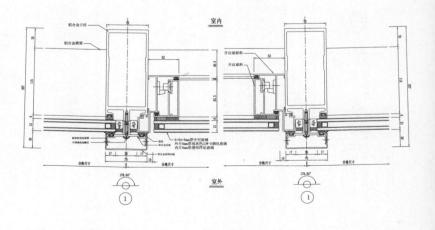

▲006-竖明横隐幕墙开启扇横剖节点图

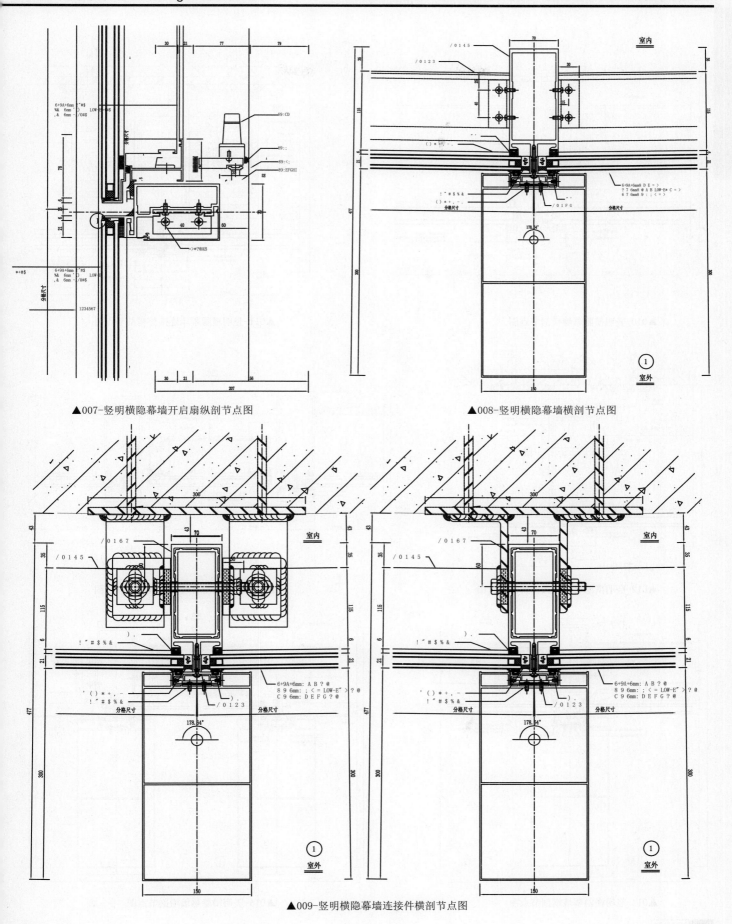

▲007-竖明横隐幕墙开启扇纵剖节点图   ▲008-竖明横隐幕墙横剖节点图

▲009-竖明横隐幕墙连接件横剖节点图

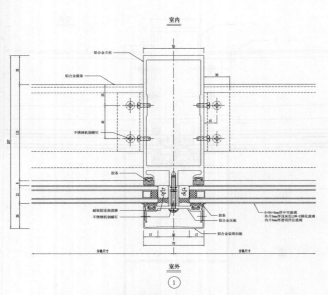

▲010-竖明横隐幕墙横剖节点图

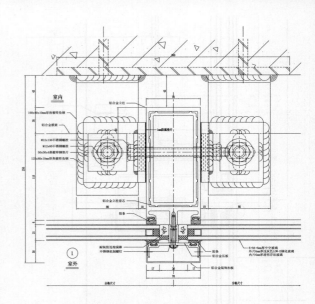

▲011-竖明横隐幕墙连接件横剖节点图

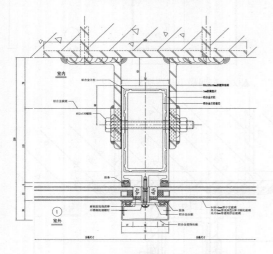

▲012-竖明横隐幕墙连接件横剖节点图

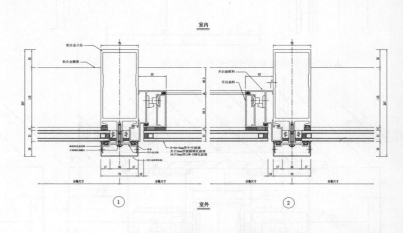

▲013-竖明横隐幕墙开启扇横剖节点图

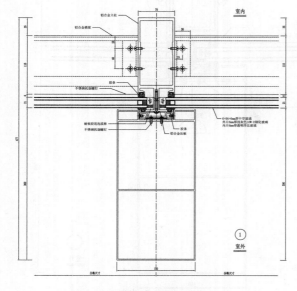

▲014-竖明横隐幕墙横剖节点图

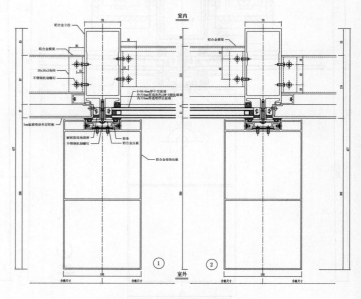

▲015-竖明横隐幕墙横剖节点图

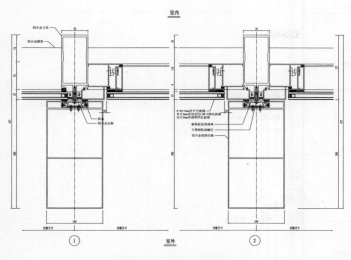

▲016-竖明横隐幕墙开启扇横剖节点图

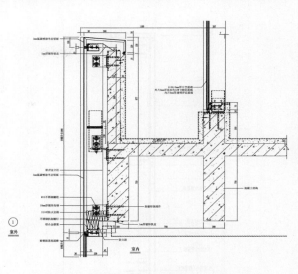

▲017-竖明横隐幕墙顶收口纵剖节点图

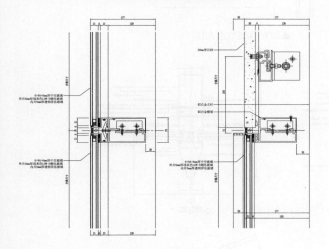

▲018-隐框幕墙纵剖节点图

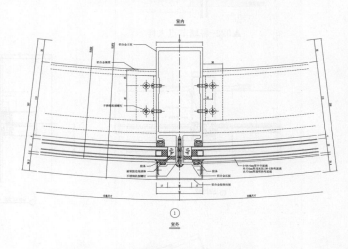

▲019-弧型明框幕墙横剖节点图

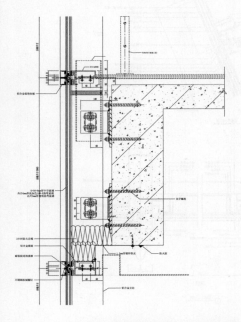

▲020-竖明横隐幕墙连接件纵剖节点图(层间防火)

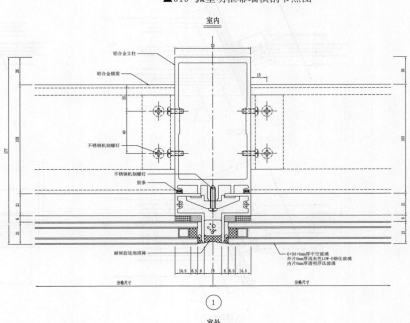

▲021-隐框幕墙横剖节点图

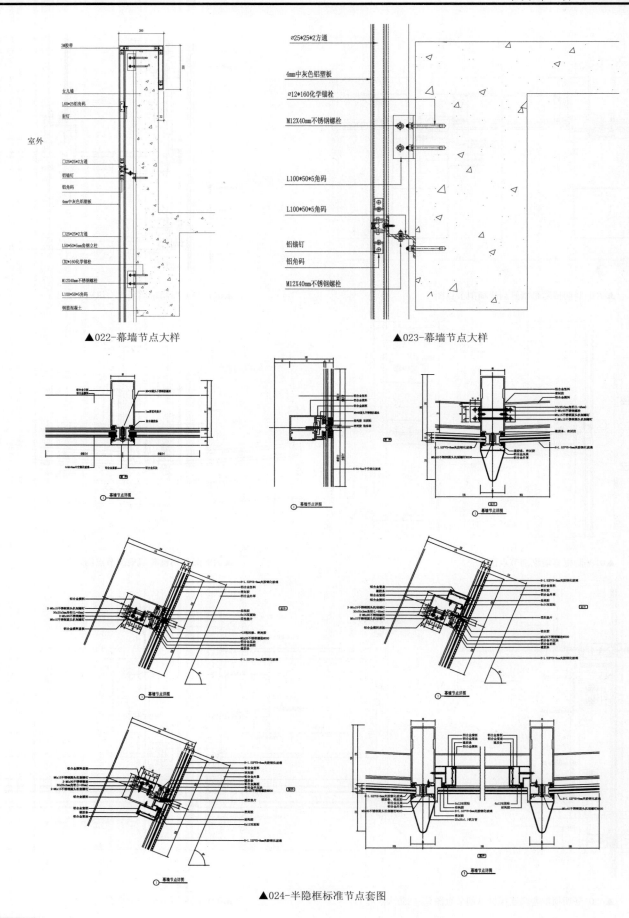

▲022-幕墙节点大样　　　　▲023-幕墙节点大样

▲024-半隐框标准节点套图

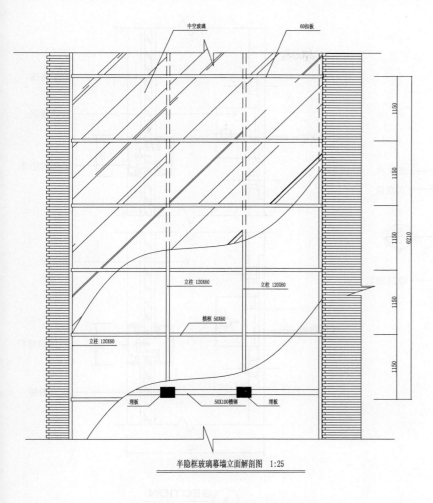

中空玻璃　　60扣板

立柱 120X60　　立柱 120X60

横框 50X60

立柱 120X60

埋板　　50X100槽钢　　埋板

半隐框玻璃幕墙立面解剖图　1:25

▲025-半隐框玻璃幕墙立面解剖图

▲026-半隐框幕墙

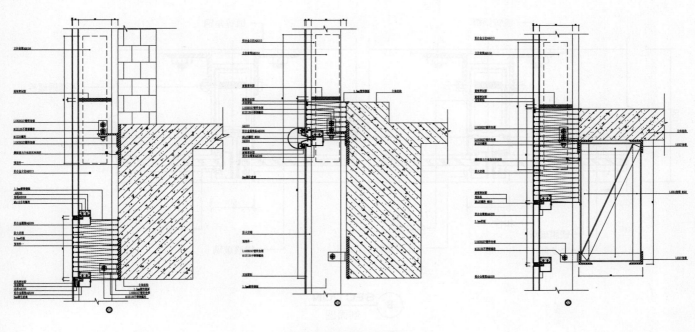

▲027-半隐框幕墙防火节点图

半隐形玻璃幕墙

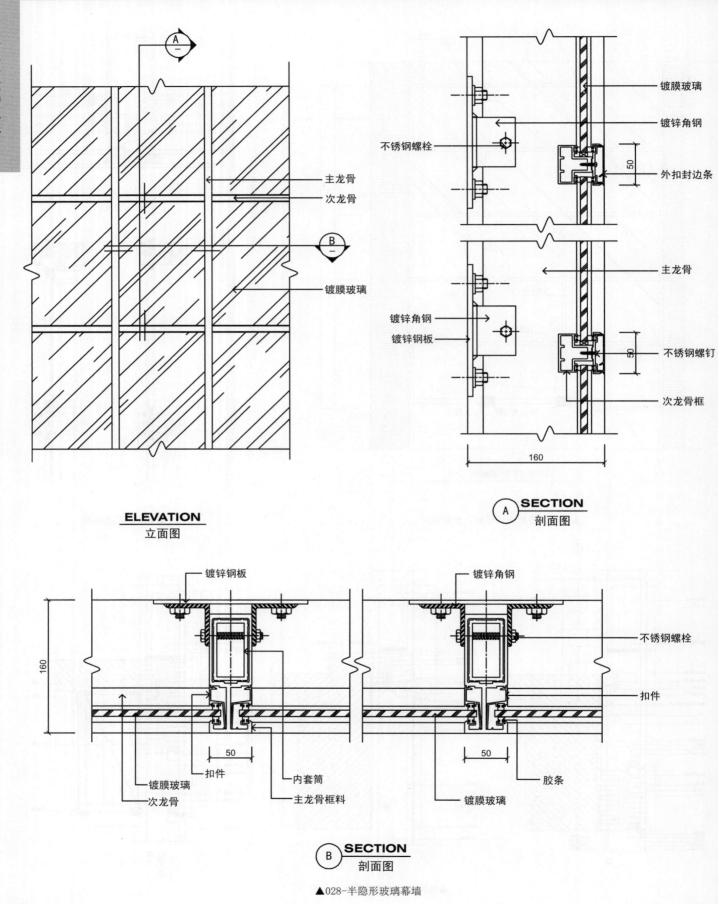

主龙骨
次龙骨
镀膜玻璃

ELEVATION
立面图

镀膜玻璃
镀锌角钢
外扣封边条
50
不锈钢螺栓
主龙骨
镀锌角钢
镀锌钢板
不锈钢螺钉
50
次龙骨框
160

A **SECTION**
剖面图

镀锌钢板
镀锌角钢
不锈钢螺栓
160
扣件
50
50
扣件
镀膜玻璃
次龙骨
内套筒
主龙骨框料
镀膜玻璃
胶条

B **SECTION**
剖面图

▲028-半隐形玻璃幕墙

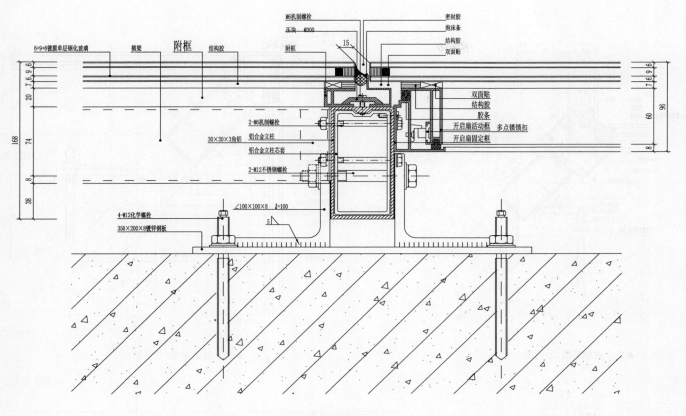

▲029-玻璃幕墙1节点图1

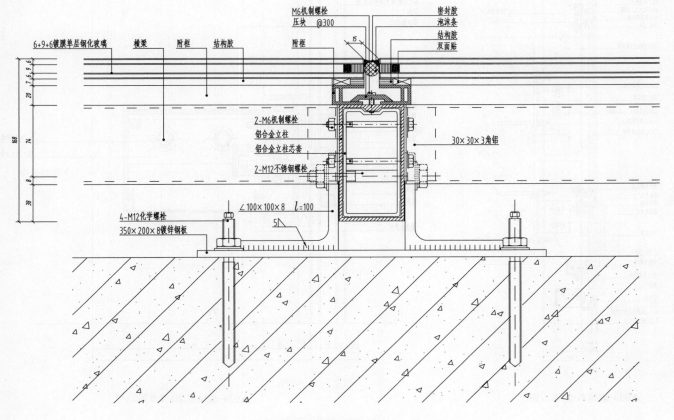

▲030-玻璃幕墙1节点图2

半隐形玻璃幕墙

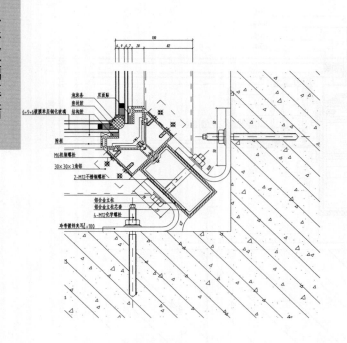

▲031-玻璃幕墙1节点图3

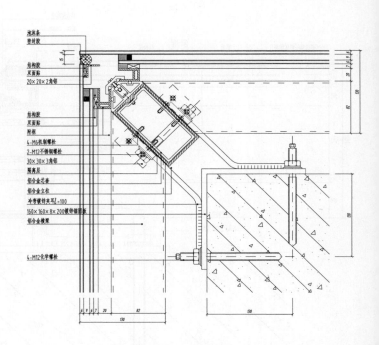

▲032-玻璃幕墙1节点图4

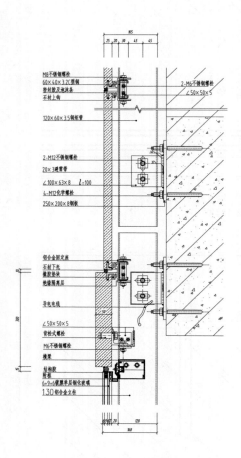

▲033-玻璃幕墙1节点图5

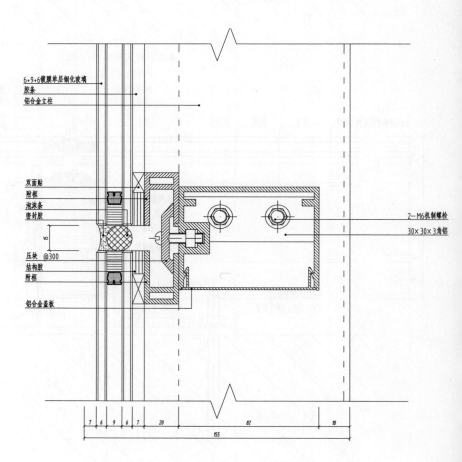

▲034-玻璃幕墙1节点图6

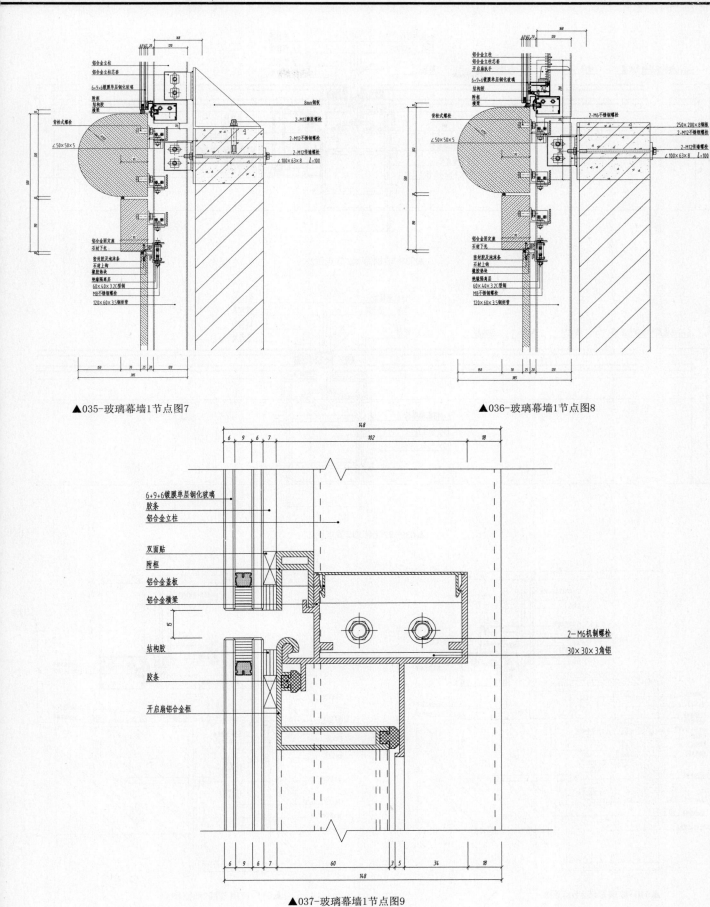

▲035-玻璃幕墙1节点图7

▲036-玻璃幕墙1节点图8

▲037-玻璃幕墙1节点图9

半隐形玻璃幕墙

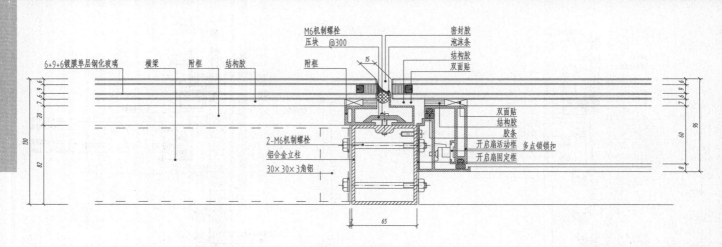

▲038-玻璃幕墙2节点图1

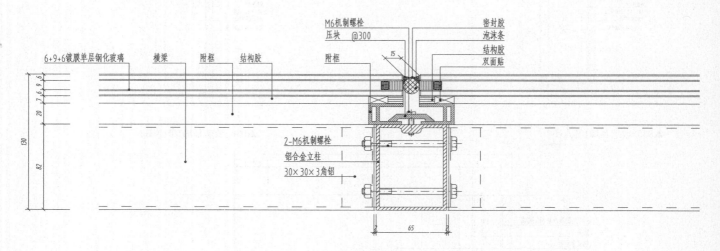

▲039-玻璃幕墙2节点图2

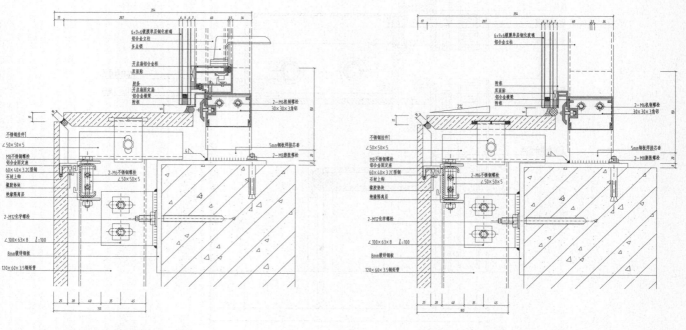

▲040-玻璃幕墙2节点图3

▲041-玻璃幕墙2节点图4

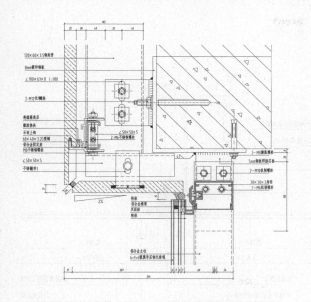

▲042-玻璃幕墙2节点图5

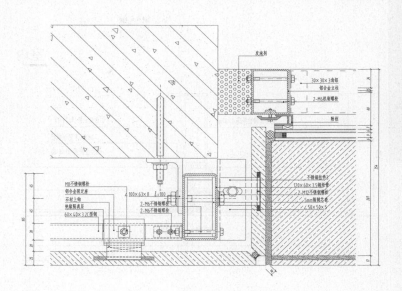

▲043-玻璃幕墙2节点图6

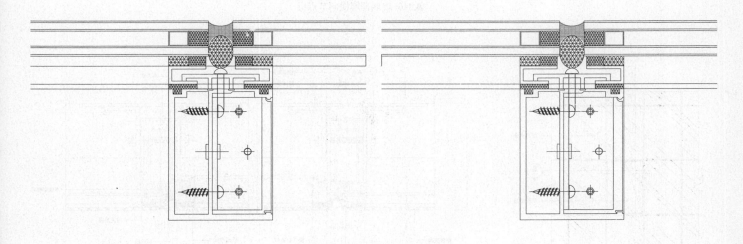

▲044-玻璃幕墙横梁节点1

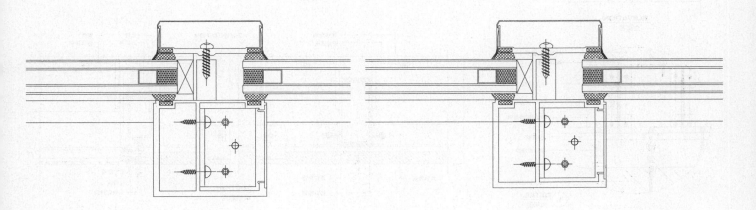

▲045-玻璃幕墙横梁节点2

半隐形玻璃幕墙

室内

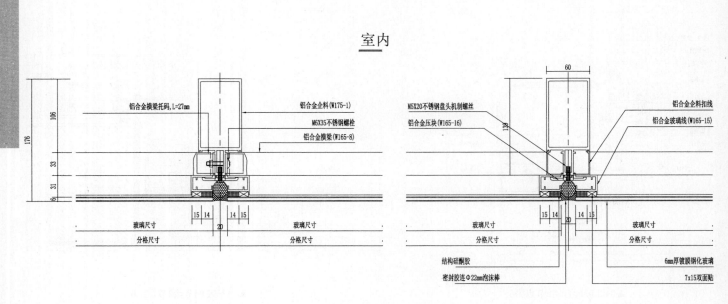

铝合金横梁托码, L=27mm
铝合金企料(W175-1)
M6X35不锈钢螺栓
铝合金横梁(W165-8)

M5X20不锈钢盘头机制螺丝
铝合金压块(W165-16)
铝合金企料扣线
铝合金玻璃线(W165-15)

106
176
33
31
6

玻璃尺寸
15 14 14 15
20
玻璃尺寸
分格尺寸
分格尺寸

玻璃尺寸
15 14 14 15
20
玻璃尺寸
分格尺寸
分格尺寸

结构硅酮胶
密封胶连Φ22mm泡沫棒

6mm厚镀膜钢化玻璃
7x15双面贴

室外

▲046-玻璃幕墙横向节点五

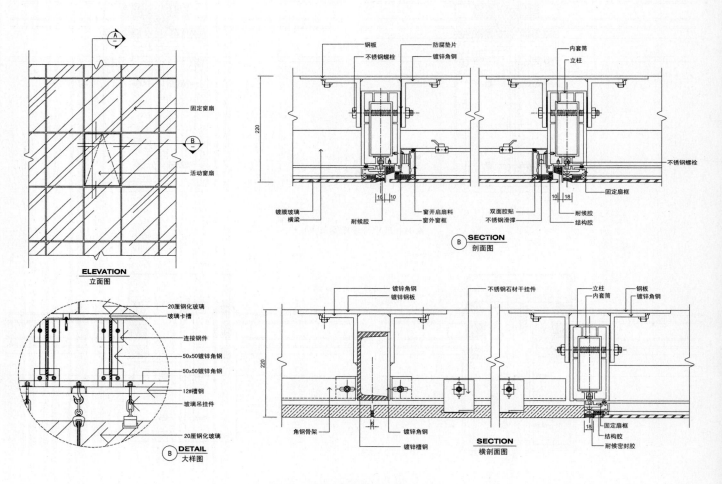

A

固定窗扇

B

活动窗扇

ELEVATION
立面图

钢板
防腐垫片
不锈钢螺栓
镀锌角钢
内套筒
立柱

220

不锈钢螺栓

镀膜玻璃
横梁
18 10
耐候胶
窗开启扇料
窗外窗框

双面胶贴
不锈钢滑撑
结构胶
10 18
固定扇框
耐候胶

B **SECTION**
剖面图

20厘钢化玻璃
玻璃卡槽
连接钢件
50x50镀锌角钢
50x50镀锌角钢
12#槽钢
玻璃吊挂件
20厘钢化玻璃

B **DETAIL**
大样图

镀锌角钢
镀锌钢板
不锈钢石材干挂件
立柱
内套筒
钢板
镀锌角钢

220

角钢骨架
镀锌角钢
镀锌槽钢

SECTION
横剖面图

18
固定扇框
结构胶
耐候密封胶

▲047-玻璃幕墙节点图

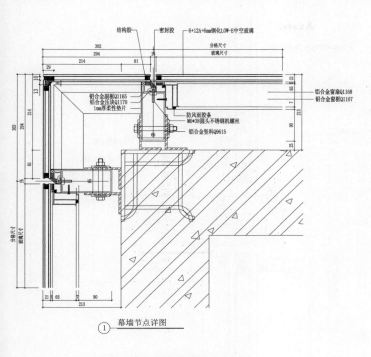

① 幕墙节点详图

▲048-玻璃幕墙节点详图1—转角处

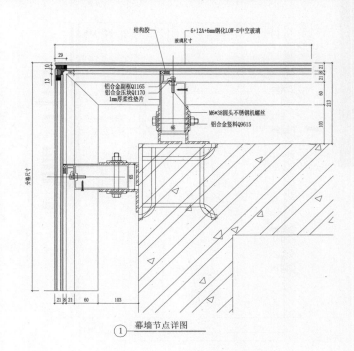

① 幕墙节点详图

▲049-玻璃幕墙节点详图2—转角处

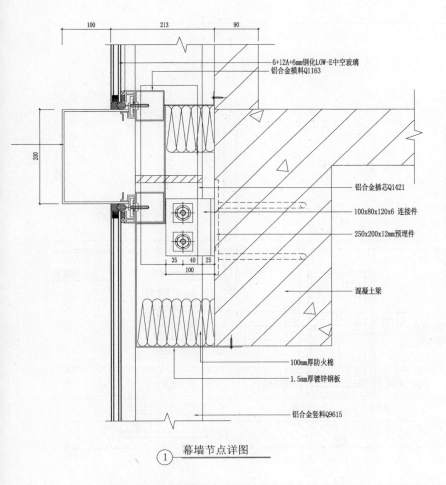

① 幕墙节点详图

▲050-玻璃幕墙节点详图3—梁端接缝

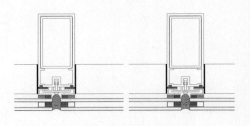

▲051-玻璃幕墙立挺节点

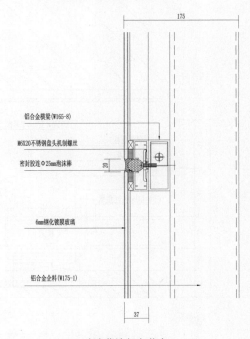

▲052-玻璃幕墙竖向节点

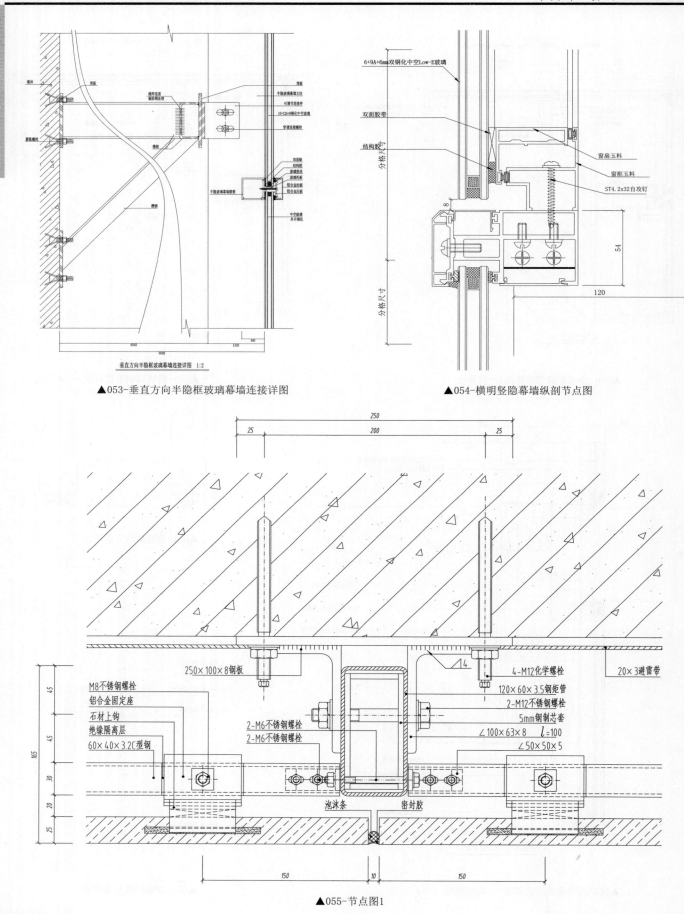

垂直方向半隐框玻璃幕墙连接详图 1:2

▲053-垂直方向半隐框玻璃幕墙连接详图

▲054-横明竖隐幕墙纵剖节点图

▲055-节点图1

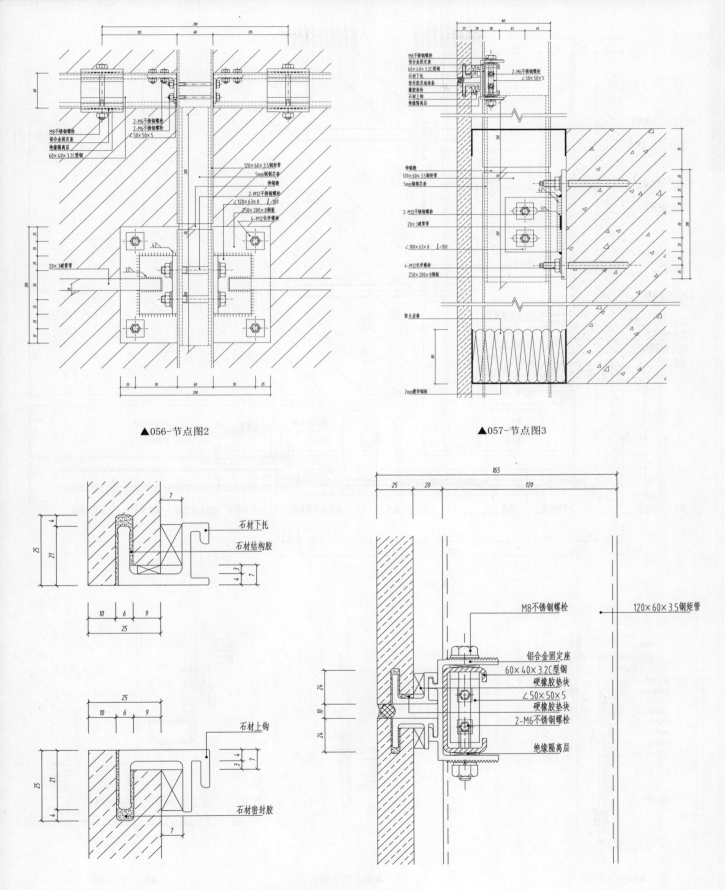

M8不锈钢螺栓
铝合金固定座
绝缘隔离层
60×40×3.2C型钢

2-M6不锈钢螺栓
2-M6不锈钢螺栓
∠50×50×5

120×60×3.5钢矩管
5mm钢芯者
伸缩缝
2-M12不锈钢螺栓
∠120×63×8 L=100
250×200×8钢板
4-M12化学螺栓

20×3硬置带

▲056-节点图2

M8不锈钢螺栓
铝合金固定座
60×40×3.2C型钢
石材下托
密封胶及泡沫条
橡胶垫块
石材上钩
绝缘隔离层

2-M6不锈钢螺栓
∠50×50×5

伸缩缝
120×60×3.5钢矩管
5mm钢芯者

2-M12不锈钢螺栓
20×3硬置带

∠100×63×8 L=100

4-M12化学螺栓
250×200×8钢板

防火岩棉

2mm镀锌钢板

▲057-节点图3

石材下托
石材结构胶

石材上钩

石材密封胶

M8不锈钢螺栓

120×60×3.5钢矩管

铝合金固定座
60×40×3.2C型钢
硬橡胶垫块
∠50×50×5
硬橡胶垫块
2-M6不锈钢螺栓

绝缘隔离层

▲058-节点图4

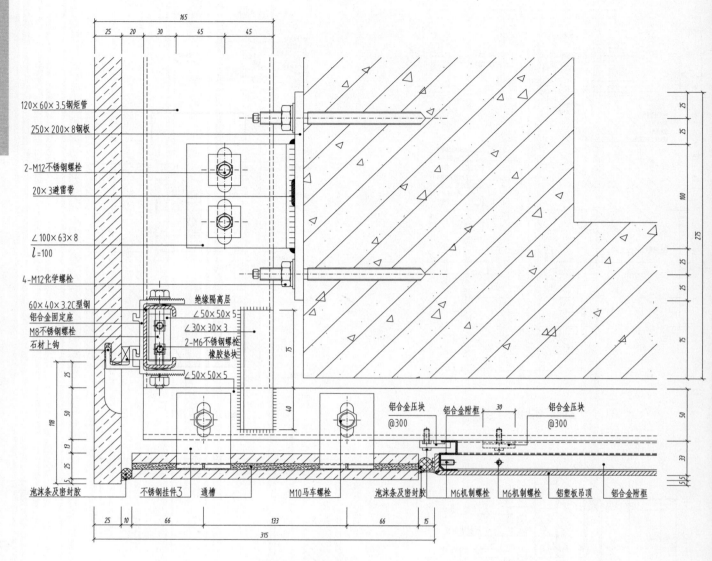

120×60×3.5钢矩管

250×200×8钢板

2-M12不锈钢螺栓

20×3避雷带

∠100×63×8
l=100

4-M12化学螺栓

60×40×3.2C型钢
铝合金固定座
M8不锈钢螺栓
石材上钩

绝缘隔离层
∠50×50×5
∠30×30×3
2-M6不锈钢螺栓
橡胶垫块
∠50×50×5

铝合金压块
@300
铝合金附框
铝合金压块
@300

泡沫条及密封胶　不锈钢挂件3　通槽　　　M10马车螺栓　泡沫条及密封胶　M6机制螺栓　M6机制螺栓　铝塑板吊顶　铝合金附框

▲059-节点图5

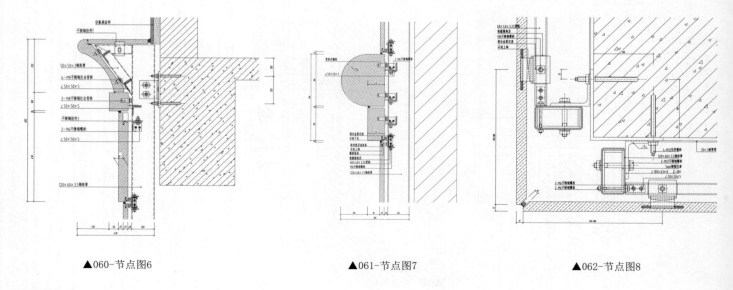

▲060-节点图6　　　　　　　　　　　▲061-节点图7　　　　　　　　　　　▲062-节点图8

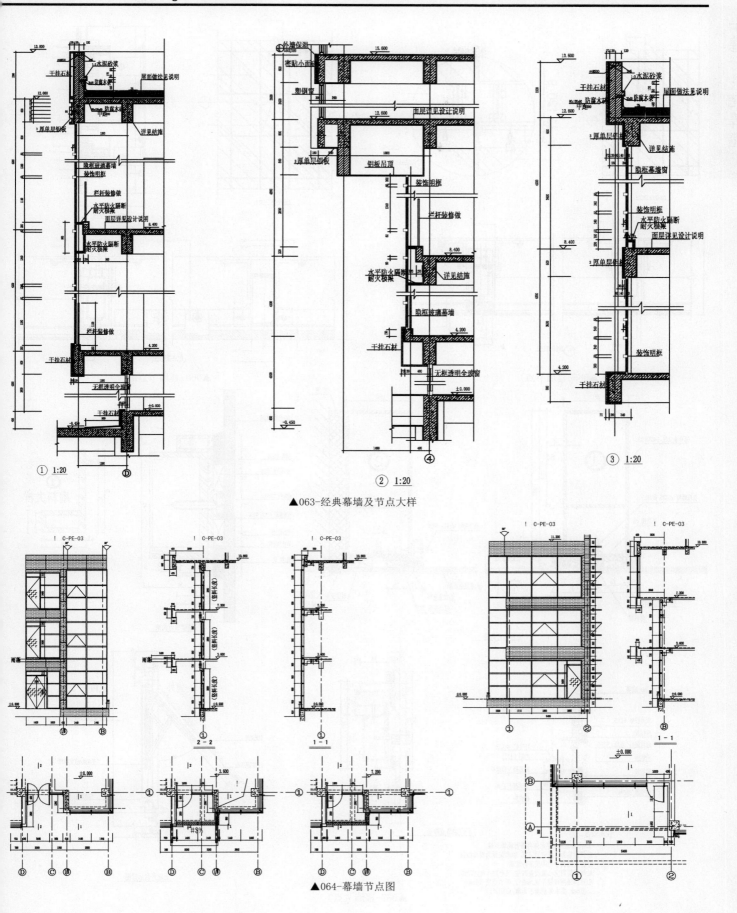

▲063-经典幕墙及节点大样

▲064-幕墙节点图

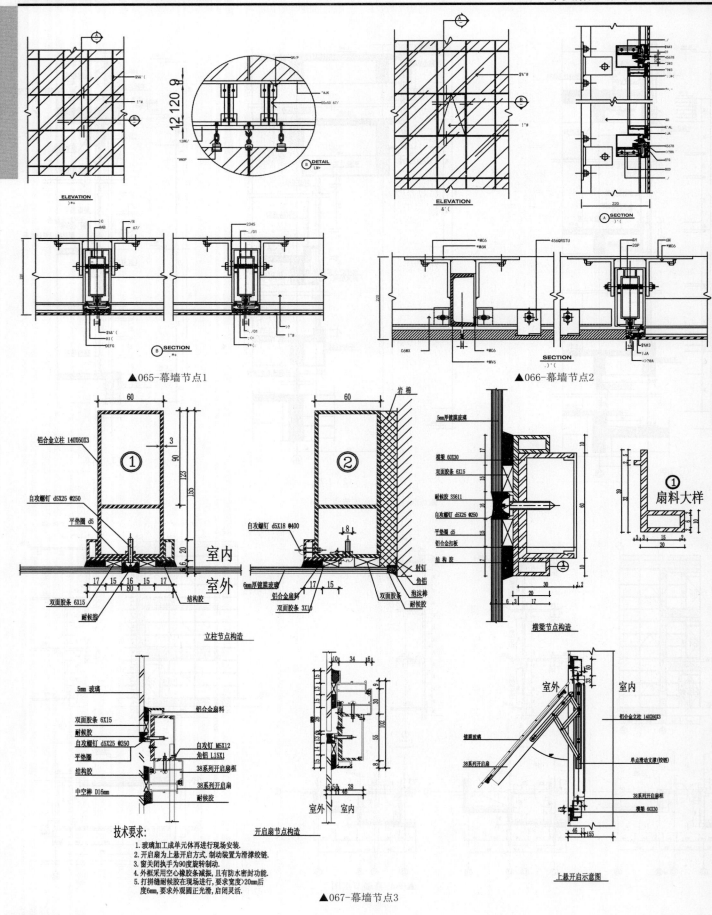

▲065-幕墙节点1

▲066-幕墙节点2

铝合金立柱 140X60X3

自攻螺钉 d5X25 @250

平垫圈 d5

双面胶条 6X15

耐候胶

立柱节点构造

自攻螺钉 d5X18 @400

6mm厚镀膜玻璃

铝合金扇料

双面胶条 3X10

射钉

角铝

泡沫棒

双面胶条

耐候胶

室内

室外

5mm厚镀膜玻璃

横梁 60X30

双面胶条 6X15

耐候胶 SS611

自攻螺钉 d5X25 @250

平垫圈 d5

铝合金扣板

结构胶

横梁节点构造

① 扇料大样

5mm 玻璃

双面胶条 6X15

耐候胶

自攻螺钉 d5X25 @250

平垫圈

结构胶

中空棒 D16mm

自攻钉 M5X12

角铝 L15X1

38系列开启扇框

38系列开启扇边

耐候胶

开启扇节点构造

室外　室内

室外　室内

镀膜玻璃

铝合金立柱 140X60X3

单点滑动支撑(铰链)

38系列开启扇框

横梁 60X30

上悬开启示意图

技术要求:
1.玻璃加工成单元体再进行现场安装.
2.开启扇为上悬开启方式.制动装置为滑撑绞链.
3.窗关闭执手为90度旋转制动.
4.外框采用空心橡胶条减振,且有防水密封功能.
5.打拼缝耐候胶在现场进行,要求宽度>20mm后厚度6mm,要求外观圆正光滑,启闭灵活.

▲067-幕墙节点3

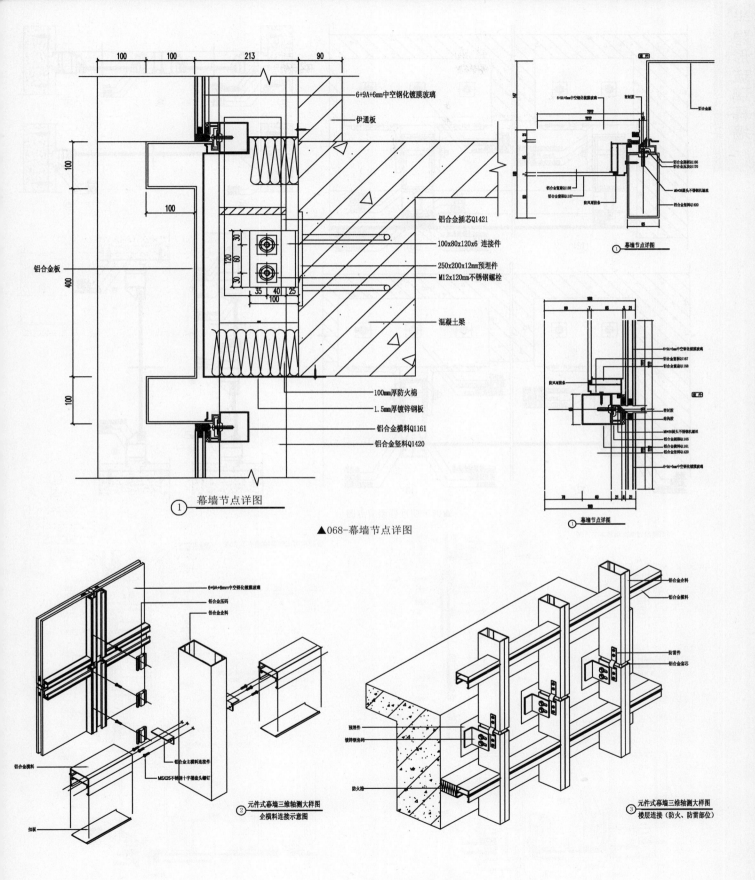

① 幕墙节点详图

▲068-幕墙节点详图

② 元件式幕墙三维轴测大样图
企横料连接示意图

③ 元件式幕墙三维轴测大样图
楼层连接（防火、防雷部位）

▲069-三维节点

半隐形玻璃幕墙

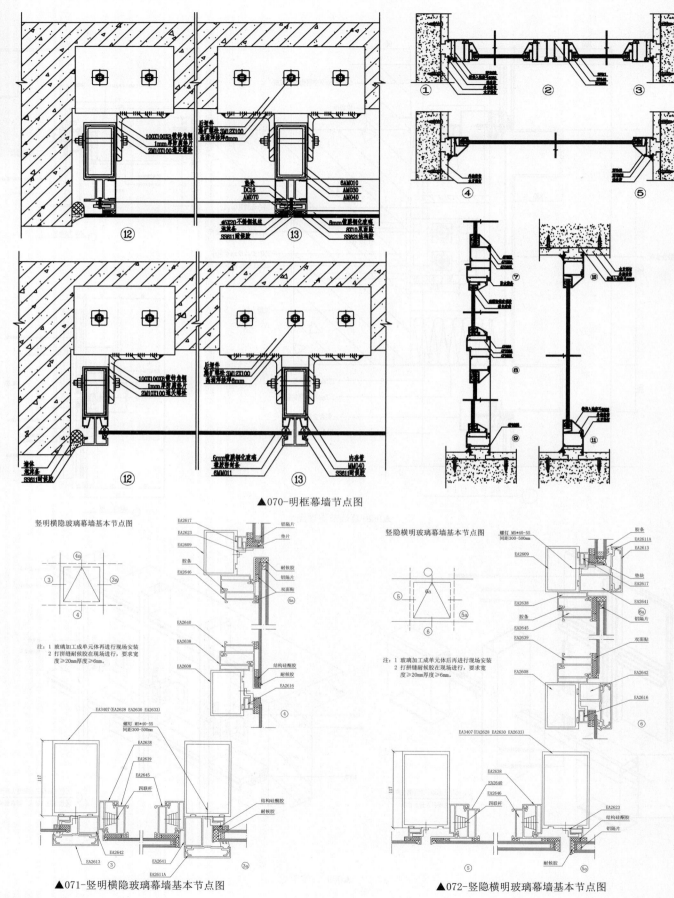

▲070-明框幕墙节点图

竖明横隐玻璃幕墙基本节点图

注:1 玻璃加工成单体再进行现场安装
    2 打拼缝耐候胶在现场进行,要求宽
      度≥20mm厚度≥6mm。

▲071-竖明横隐玻璃幕墙基本节点图

竖隐横明玻璃幕墙基本节点图

注:1 玻璃加工成单元体后再进行现场安装
    2 打拼缝耐候胶在现场进行,要求宽
      度≥20mm厚度≥6mm。

▲072-竖隐横明玻璃幕墙基本节点图

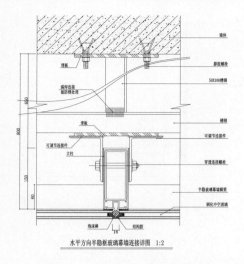

水平方向半隐框玻璃幕墙连接详图 1:2

▲073-水平方向半隐框玻璃幕墙连接详图

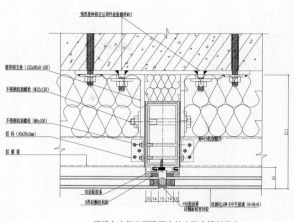

塔楼左右侧立面隐框立柱安防火横剖节点

▲074-塔楼左右侧立面隐框立柱安防火横剖节点

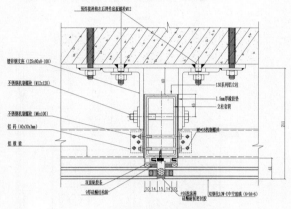

塔楼左右侧立面隐框立柱安装横剖节点

▲075-塔楼左右侧立面隐框立柱安装横剖节点

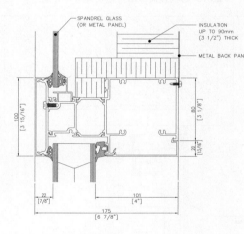

▲076-外国幕墙节点

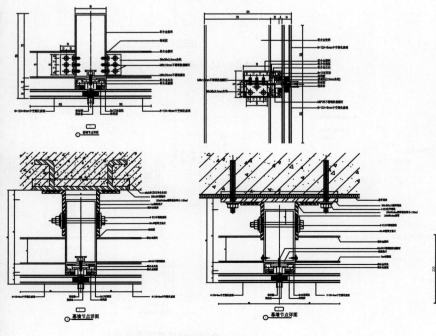

▲077-隐框玻璃幕墙窗结构节点

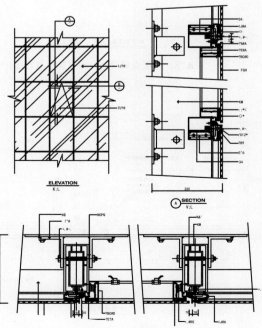

▲078-隐框玻璃幕墙窗结构节点

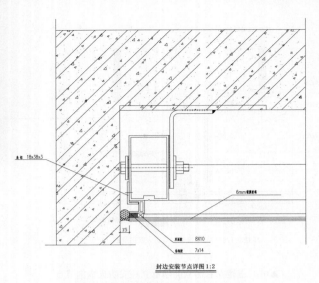

▲079-隐框玻璃幕墙封边安装节点详图

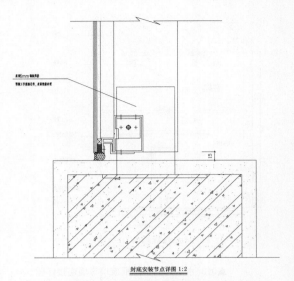

▲080-隐框玻璃幕墙封底安装节点详图

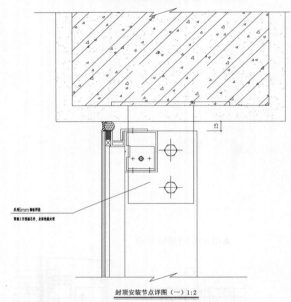

▲081-隐框玻璃幕墙封顶安装节点详图1

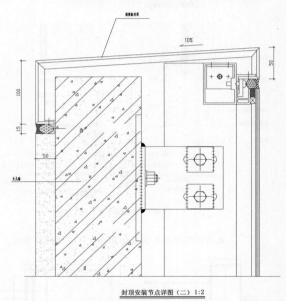

▲082-隐框玻璃幕墙封顶安装节点详图2

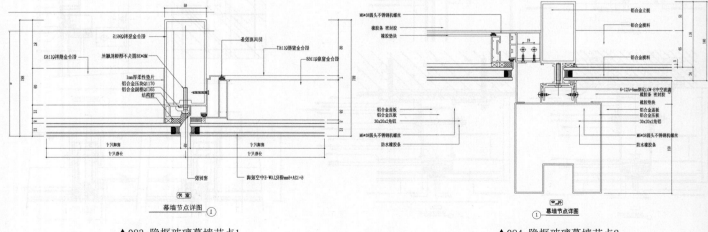

▲083-隐框玻璃幕墙节点1

▲084-隐框玻璃幕墙节点2

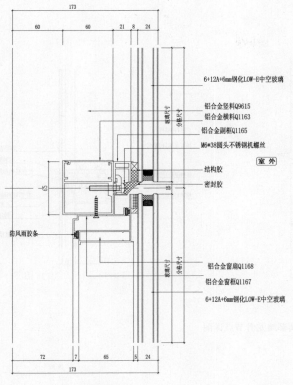

6+12A+6mm钢化LOW-E中空玻璃
铝合金竖料Q9615
铝合金横料Q1163
铝合金副框Q1165
M6*38圆头不锈钢机螺丝

室 外

结构胶
密封胶

防风雨胶条

铝合金窗扇Q1168
铝合金窗框Q1167
6+12A+6mm钢化LOW-E中空玻璃

① 幕墙节点详图

▲085-隐框玻璃幕墙节点3

6+12A+6mm钢化LOW-E中空玻璃
铝合金立挺
铝合金横料

橡胶条 密封胶
橡胶垫块
铝合金盖板
铝合金压板
30x20x2角铝

M6*38圆头不锈钢机螺丝
防水橡胶条

① 幕墙节点详图

▲086-隐框玻璃幕墙节点4

6+12A+6mm钢化LOW-E中空玻璃
铝合金窗框Q1167
铝合金窗扇Q1168

防风雨胶条

室 外

密封胶
结构胶
M6*38圆头不锈钢机螺丝
铝合金副框Q1165
铝合金横料Q1163
铝合金竖料Q9615
6+12A+6mm钢化LOW-E中空玻璃

① 幕墙节点详图

▲087-隐框玻璃幕墙节点5

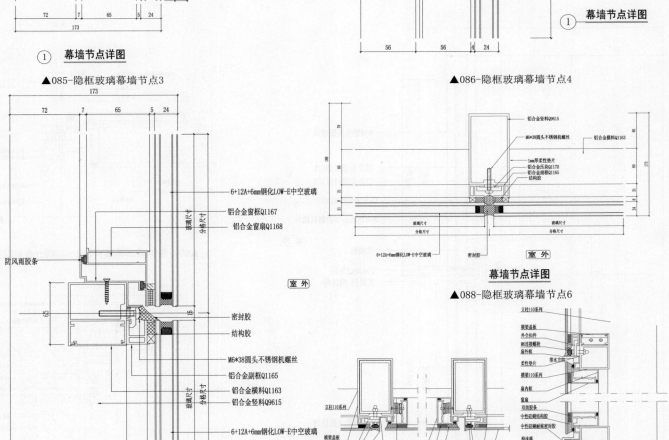

铝合金竖料Q9615
M6*38圆头不锈钢机螺丝
铝合金横料Q1163

1mm厚柔性垫片
铝合金压板Q1170
铝合金副框Q1165
结构胶

室 外

6+12A+6mm钢化LOW-E中空玻璃   密封胶

幕墙节点详图

▲088-隐框玻璃幕墙节点6

立柱110系列
横梁盖板
外全扣件
M5连接螺栓
扇外框
柔性垫片
横梁110系列
扇内框
窗扇
中性硅酮结构胶
中性硅酮耐候密封胶
泡沫棒
排水方向
四边框
连接角铝
6mm钢化镀膜玻璃

横梁盖板
外全扣件
5x25不锈钢螺丝
扇外框
扇内框
窗扇
双面胶条
中性硅酮结构胶
中性硅酮结构胶
四边框
6mm钢化镀膜玻璃

中性硅酮耐候密封胶
泡沫棒

110系类隐框玻璃幕墙开启窗横剖面   110系类隐框玻璃幕墙开启窗横剖面

▲089-隐框玻璃幕墙开启窗节点详图

半隐形玻璃幕墙

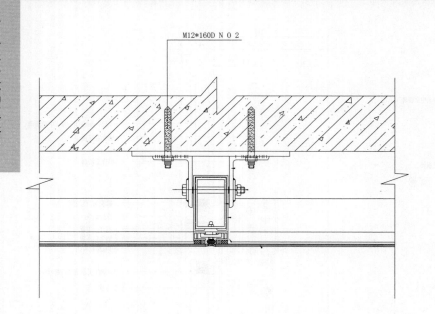

M12*160D N O 2

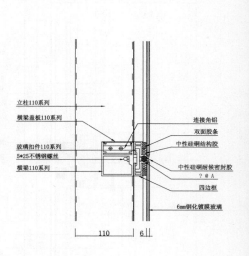

立柱110系列
横梁盖板110系列
玻璃扣件110系列
5*25不锈钢螺丝
横梁110系列

连接角铝
双面胶条
中性硅硐结构胶
中性硅硐耐候密封胶
四边框
6mm钢化镀膜玻璃

110   6

▲090-隐框玻璃幕墙龙骨节点详图

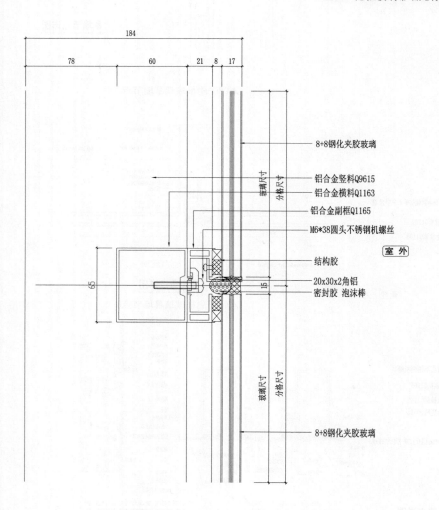

184
78   60   21 8 17

8+8钢化夹胶玻璃
铝合金竖料Q9615
铝合金横料Q1163
铝合金副框Q1165
M6*38圆头不锈钢机螺丝
结构胶
20x30x2角铝
密封胶 泡沫棒

室 外

8+8钢化夹胶玻璃

▲091-隐框玻璃幕墙详图1

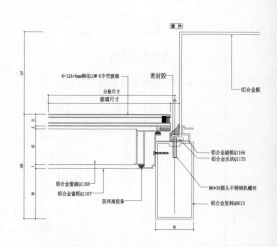

室 外

6+12A+6mm钢化LOW-E中空玻璃
密封胶
铝合金板

铝合金副框Q1166
铝合金压块Q1170
M6*38圆头不锈钢螺丝
铝合金竖料Q9615
铝合金窗框Q1168
铝合金窗框Q1167
防风胶条

▲092-隐框玻璃幕墙详图2—与铝合金板交接

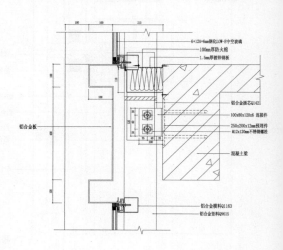

6+12A+6mm钢化LOW-E中空玻璃
100mm厚防火棉
1.5mm厚镀锌钢板

铝合金接芯Q1421
100x80x120x6 连接件
250x200x12mm预埋件
M12x120mm不锈钢螺栓
混凝土梁

铝合金板

铝合金横料Q1163
铝合金竖料Q9615

▲093-隐框玻璃幕墙详图3—与铝合金线脚交接

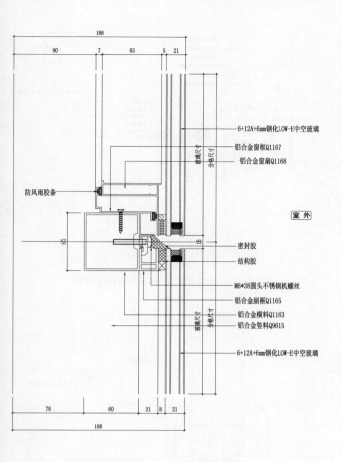

6+12A+6mm钢化LOW-E中空玻璃
铝合金窗框Q1167
铝合金窗扇Q1168
防风雨胶条
室 外
密封胶
结构胶
M6*38圆头不锈钢机螺丝
铝合金副框Q1165
铝合金横料Q1163
铝合金竖料Q9615
6+12A+6mm钢化LOW-E中空玻璃

▲094-隐框玻璃幕墙详图4

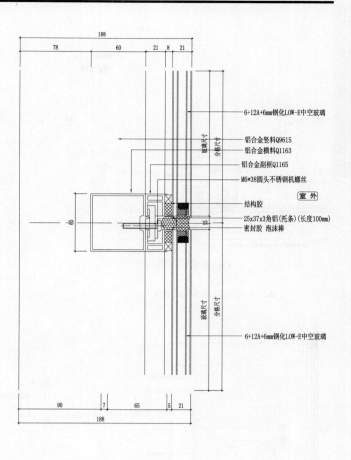

6+12A+6mm钢化LOW-E中空玻璃
铝合金竖料Q9615
铝合金横料Q1163
铝合金副框Q1165
M6*38圆头不锈钢机螺丝
结构胶
室 外
25x37x3角铝(托条)(长度100mm)
密封胶 泡沫棒
6+12A+6mm钢化LOW-E中空玻璃

▲095-隐框玻璃幕墙详图5

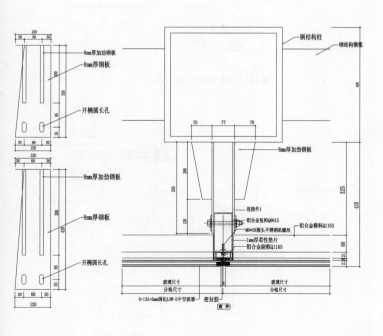

钢结构柱
钢结构横梁
8mm厚加劲钢板
8mm厚钢板
开椭圆长孔
8mm厚加劲钢板
连接件1
铝合金竖料Q9615
M6*38圆头不锈钢机螺丝
铝合金横料Q1163
1mm厚柔性垫片
铝合金副框Q1165
8mm厚加劲钢板
8mm厚钢板
开椭圆长孔
玻璃尺寸
分格尺寸
6+12A+6mm钢化LOW-E中空玻璃
密封胶
室 外

▲096-隐框玻璃幕墙详图6

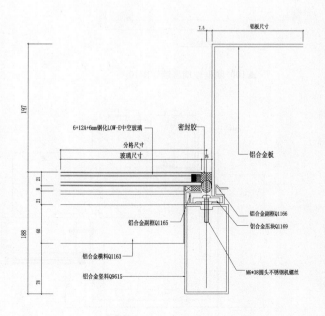

铝板尺寸
6+12A+6mm钢化LOW-E中空玻璃
密封胶
分格尺寸
玻璃尺寸
铝合金板
铝合金副框Q1165
铝合金副框Q1166
铝合金压块Q1169
铝合金横料Q1163
M6*38圆头不锈钢机螺丝
铝合金竖料Q9615

▲097-隐框玻璃幕墙详图7

半隐形玻璃幕墙

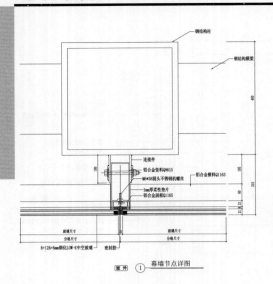

▲098-隐框玻璃幕墙详图8

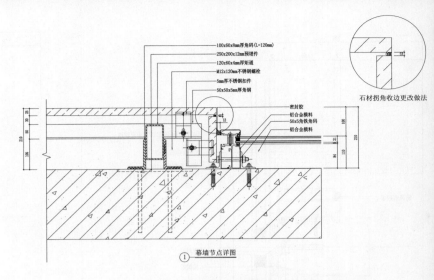

▲099-隐框玻璃幕墙详图9-与石材交接处

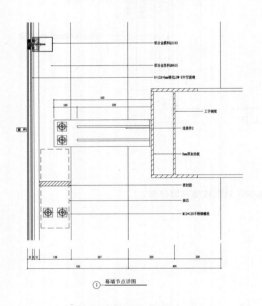

▲100-隐框玻璃幕墙详图10

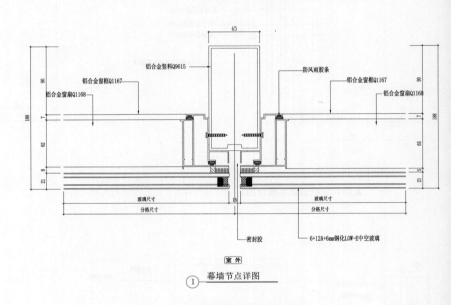

▲101-隐框玻璃幕墙详图11

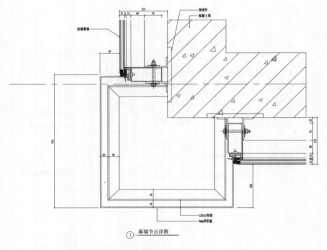

▲102-隐框玻璃幕墙详图12

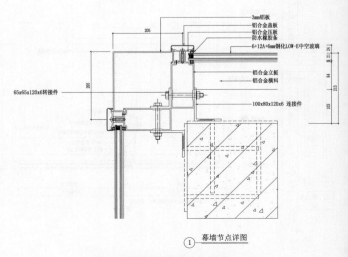

▲103-隐框玻璃幕墙详图13-转角柱处

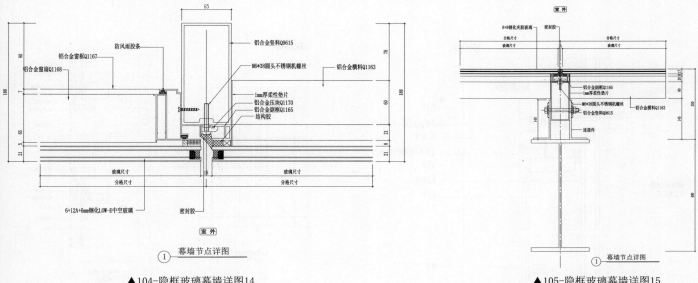

▲104-隐框玻璃幕墙详图14

▲105-隐框玻璃幕墙详图15

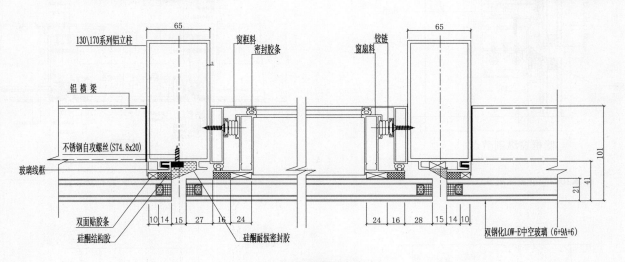

隐框窗横剖节点

▲106-隐框窗横剖节点

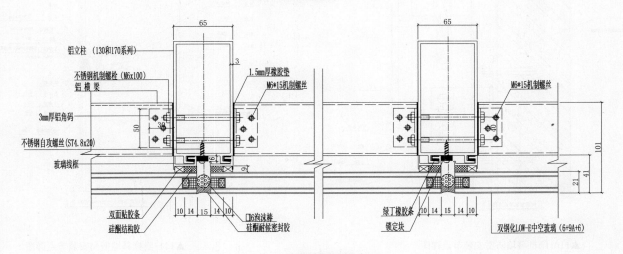

隐框横剖节点

▲107-隐框横剖节点

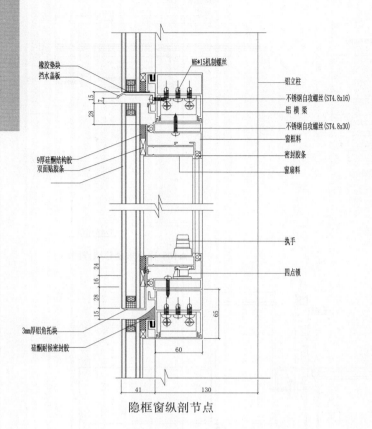

隐框窗纵剖节点

▲108-隐框窗纵剖节点

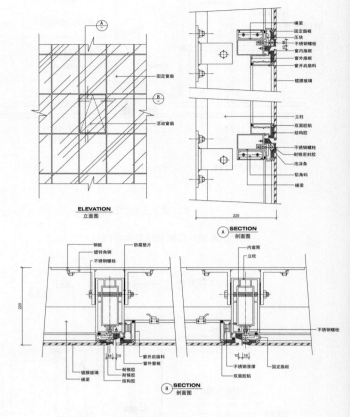

ELEVATION
立面图

A SECTION
剖面图

B SECTION
剖面图

▲109-隐框开启窗

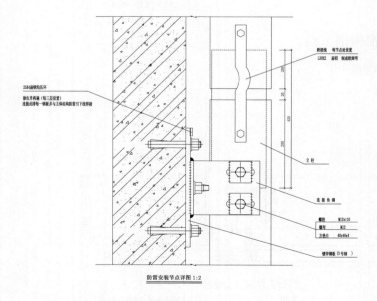

防雷安装节点详图 1:2

▲110-隐框幕墙防雷安装节点详图

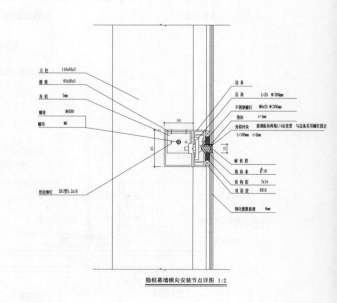

隐框幕墙横向安装节点详图 1:2

▲111-隐框幕墙横向安装节点详图

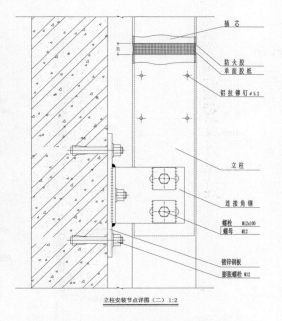

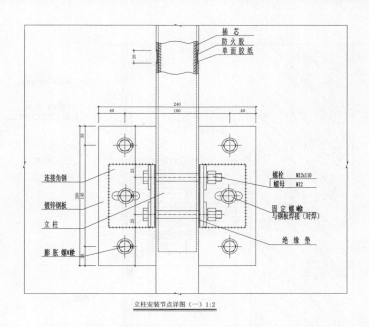

立柱安装节点详图（二）1:2

▲112-隐框幕墙立柱安装节点详图1

立柱安装节点详图（一）1:2

▲113-隐框幕墙立柱安装节点详图2

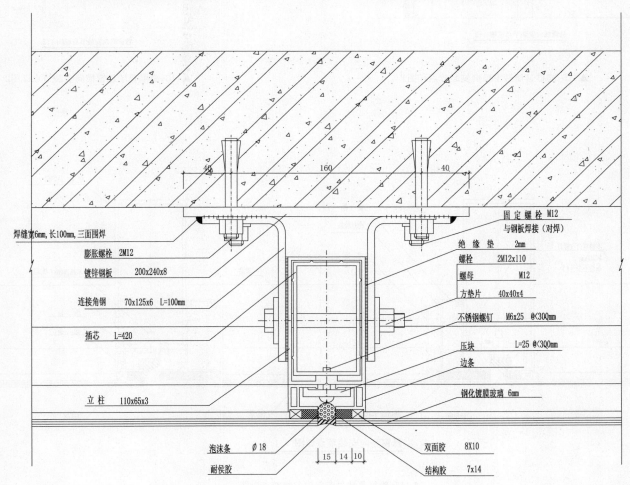

隐框幕墙竖向安装节点详图　1:2

▲114-隐框幕墙竖向安装节点详图

半隐形玻璃幕墙

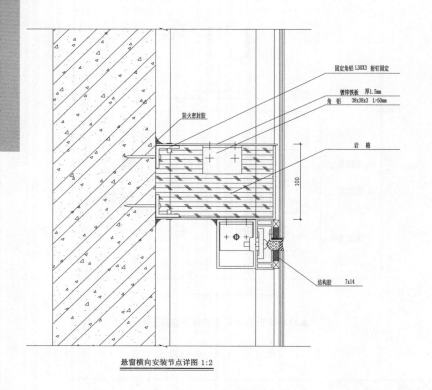

固定角铝 L30X3 射钉固定
镀锌铁板 厚1.5mm
角 铝 38x38x3 L=50mm
防火密封胶
岩棉
100
结构胶 7x14

悬窗横向安装节点详图 1:2

▲115-隐框幕墙悬窗横向安装节点详图1

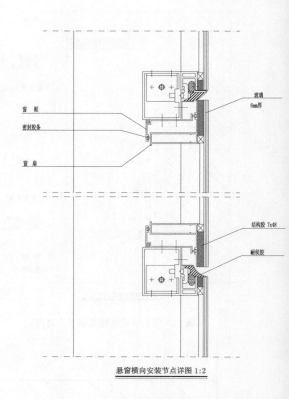

玻璃 6mm厚
窗框
密封胶条
窗扇
结构胶 7x48
耐候胶

悬窗横向安装节点详图 1:2

▲116-隐框幕墙悬窗横向安装节点详图2

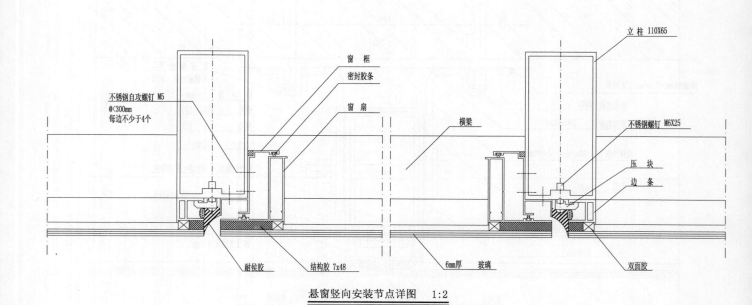

不锈钢自攻螺钉 M5 @<300mm 每边不少于4个
窗框
密封胶条
窗扇
立柱 110X65
横梁
不锈钢螺钉 M6X25
压块
边条
耐候胶
结构胶 7x48
6mm厚 玻璃
双面胶

悬窗竖向安装节点详图   1:2

▲117-隐框幕墙悬窗竖向安装节点详图

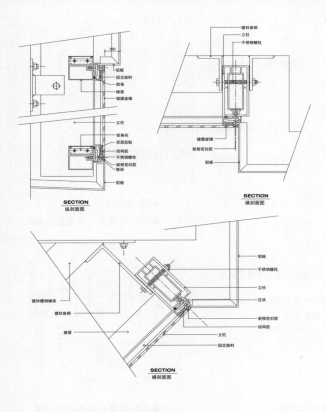

▲118-隐框与铝板

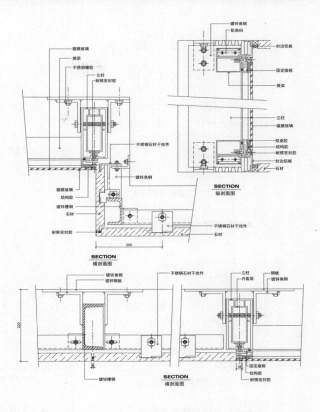

▲119-隐框与石材

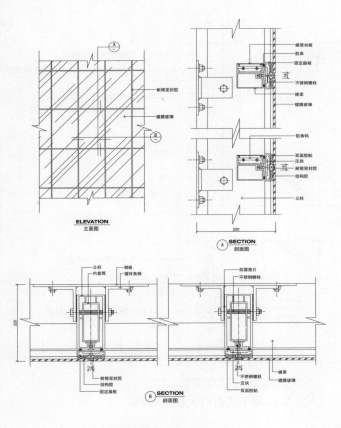

▲120-隐框纵横剖

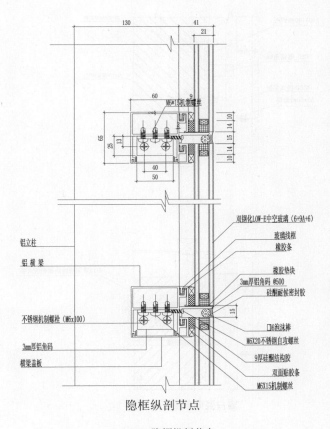

隐框纵剖节点

▲121-隐框纵剖节点

石材幕墙详图

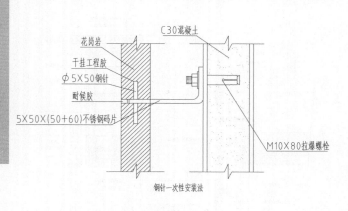

▲001-钢针一次性安装法

▲002-燕尾型二次组合安装法

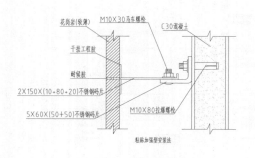

▲003-粘贴加强型安装法

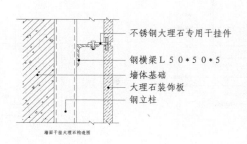

▲004-墙面干挂大理石构造图

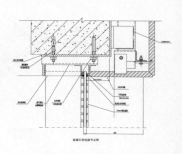

▲005-玻璃石材连接节点图

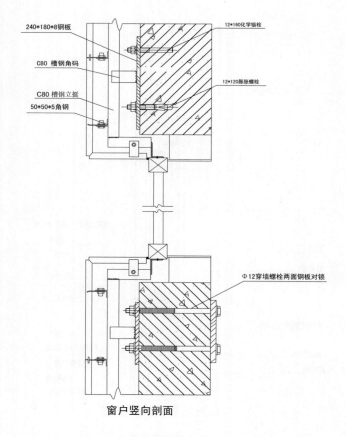

窗户竖向剖面

▲006-窗户竖向剖面

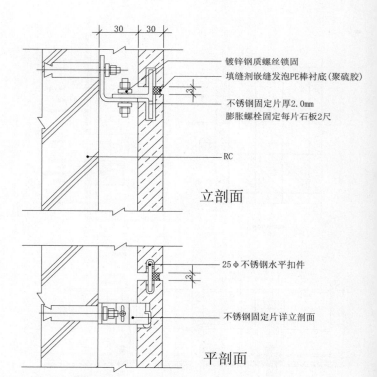

⑤ R.C.墙干式石材大样图 单位:mm

▲007-R.C.墙干式石材大样图

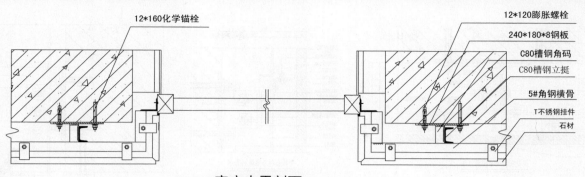

12*160化学锚栓　12*120膨胀螺栓　240*180*8钢板　C80槽钢角码　C80槽钢立挺　5#角钢横骨　T不锈钢挂件　石材

窗户水平剖面

▲008-窗户水平剖面

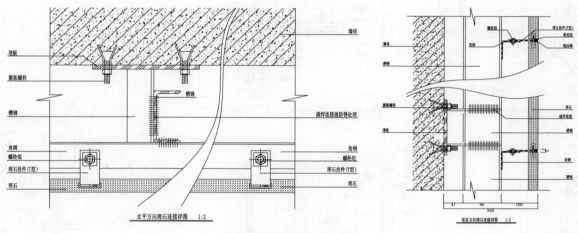

墙体　埋板　膨胀螺栓　槽钢　满焊连接做防锈处理　角钢　螺栓组　理石挂件(T型)　理石

水平方向理石连接详图　1:2

▲009-垂直方向理石连接详图

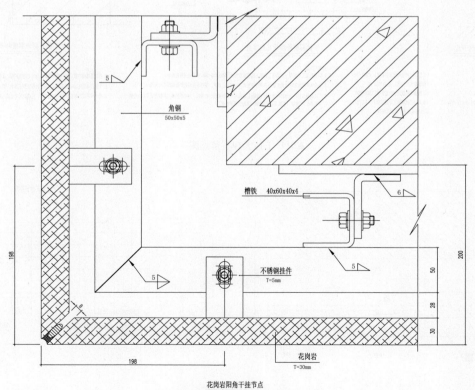

角钢 50x50x5

槽铁 40x60x40x4

不锈钢挂件 T=5mm

花岗岩 T=30mm

花岗岩阳角干挂节点

▲010-底层花岗岩阳角节点图

石材幕墙详图

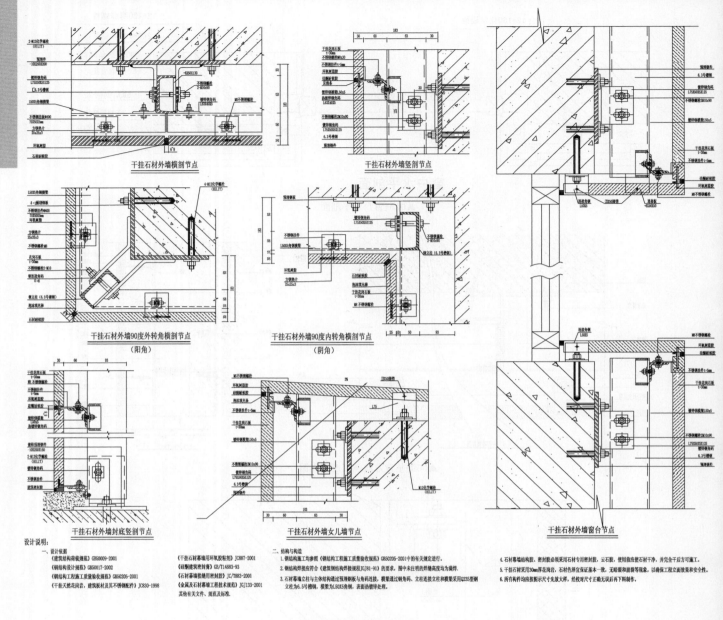

干挂石材外墙横剖节点　　　干挂石材外墙竖剖节点

干挂石材外墙90度外转角横剖节点
（阳角）

干挂石材外墙90度内转角横剖节点
（阴角）

干挂石材外墙封底竖剖节点　　干挂石材外墙女儿墙节点　　干挂石材外墙窗台节点

设计说明:

一、设计依据
《建筑结构荷载规范》GB50009-2001
《钢结构设计规范》GB50017-2002
《钢结构工程施工质量验收规范》GB50205-2001
《干挂天然花岗岩,建筑板材及其不锈钢配件》JC830-1998
《干挂石材幕墙用环氧胶粘剂》JC887-2001
《硅酮建筑密封胶》GB/T14683-93
《石材幕墙技术用密封胶》JC/T883-2001
《金属与石材幕墙工程技术规范》JGJ133-2001
其他有关文件、规范及标准。

二、结构与构造
1. 钢结构施工均参照《钢结构工程质量验收规范》GB50205-2001中的有关规定进行。
2. 钢结构焊接应符合《建筑钢结构焊接规程》JGJ81-91》的要求,图中未注明的焊缝高度均为满焊。
3. 石材幕墙立柱与主体结构通过预埋钢板与角码连接,横梁通过钢角码、立柱连接立柱和横梁采用Q235型钢立柱为6.5号槽钢,横梁为L50X5角钢,表面做镀锌处理。

4. 石材幕墙结构胶、密封胶必须采用石材专用密封胶,云石胶,使用前应使石材干净,并完全干后方可施工。
5. 干挂石材采用30mm厚花岗岩,石材色泽宜保证基本一致,无崩裂和崩裂等现象,以确保工程立面效果和安全性。
6. 所有构件均应按图示尺寸先放大样,经校对无误后再下料制作。

▲011-干挂大理石节点图

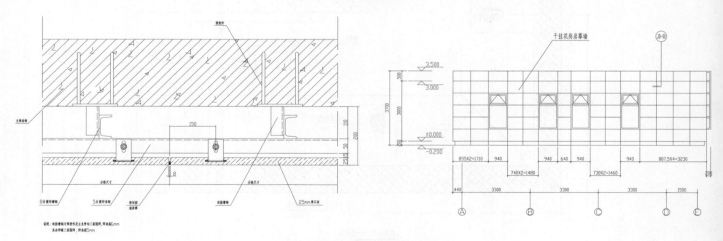

▲012-干挂花岗岩幕墙节点（一）

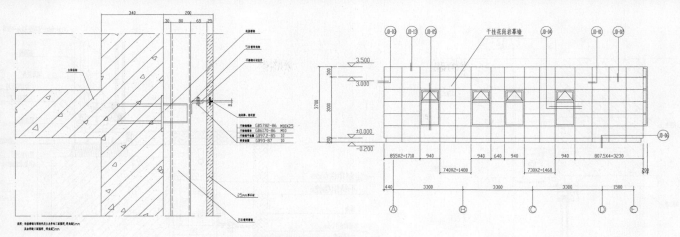

▲013-干挂花岗岩幕墙节点（二）

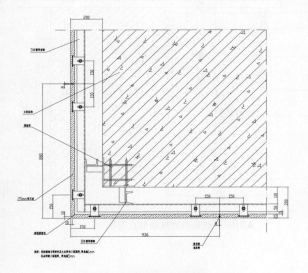

▲014-干挂花岗岩幕墙节点（三）

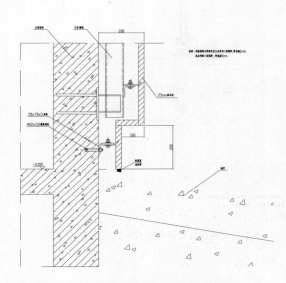

▲015-干挂花岗岩幕墙节点（四）一接地部位

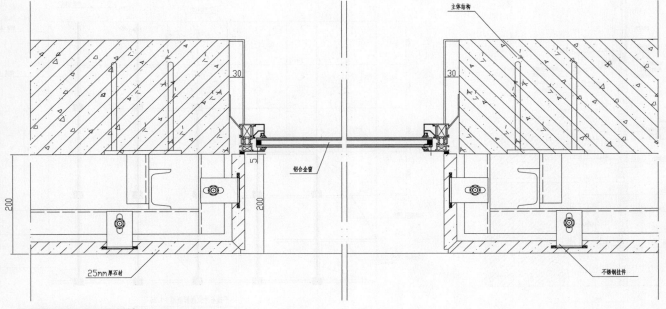

▲016-干挂花岗岩幕墙开窗横剖大样

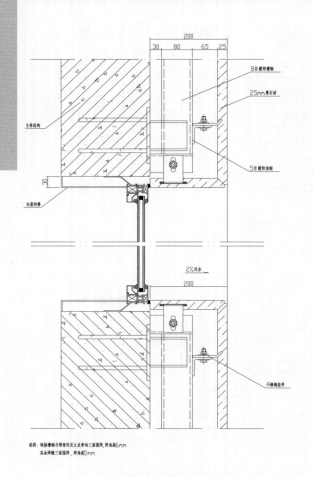

▲017-干挂花岗岩幕墙开窗纵剖大样

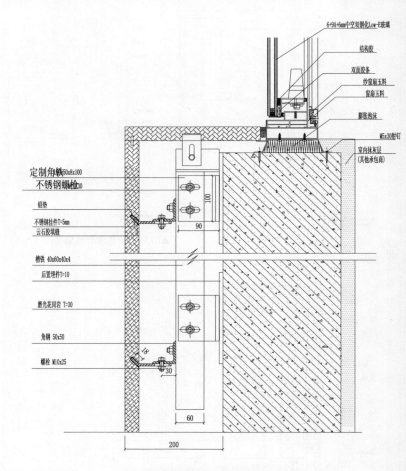

▲018-干挂花岗岩纵剖节点图1

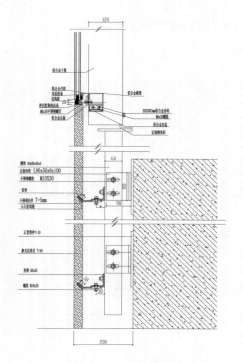

▲019-干挂花岗岩纵剖节点图2

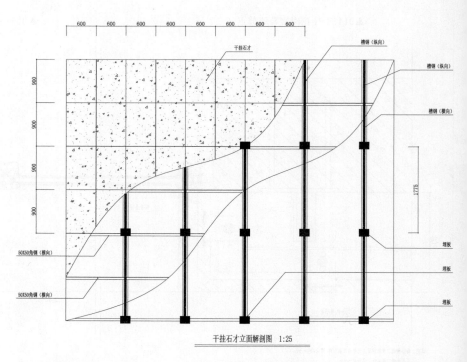

干挂石才立面解剖图 1:25

▲020-干挂石才立面解剖图

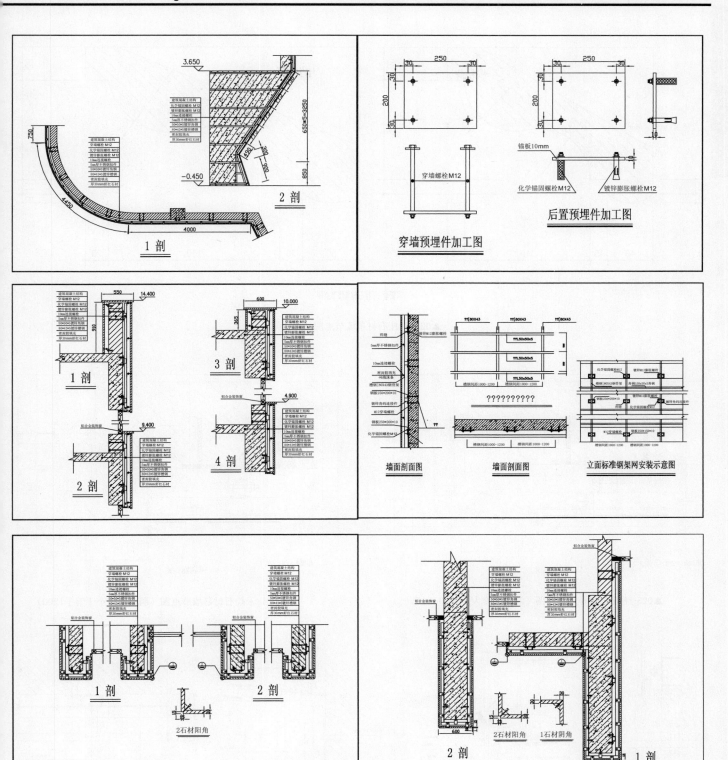

▲021-干挂石材节点详图

石材幕墙详图

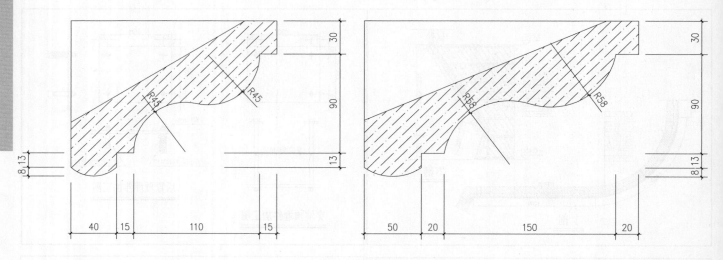

窗套 干挂石材幕墙节点图

▲022-干挂石材幕墙节点图（窗套）

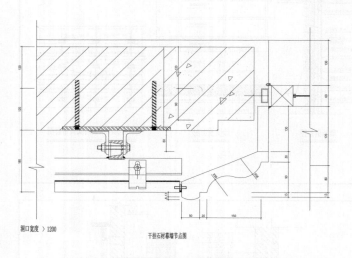

洞口宽度 >1200

干挂石材幕墙节点图

▲023-干挂石材幕墙节点图（洞口宽度大于1200）

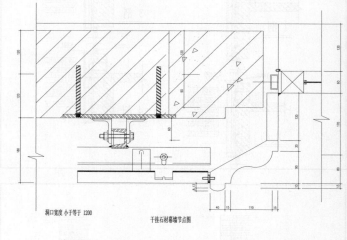

洞口宽度 小于等于 1200

干挂石材幕墙节点图

▲024-干挂石材幕墙节点图（洞口宽度小于等于1200）

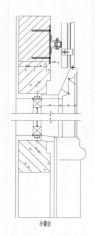

小窗台

▲025-干挂石材幕墙
节点图（小窗台2）

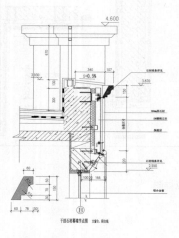

干挂石材幕墙节点图 大窗台、阳台线

▲026-干挂石材幕墙节点
图（圆大窗台、阳台线）

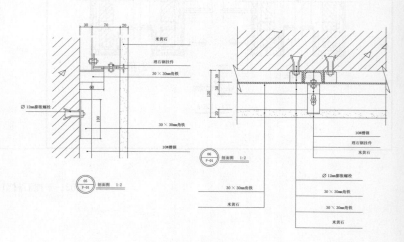

▲027-钢挂石材

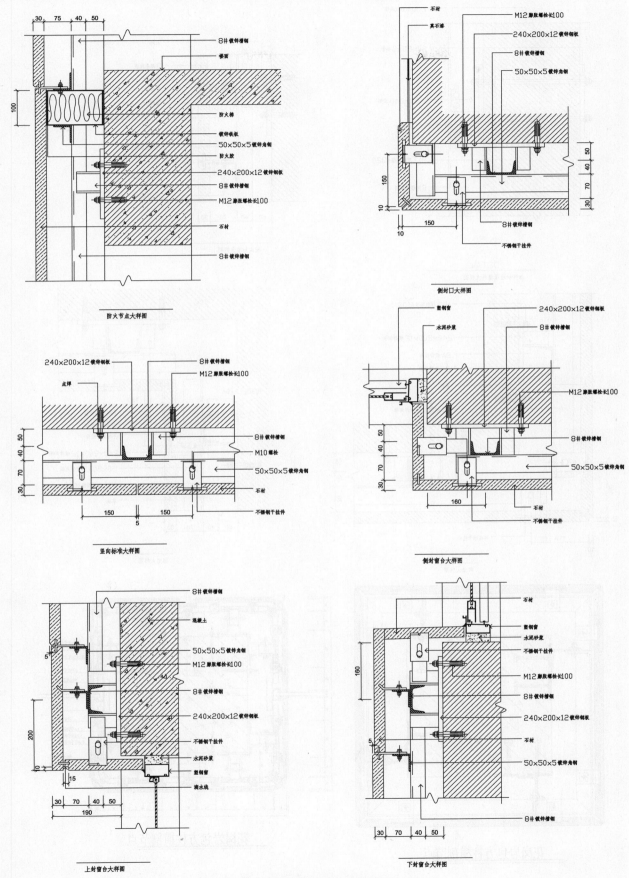

▲028-各式各样的花岗岩干挂节点汇总图1

石材幕墙详图

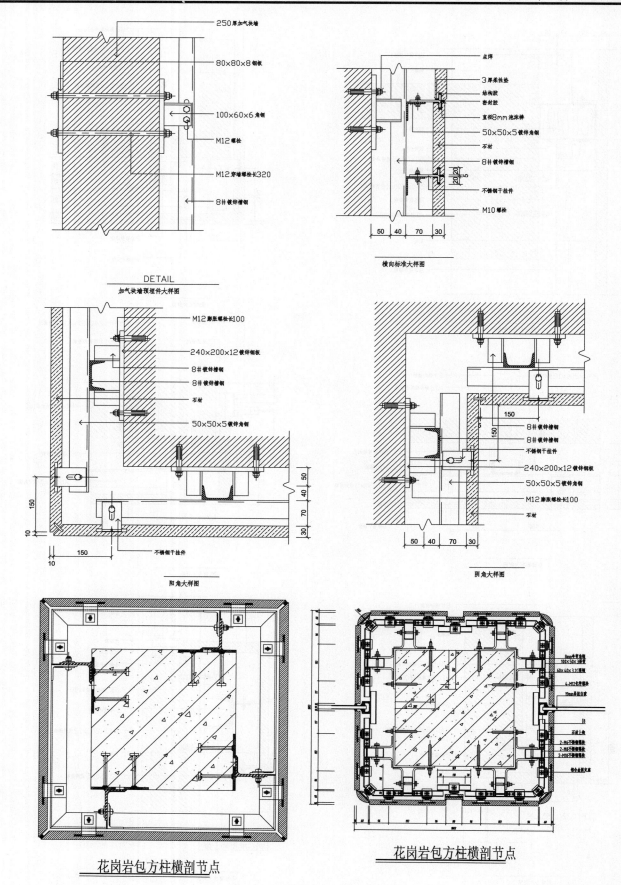

横向标准大样图

DETAIL
加气块墙预埋件大样图

阳角大样图

阴角大样图

花岗岩包方柱横剖节点

花岗岩包方柱横剖节点

▲029-各式各样的花岗岩干挂节点汇总图2

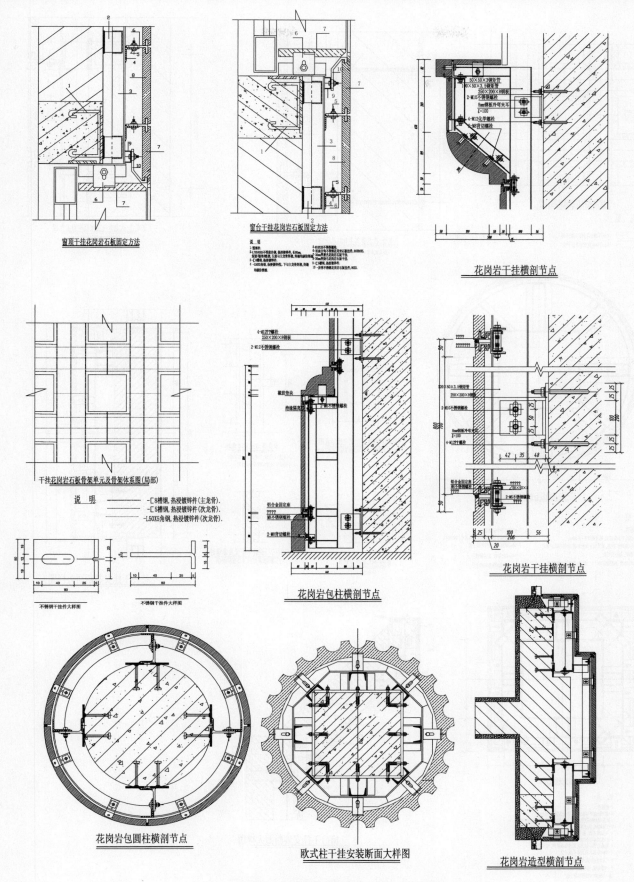

窗顶干挂花岗岩石板固定方法

窗台干挂花岗岩石板固定方法

花岗岩干挂横剖节点

干挂花岗岩石板骨架单元及骨架体系图(局部)

花岗岩包柱横剖节点

花岗岩干挂横剖节点

不锈钢干挂件大样图

不锈钢干挂件大样图

花岗岩包圆柱横剖节点

欧式柱干挂安装断面大样图

花岗岩造型横剖节点

▲030-各式各样的花岗岩干挂节点汇总图3

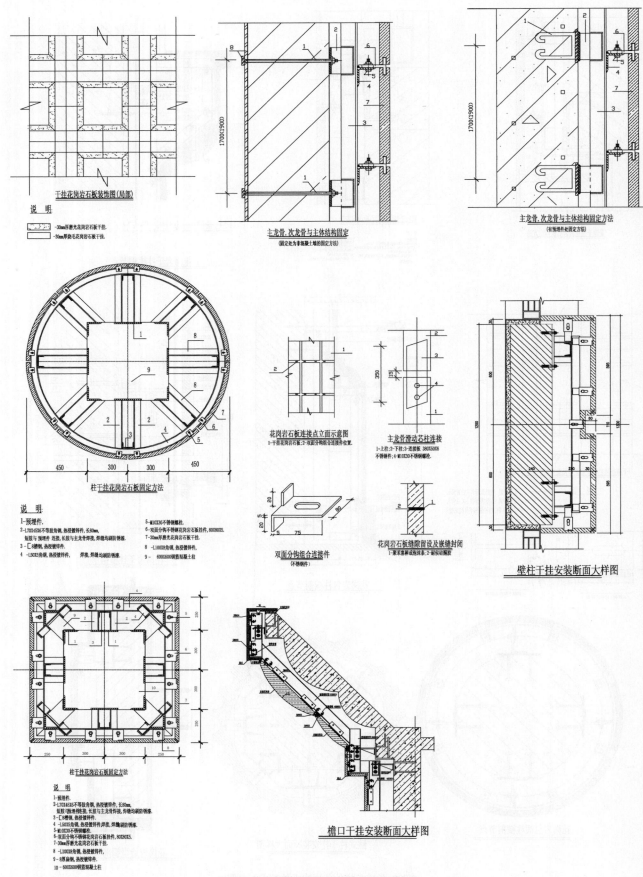

干挂花岗岩石板装饰图(局部)

说　明:
▨ -30mm厚磨光花岗岩石板干挂.
▨ -30mm厚烧毛花岗岩石板干挂.

主龙骨,次龙骨与主体结构固定
(固定处为靠混凝土墙的固定方法)

主龙骨,次龙骨与主体结构固定方法
(有预埋件处固定方法)

柱干挂花岗岩石板固定方法

说明:
1-预埋件.
2-L70X45X5不等股角钢,热浸镀锌件,长80mm,
短板与预埋件连接,长板与主龙骨焊接,焊缝均刷防锈漆.
3-[8槽钢,热浸镀锌件.
4 -L50X5角钢,热浸镀锌件,焊接,焊缝均刷防锈漆.
5-M10X30不锈钢螺栓.
6-双面分钩不锈钢花岗岩石板挂件,80X80X5.
7-30mm厚磨光花岗岩石板干挂.
8 -L100X8角钢,热浸镀锌件.
9- 600X600钢筋混凝土柱.

花岗岩石板连接点立面示意图
1-干挂花岗岩石板;2-双面分钩组合连接件位置.

主龙骨滑动芯柱连接
1-上柱;2-下柱;3-连接板 380X50X6
不锈钢件;4-M10X30不锈钢螺栓.

双面分钩组合连接件
(不锈钢件)

花岗岩石板缝隙留设及嵌缝封闭
1-聚氯乙烯或泡沫塑条;2-耐候硅酮胶

壁柱干挂安装断面大样图

柱干挂花岗岩石板固定方法

说明:
1-预埋件.
2-L70X45X5不等股角钢,热浸镀锌件,长80mm,
短板与预埋件连接,长板与主龙骨焊接,焊缝均刷防锈漆.
3-[8槽钢,热浸镀锌件.
4 -L50X5角钢,热浸镀锌件,焊接,焊缝均刷防锈漆.
5-M10X30不锈钢螺栓.
6-双面分钩不锈钢花岗岩石板挂件,80X80X5.
7-30mm厚磨光花岗岩石板干挂.
8 -L100X8角钢,热浸镀锌件.
9-8mm厚扁钢,热浸镀锌件.
10 - 600X600钢筋混凝土柱.

檐口干挂安装断面大样图

▲031-各式各样的花岗岩干挂节点汇总图4

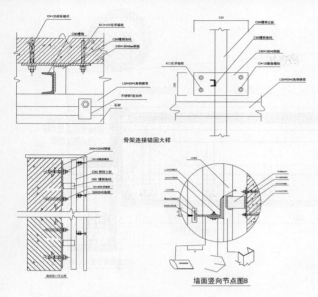

▲032-骨架连接锚固大样

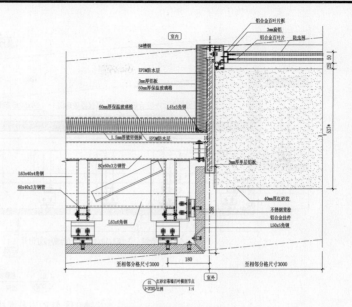

▲033-红砂岩幕墙百叶横剖节点

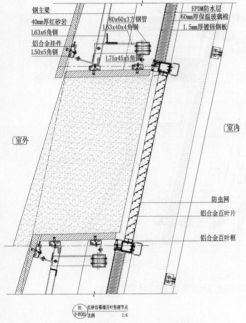

▲034-红砂岩幕墙百叶竖剖节点

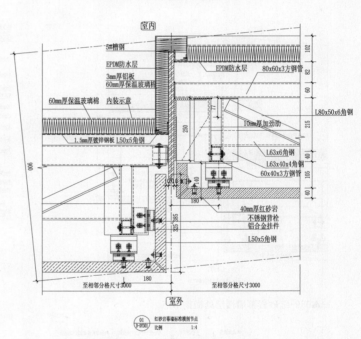

▲035-红砂岩幕墙标准横剖节点

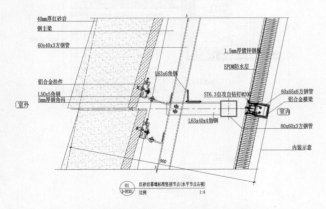

▲036-红砂岩幕墙标准竖剖节点(水平节点右视)

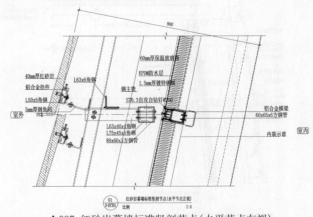

▲037-红砂岩幕墙标准竖剖节点(水平节点左视)

石材幕墙详图

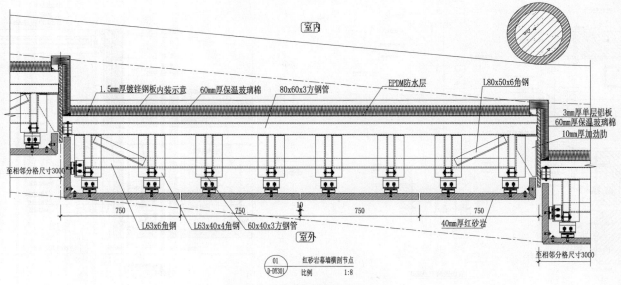

▲038-红砂岩幕墙横剖节点

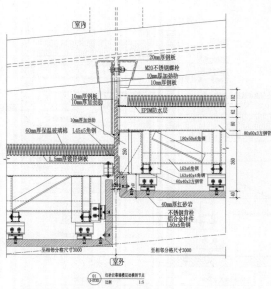

▲039-红砂岩幕墙楼层处横剖节点

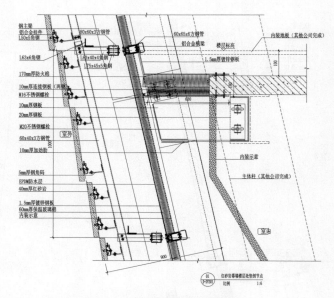

▲040-红砂岩幕墙楼层处竖剖节点

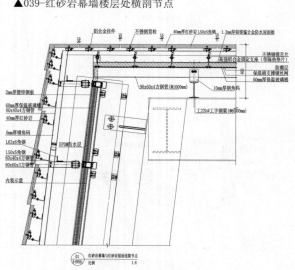

▲041-红砂岩幕墙与红砂岩屋面连接节点

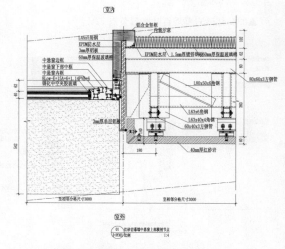

▲042-红砂岩幕墙中悬窗上部横剖节点1

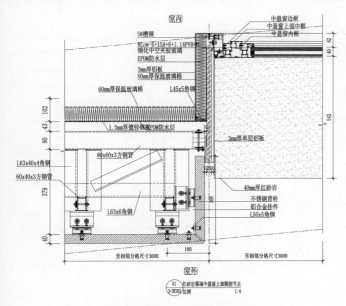

▲043-红砂岩幕墙中悬窗上部横剖节点2

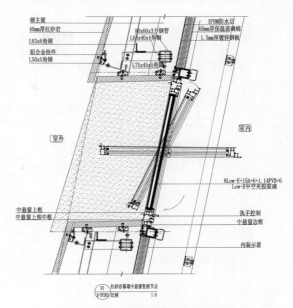

▲044-红砂岩幕墙中悬窗竖剖节点

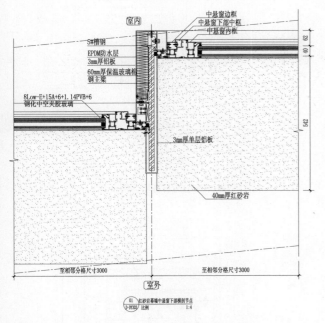

▲045-红砂岩幕墙中悬窗下部横剖节点

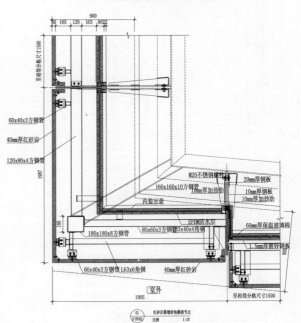

▲046-红砂岩幕墙转角横剖节点

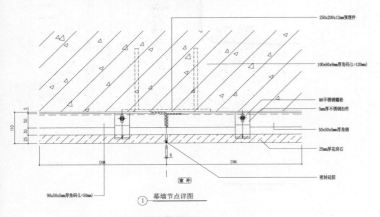

▲047-花岗石幕墙详图（一）

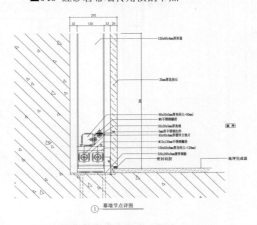

▲048-花岗石幕墙详图（二）

石材幕墙详图

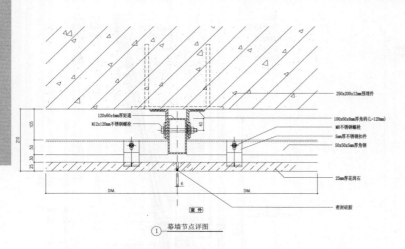

250x200x12mm预埋件
120x60x4mm厚矩通
M12x120mm不锈钢螺栓
100x60x8mm厚角码(L=120mm)
M8不锈钢螺栓
5mm厚不锈钢扣件
50x50x5mm厚角钢
25mm厚花岗石
密封硅胶
室外
① 幕墙节点详图

▲049-花岗石幕墙详图（三）

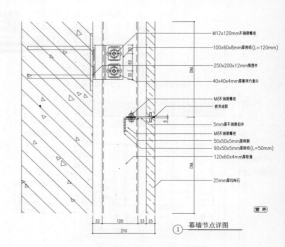

M12x120mm不锈钢螺栓
100x60x8mm厚角码(L=120mm)
250x200x12mm预埋件
40x40x4mm厚宽衬方垫片
M8环氧钢螺栓
密封硅胶
5mm厚不锈钢扣件
M8不锈钢螺栓
50x50x5mm厚角钢
90x50x5mm厚角码(L=50mm)
120x60x4mm厚矩通
25mm厚花岗石
室外
① 幕墙节点详图

▲050-花岗石幕墙详图（四）

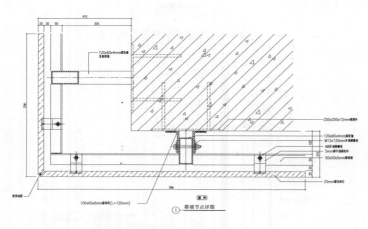

120x60x4mm厚矩通发泡胶缝
250x200x12mm预埋件
120x60x4mm厚矩通
M12x120mm不锈钢螺栓
M8不锈钢螺栓
5mm厚不锈钢扣件
50x50x5mm厚角钢
25mm厚花岗石
100x60x8mm厚角码(L=120mm)
室外
① 幕墙节点详图

▲051-花岗石幕墙详图（五）

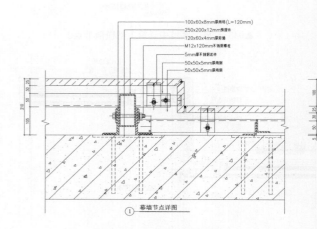

100x60x8mm厚角码(L=120mm)
250x200x12mm预埋件
120x60x4mm厚矩通
M12x120mm不锈钢螺栓
5mm厚不锈钢扣件
50x50x5mm厚角钢
50x50x5mm厚角钢
① 幕墙节点详图

▲052-花岗石幕墙详图（六）

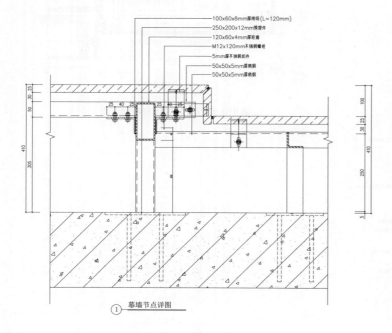

100x60x8mm厚角码(L=120mm)
250x200x12mm预埋件
120x60x4mm厚矩通
M12x120mm不锈钢螺栓
5mm厚不锈钢扣件
50x50x5mm厚角钢
50x50x5mm厚角钢
① 幕墙节点详图

▲053-花岗石幕墙详图（七）

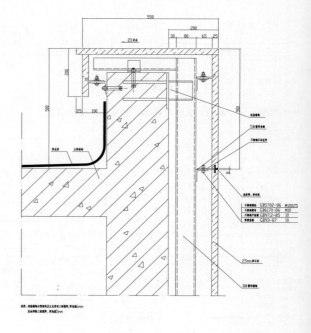

▲054-花岗岩幕墙大样

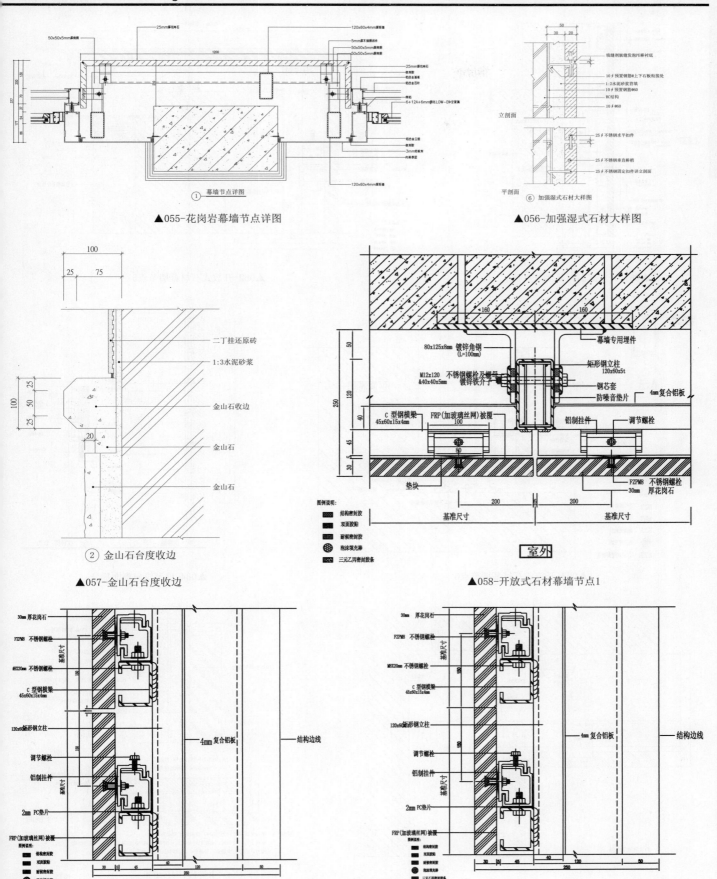

① 幕墙节点详图

▲055-花岗岩幕墙节点详图

立剖面

平剖面

⑥ 加强湿式石材大样图

▲056-加强湿式石材大样图

② 金山石台度收边

▲057-金山石台度收边

室外

▲058-开放式石材幕墙节点1

▲059-开放式石材幕墙节点2

▲060-开放式石材幕墙节点3

石材幕墙详图

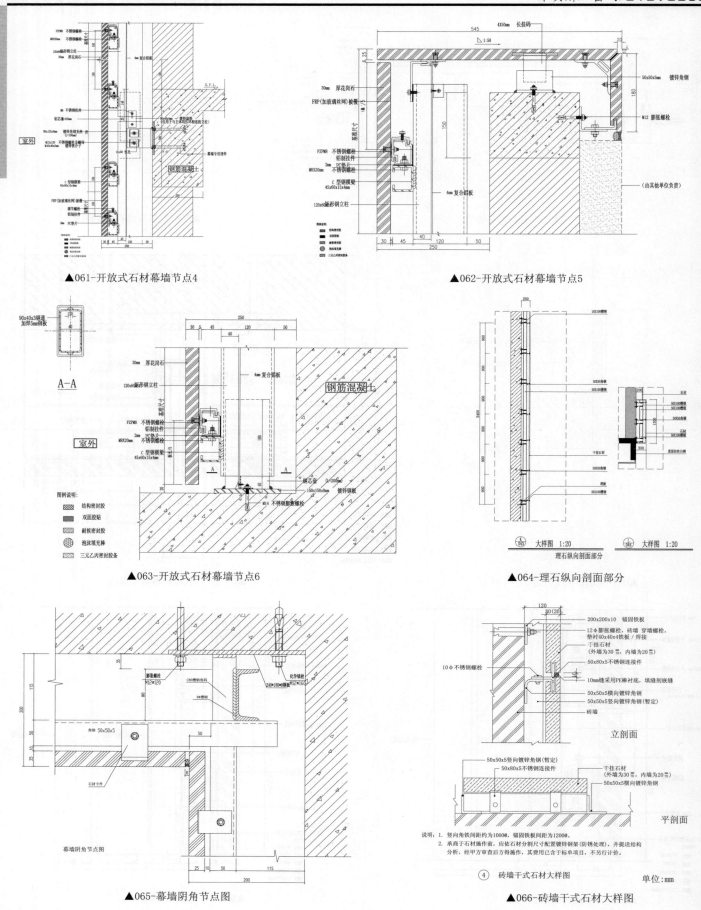

▲061-开放式石材幕墙节点4

▲062-开放式石材幕墙节点5

A—A

室外

图例说明:
结构密封胶
双面胶贴
耐候密封胶
泡沫填充棒
三元乙丙密封胶条

▲063-开放式石材幕墙节点6

▲064-理石纵向剖面部分

大样图 1:20   大样图 1:20

理石纵向剖面部分

▲065-幕墙阴角节点图

说明: 1. 竖向角铁间距约为1000㎜,锚固铁板间距为1200㎜。
2. 承商于石材施作前,应依石材分割尺寸配置镀锌钢架(防锈处理),并提送结构分析,经甲方查看后方得施作,其费用已含于标单项目,不另行计价。

④ 砖墙干式石材大样图

单位:mm

▲066-砖墙干式石材大样图

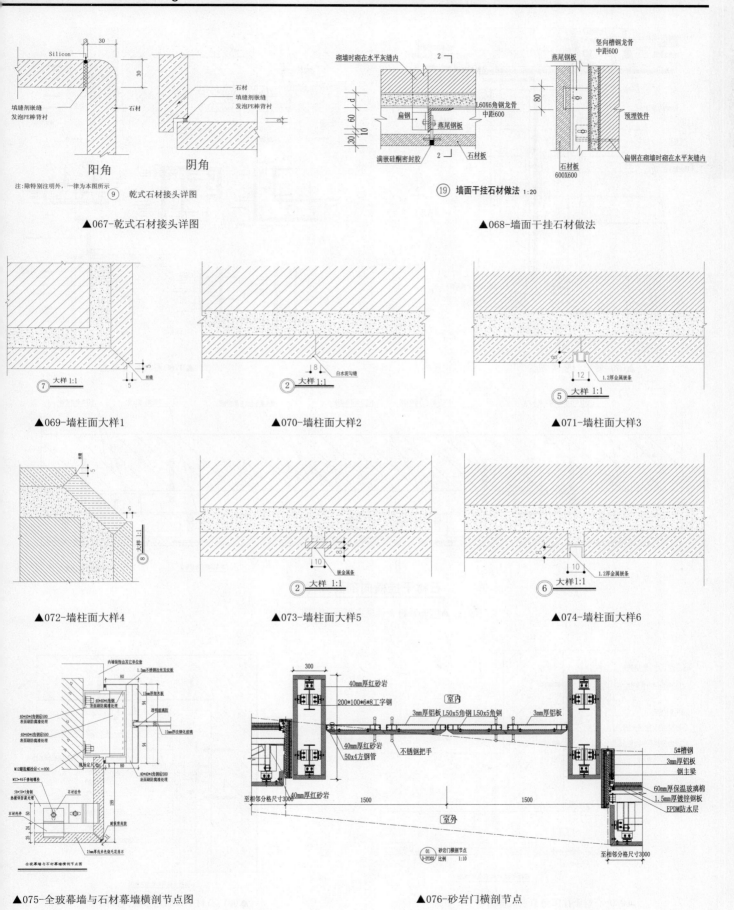

▲067-乾式石材接头详图

▲068-墙面干挂石材做法

▲069-墙柱面大样1

▲070-墙柱面大样2

▲071-墙柱面大样3

▲072-墙柱面大样4

▲073-墙柱面大样5

▲074-墙柱面大样6

▲075-全玻幕墙与石材幕墙横剖节点图

▲076-砂岩门横剖节点

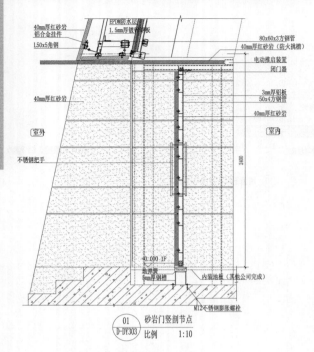

▲077-砂岩门竖剖节点

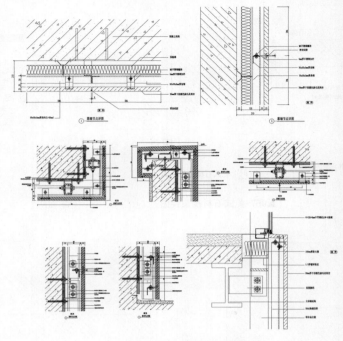

▲078-石材标准节点

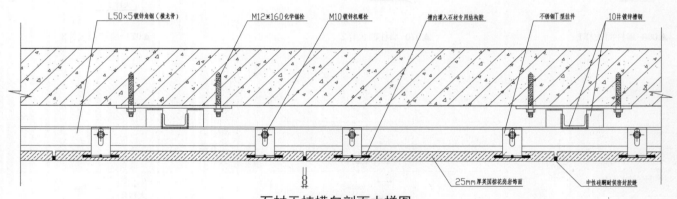

石材干挂横向剖面大样图

▲079-石材干挂横向剖面大样图

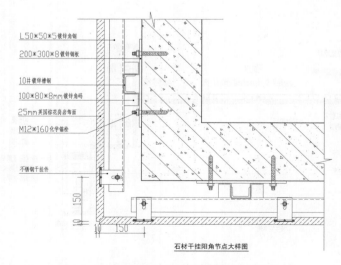

石材干挂阳角节点大样图

▲080-石材干挂阳角节点大样图

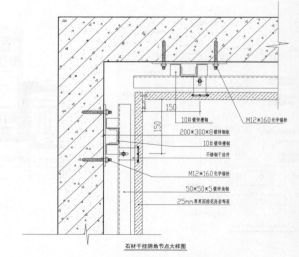

石材干挂阴角节点大样图

▲081-石材干挂阴角节点大样图

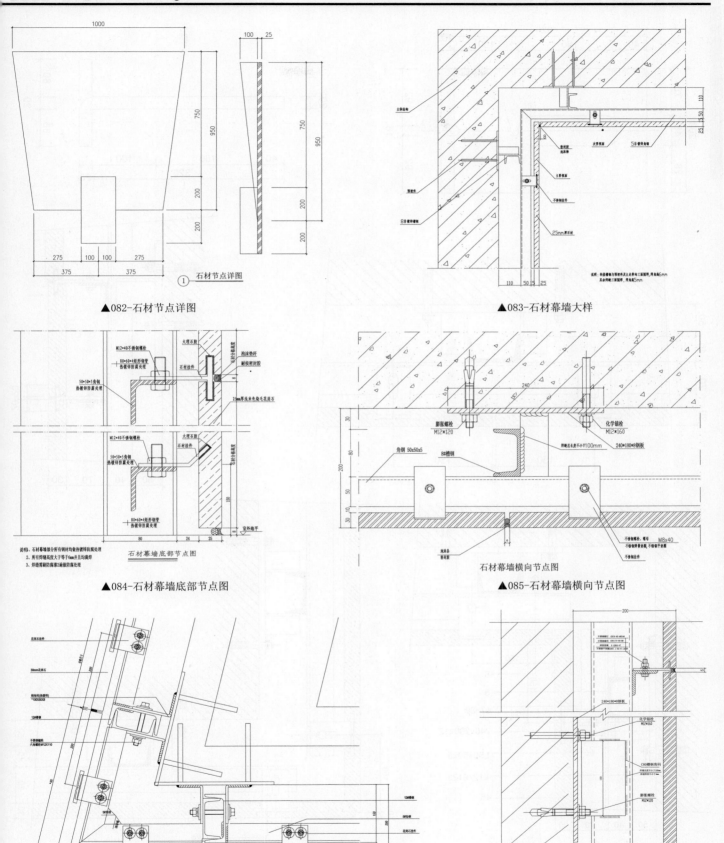

▲082-石材节点详图

▲083-石材幕墙大样

▲084-石材幕墙底部节点图

石材幕墙横向节点图

▲085-石材幕墙横向节点图

▲086-石材幕墙节点详图

石材幕墙竖向节点图A

▲087-石材幕墙竖向节点图

石材幕墙详图

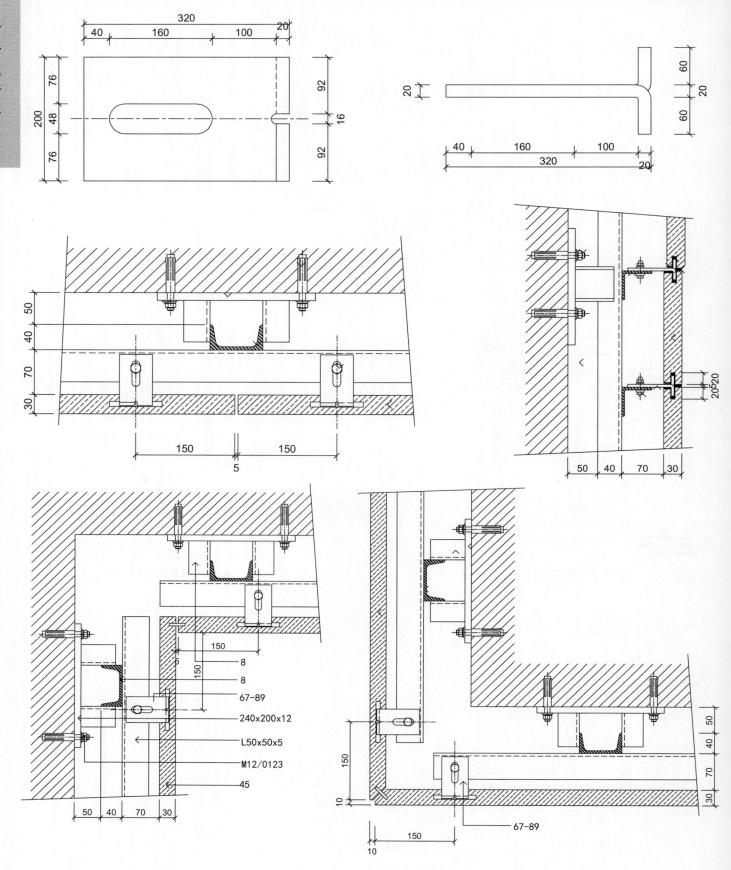

▲088-石材幕墙节点1

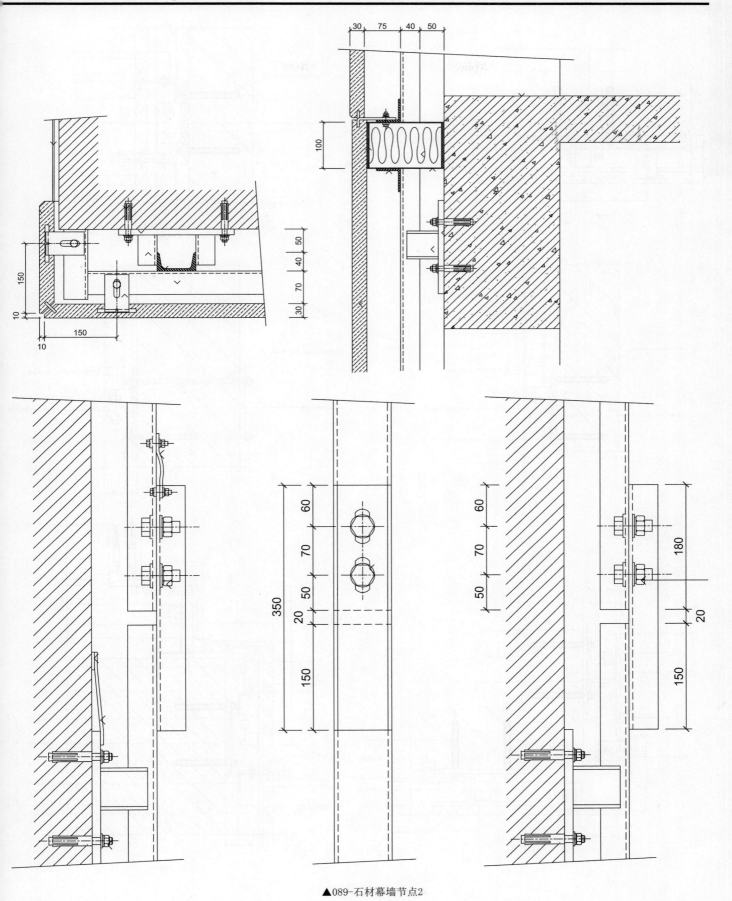

▲089-石材幕墙节点2

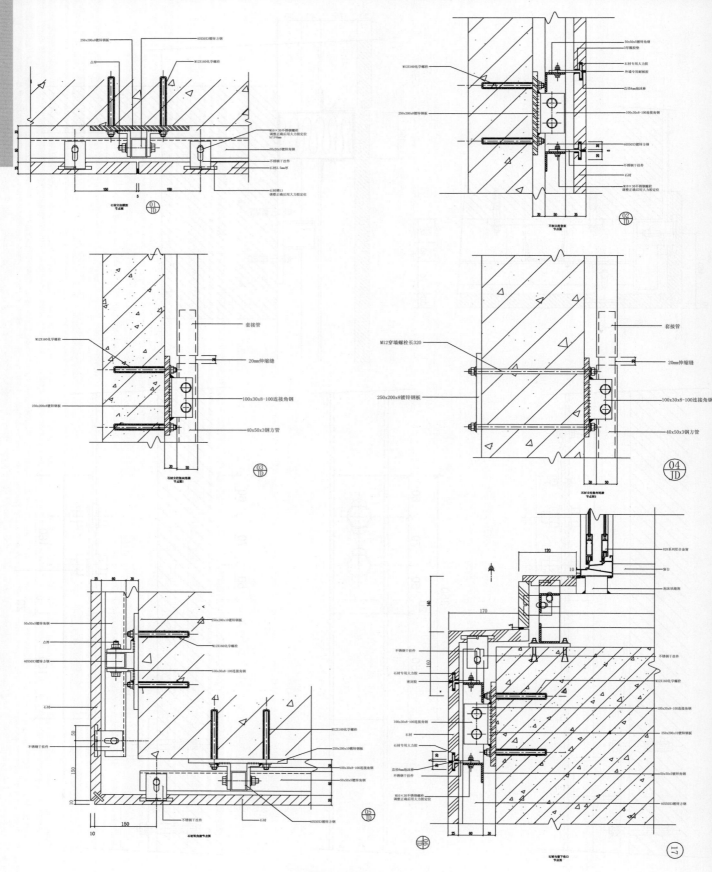

▲090-石材幕墙节点图1

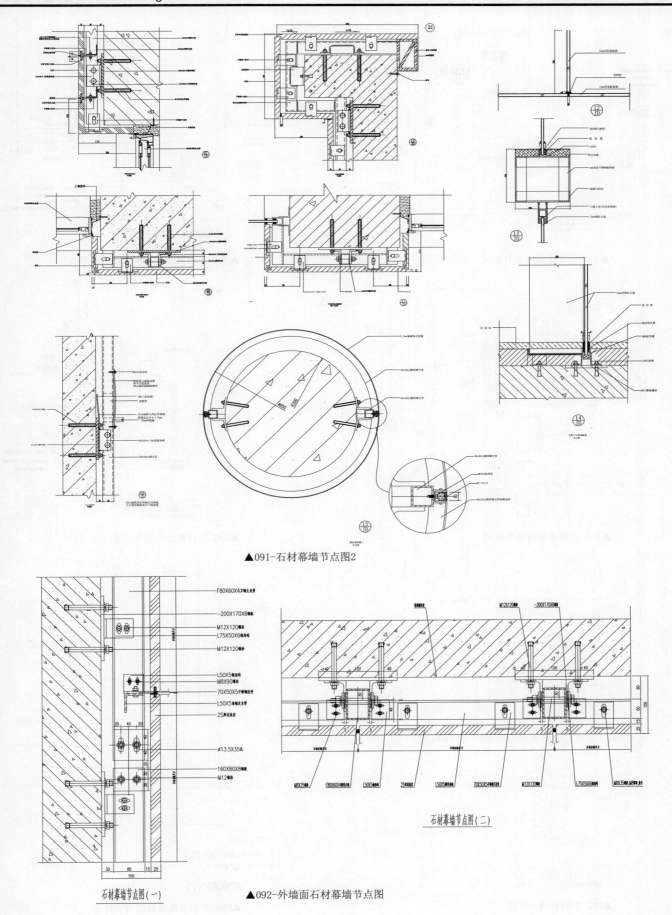

▲091-石材幕墙节点图2

石材幕墙节点图(一)   ▲092-外墙面石材幕墙节点图

石材幕墙节点图(二)

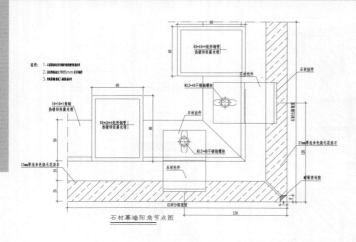

▲093-石材幕墙阳角节点图

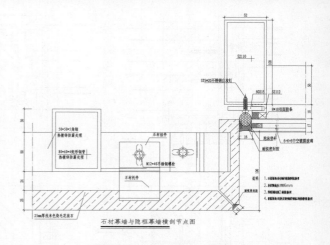

▲094-石材幕墙与隐框幕墙横剖节点图

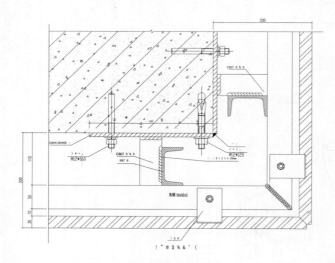

▲095-石材幕墙转角节点图

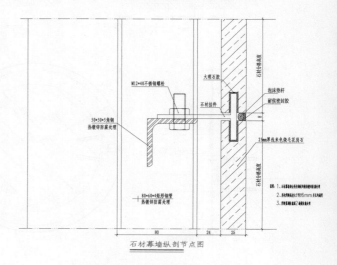

▲096-石材幕墙纵剖节点图

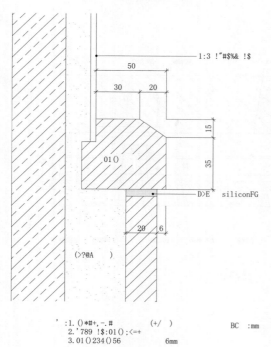

▲097-石材台度大样图

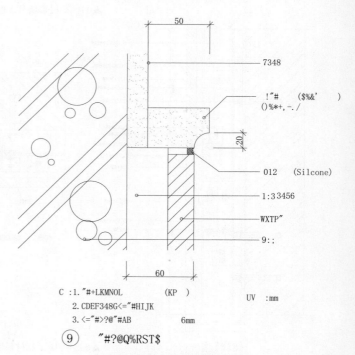

▲098-石材台度盖板收边大样

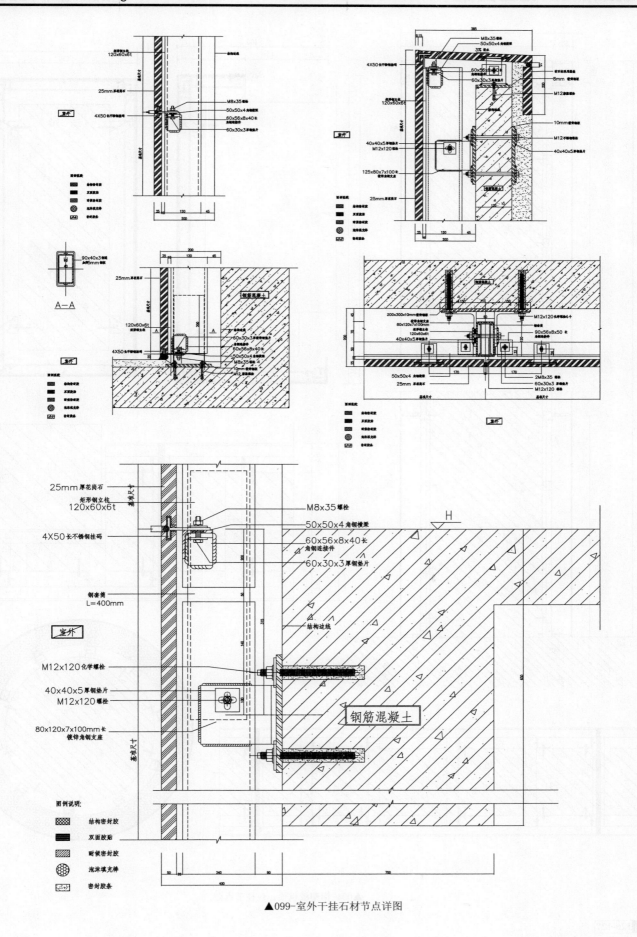

▲099-室外干挂石材节点详图

铝板幕墙

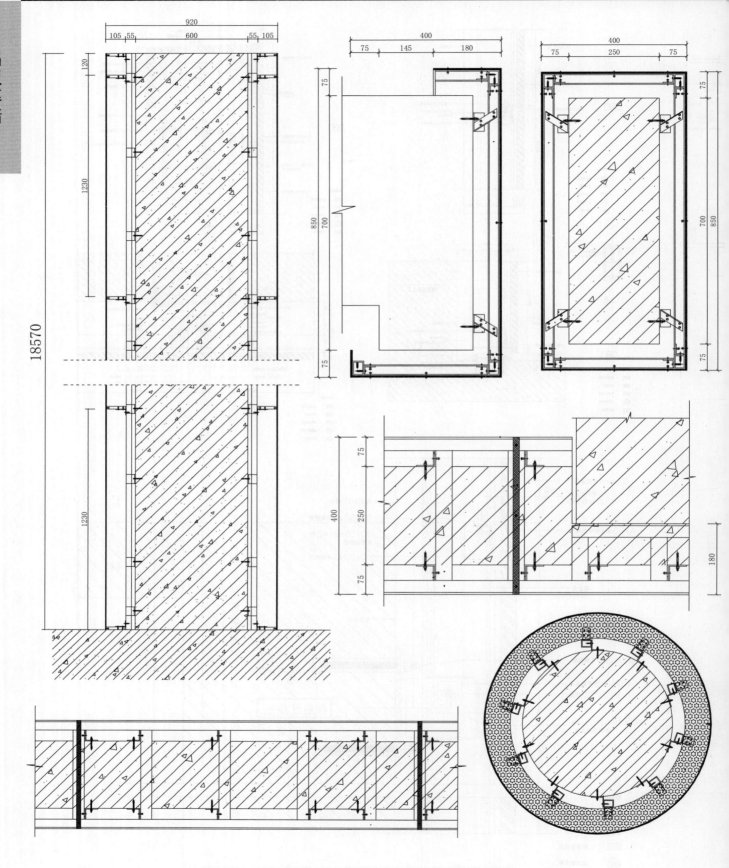

▲001-铝塑板包梁、包柱节点图

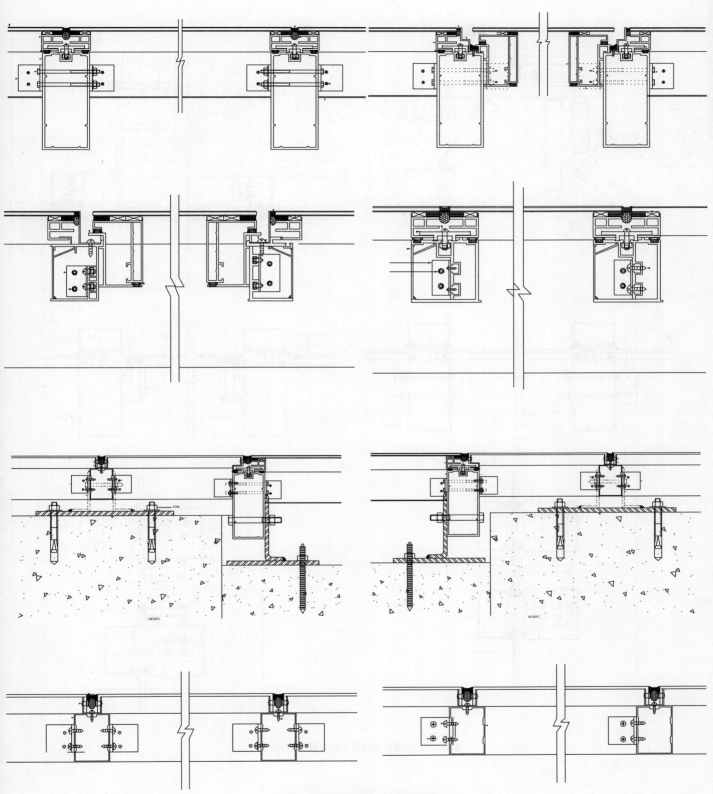

▲002-150型隐框幕墙及铝塑板幕墙节点1

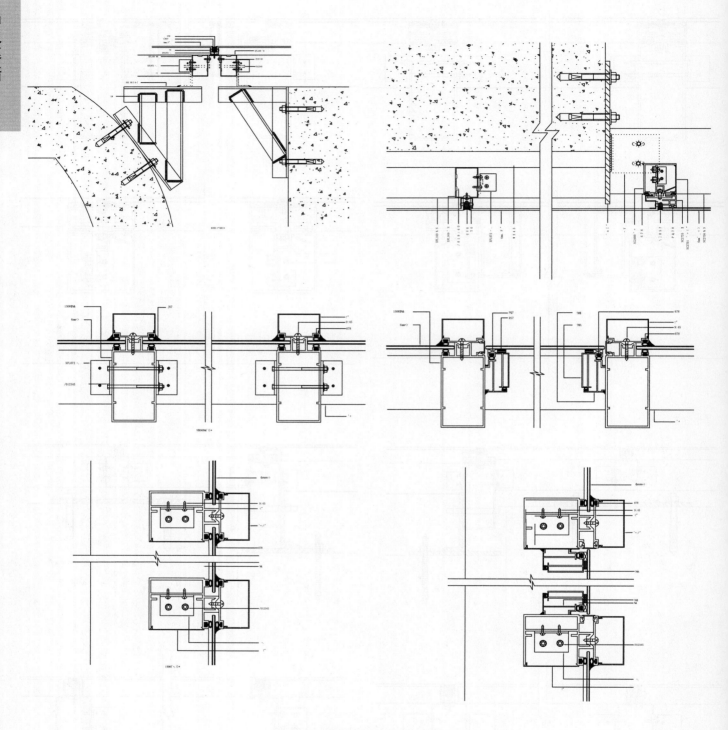

▲003-150型隐框幕墙及铝塑板幕墙节点2

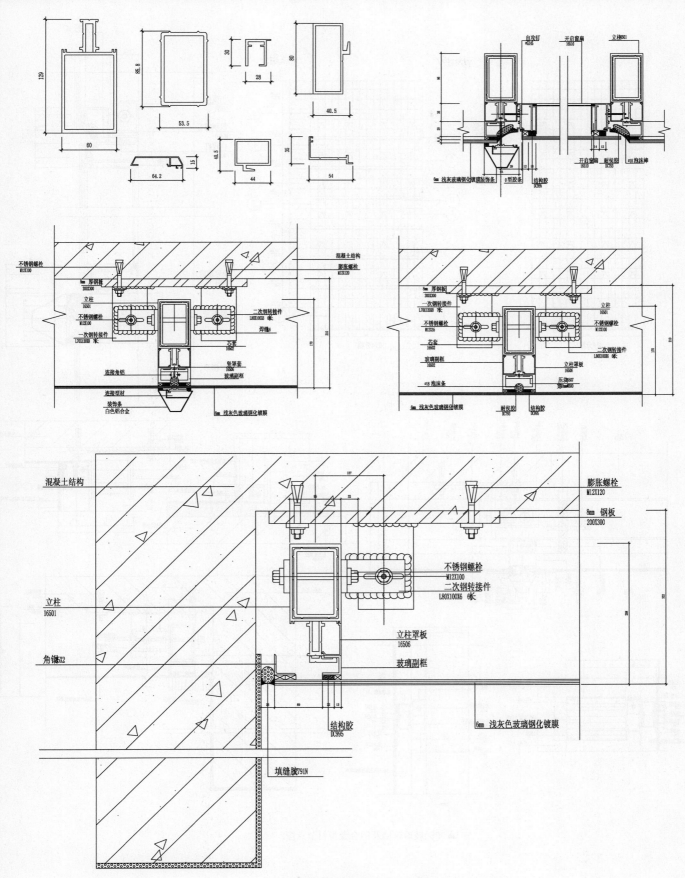

▲004-玻璃幕墙及铝合金型材节点图1

铝板幕墙

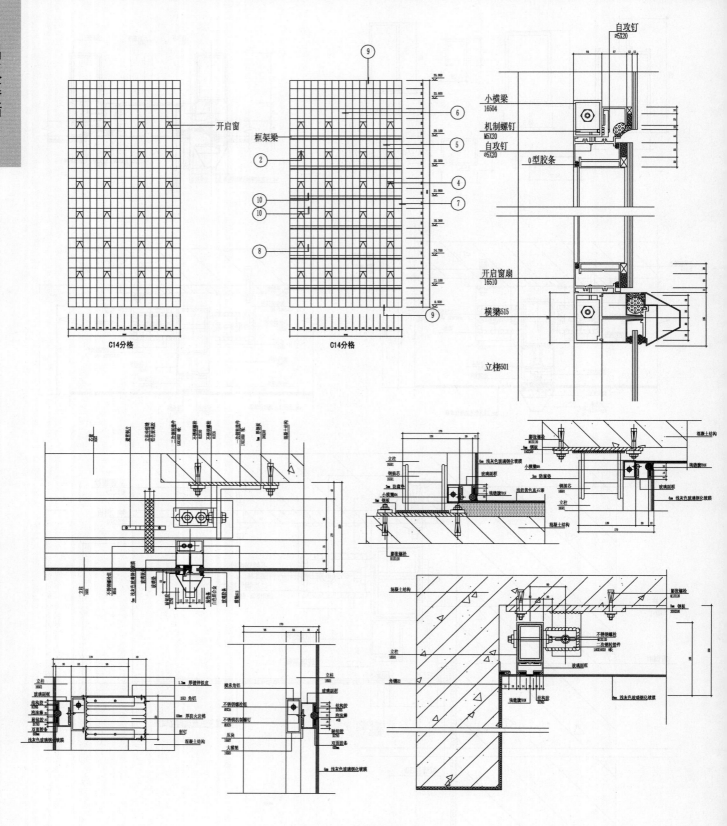

▲005-玻璃幕墙及铝合金型材节点图2

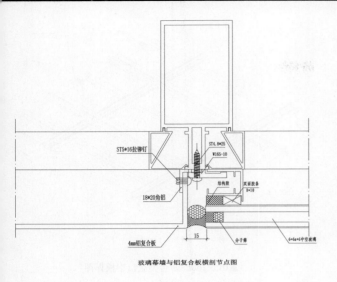

ST5*16拉铆钉
ST4.8*25
W165-10
结构胶
双面胶条
8*10
18*20角铝
4mm铝复合板
15
分子筛
6+6a+6中空玻璃

玻璃幕墙与铝复合板横剖节点图

▲006-玻璃幕墙与铝复合板横剖节点图1

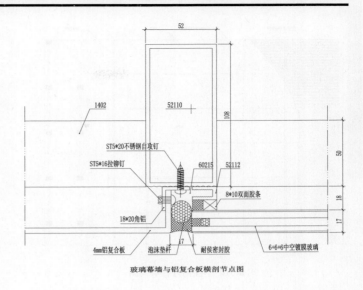

52
1402
52110
108
50
ST5*20不锈钢自攻钉
ST5*16拉铆钉
60215
52112
18
17
8*10双面胶条
18*20角铝
4mm铝复合板
泡沫垫杆
耐侯密封胶
6+6+6中空镀膜玻璃

玻璃幕墙与铝复合板横剖节点图

▲007-玻璃幕墙与铝复合板横剖节点图2

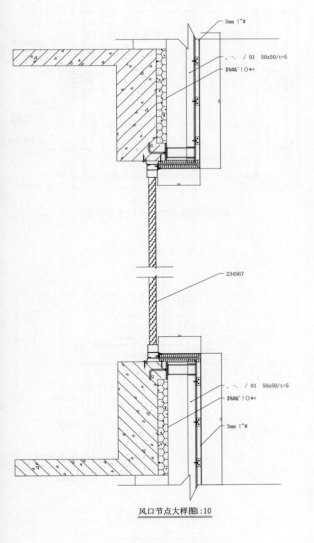

3mm !"#
. -. / 01 50x50/t=5
$%#&'!()*+

234567

. -. / 01 50x50/t=5
$%#&'!()*+
3mm !"#

风口节点大样图1:10

▲008-风口节点大样

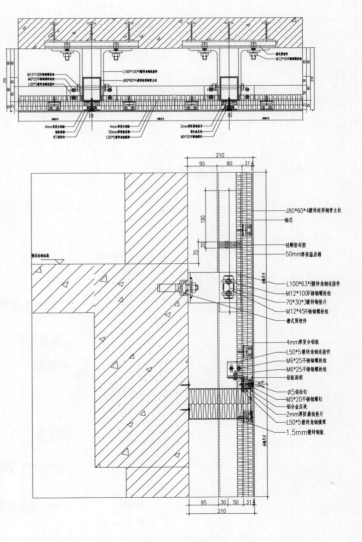

M12*100不锈钢螺栓组
M5*25不锈钢螺栓组
L50*5镀锌角钢接件
L160*100*9镀锌角钢连接件
J80*60*4镀锌矩形钢管立柱
M12*45不锈钢螺栓组
4mm厚复合铝板
50mm厚保温岩棉
2mm厚防腐铝板
L50*5镀锌角钢接件
φ5铝拉钉

210
95   80   31
190
70   20
J80*60*4镀锌矩形钢管立柱
插芯
硅酮密封胶
50mm厚保温岩棉
L100*63*7镀锌角钢连接件
M12*100不锈钢螺栓组
70*30*3镀锌钢垫片
M12*45不锈钢螺栓组
槽式预埋件
4mm厚复合铝板
L50*5镀锌角钢接件
M6*25不锈钢螺栓组
M6*25不锈钢螺栓组
铝板副框
φ5铝拉钉
M5*20不锈钢螺钉
铝合金压条
2mm厚防腐铝垫片
L50*5镀锌角钢横梁
1.5mm镀锌钢板
95   30   50   31
210

▲009-复合铝板

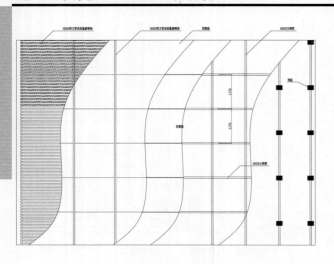

▲010-干挂铝方管解剖图

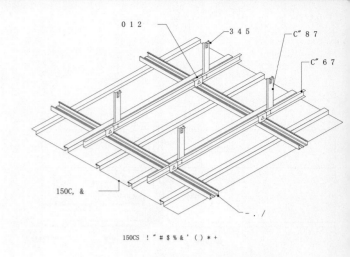

▲011-150CS防台型企口铝板详图

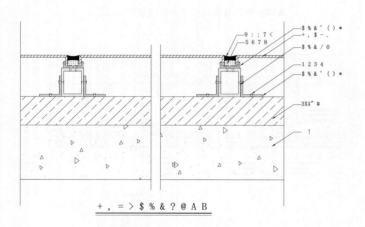

▲012-干挂铝塑板

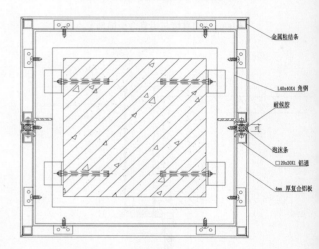

▲013-铝板幕墙包方柱水平节点

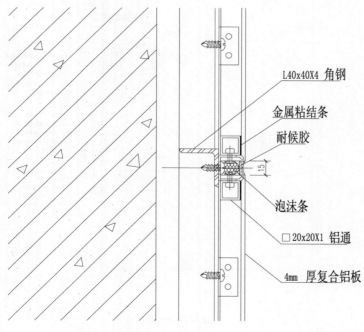

L40x40X4 角钢

金属粘结条

耐候胶

泡沫条

□20x20X1 铝通

4mm 厚复合铝板

▲014-铝板幕墙垂直节点

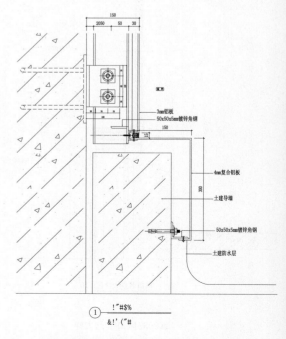

3mm铝板
50x50x5mm镀锌角钢

4mm复合铝板

土建导墙

50x50x5mm镀锌角钢

土建防水层

▲015-铝板幕墙导墙收口节点详图

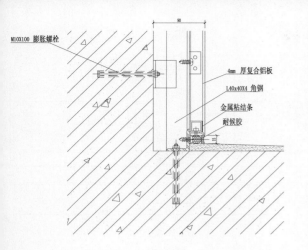

▲016-铝板幕墙底部收边节点

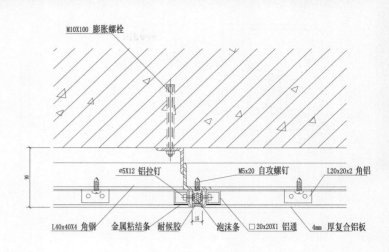

▲017-铝板幕墙水平节点

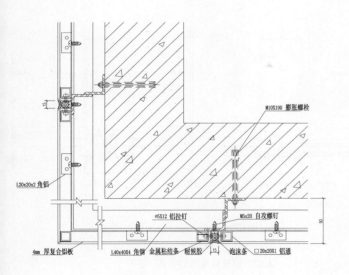

▲018-铝板幕墙-阳角水平节点

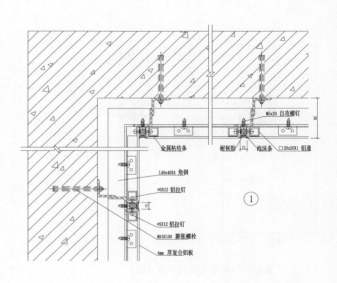

▲019-铝板幕墙-阴角水平节点

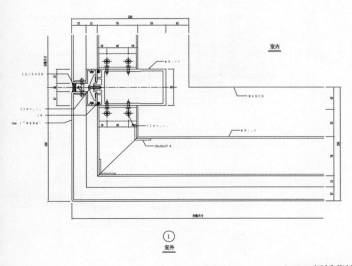

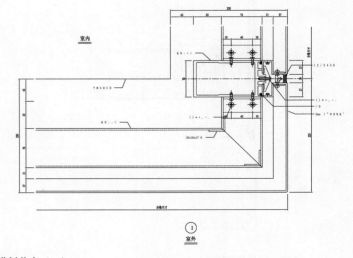

▲020-铝板幕墙横剖节点（一）

铝板幕墙

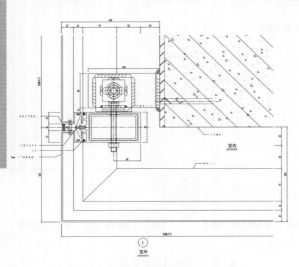

▲021-铝板幕墙横剖节点（二）

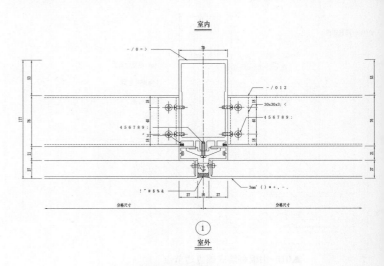

▲022-铝板幕墙横剖节点（三）

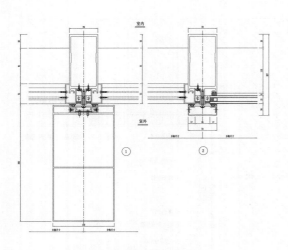

▲023-铝板幕墙横剖节点（四）

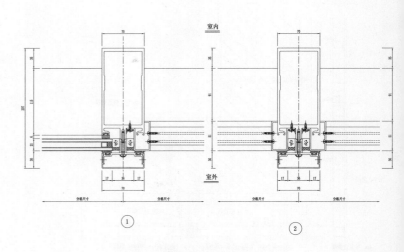

▲024-铝板幕墙横剖节点（五）

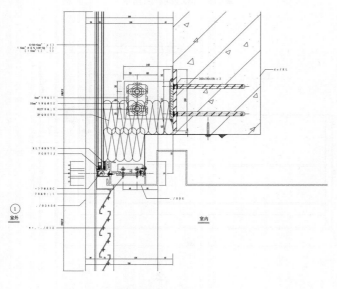

▲025-铝板幕墙横剖节点（六）

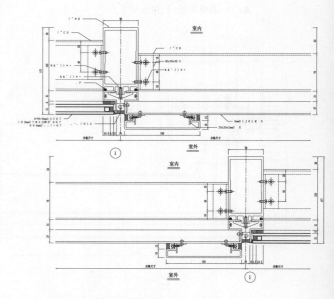

▲026-铝板幕墙横剖节点（七）

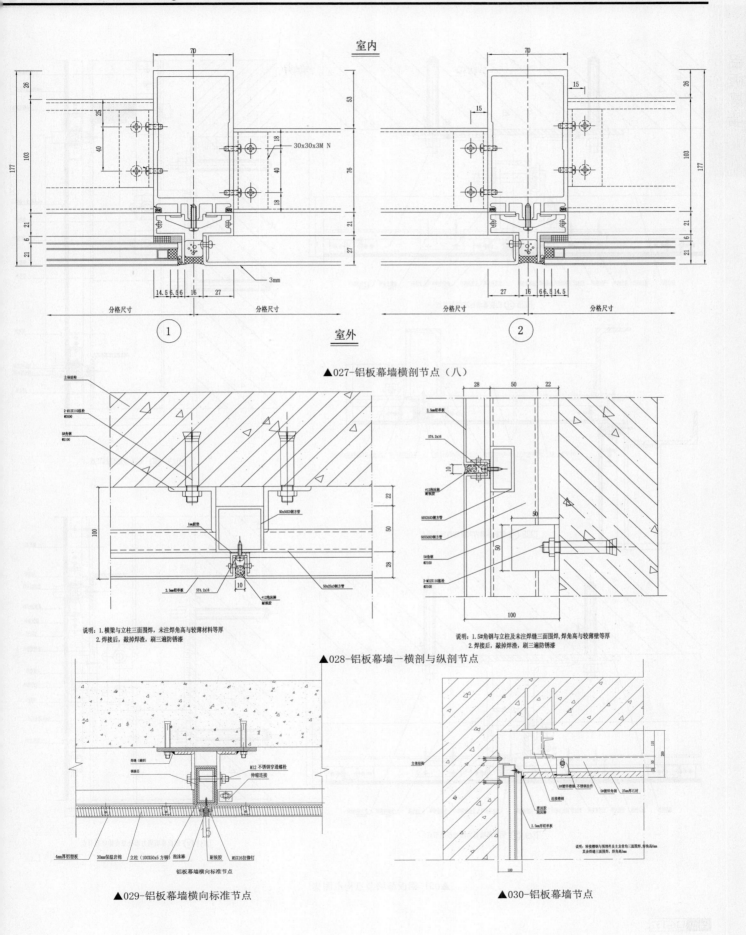

室内

30x30x3M N

3mm

分格尺寸　　分格尺寸

① ② 室外

▲027-铝板幕墙横剖节点（八）

说明：1. 横梁与立柱三面围焊，未注焊角高与较薄材料等厚
　　　2. 焊接后，敲掉焊渣，刷三遍防锈漆

说明：1. 1.5#角钢与立柱及未注焊缝三面围焊，焊角高与较薄壁等厚
　　　2. 焊接后，敲掉焊渣，刷三遍防锈漆

▲028-铝板幕墙—横剖与纵剖节点

铝板幕墙横向标准节点

▲029-铝板幕墙横向标准节点　　　　　　　▲030-铝板幕墙节点

本页解压密码: 18828813

铝板幕墙

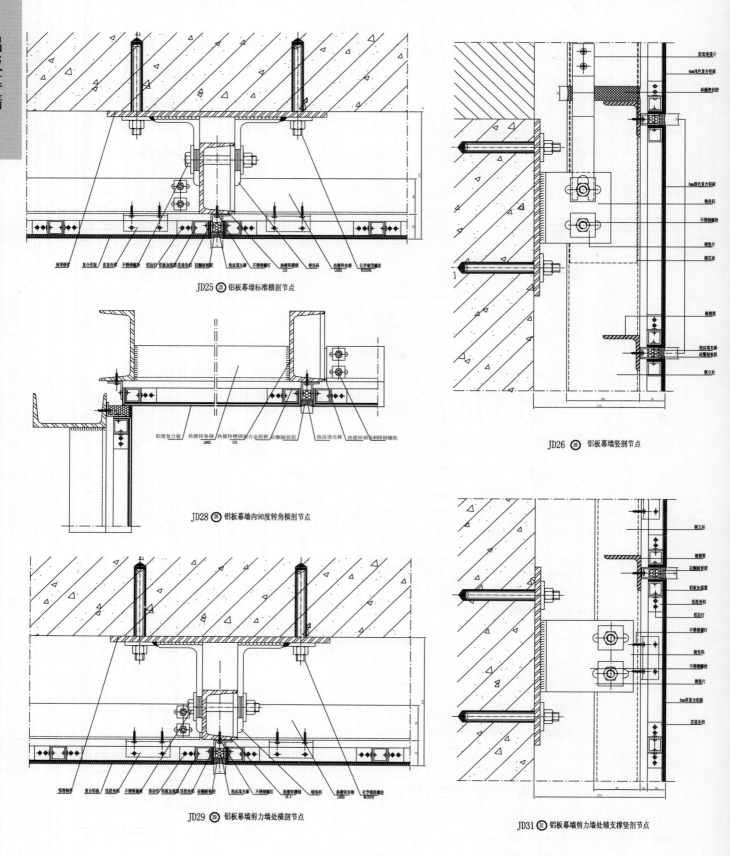

JD25 ㉕ 铝板幕墙标准横剖节点

JD26 ㉖ 铝板幕墙竖剖节点

JD28 ㉘ 铝板幕墙内90度转角横剖节点

JD29 ㉙ 铝板幕墙剪力墙处横剖节点

JD31 ㉛ 铝板幕墙剪力墙处辅支撑竖剖节点

▲031-铝板幕墙节点构造图集1

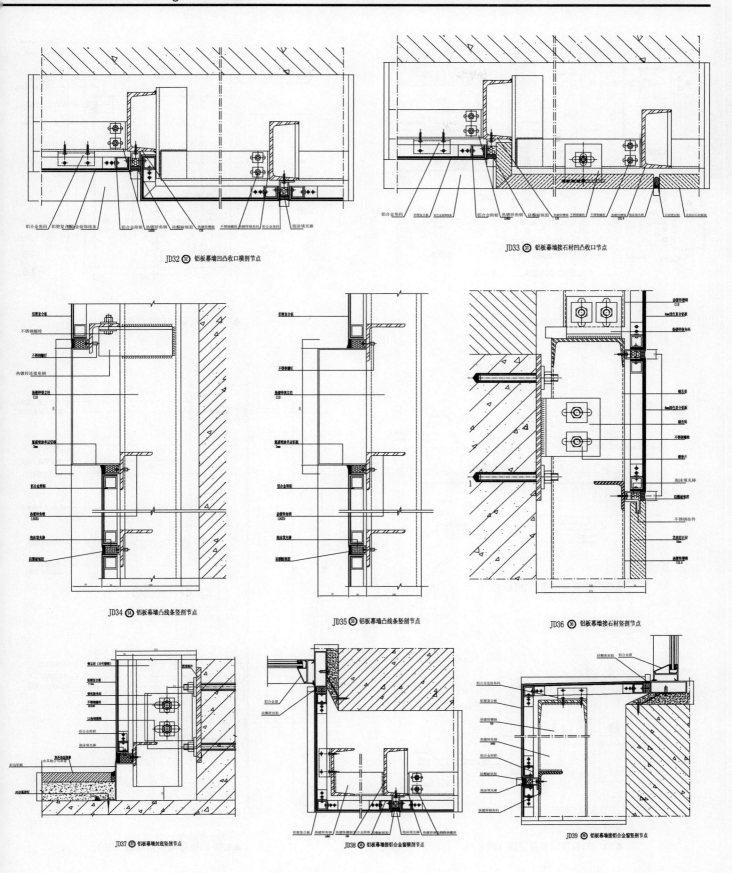

JD32 ㉜ 铝板幕墙凹凸收口横剖节点

JD33 ㉝ 铝板幕墙接石材凹凸收口节点

JD34 ㉞ 铝板幕墙凸线条竖剖节点

JD35 ㉟ 铝板幕墙凸线条竖剖节点

JD36 ㊱ 铝板幕墙接石材竖剖节点

JD37 ㊲ 铝板幕墙封底竖剖节点

JD38 ㊳ 铝板幕墙接铝合金窗横剖节点

JD39 ㊴ 铝板幕墙接铝合金窗竖剖节点

▲032-铝板幕墙节点构造图集2

铝板幕墙

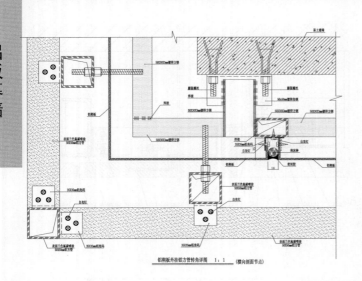

铝柳板外挂铝方管转角详图 1:1 （横向剖面节点）

▲033-铝板幕墙节点图

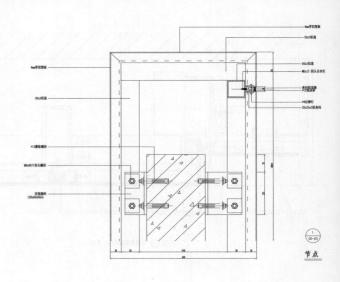

▲034-铝板幕墙节点详图（一）

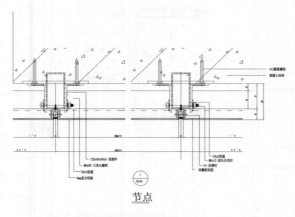

节点

▲035-铝板幕墙节点详图（二）

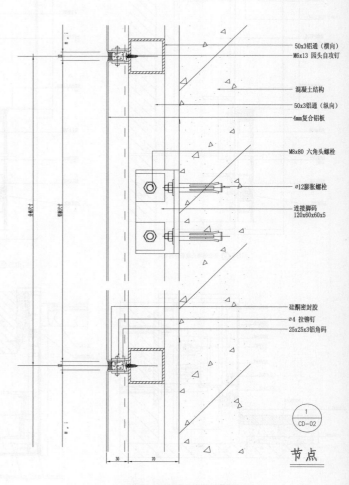

50x3铝通（横向）
M6x13 园头自攻钉

混凝土结构

50x3铝通（纵向）
4mm复合铝板

M8x80 六角头螺栓

Ø12膨胀螺栓

连接脚码
120x60x60x5

硅酮密封胶
Ø4 拉铆钉
25x25x3铝角码

节点

▲036-铝板幕墙节点详图（三）

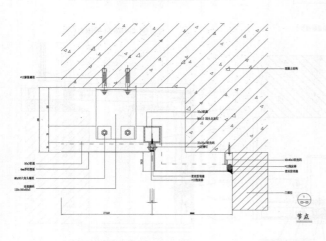

节点

▲037-铝板幕墙节点详图（四）

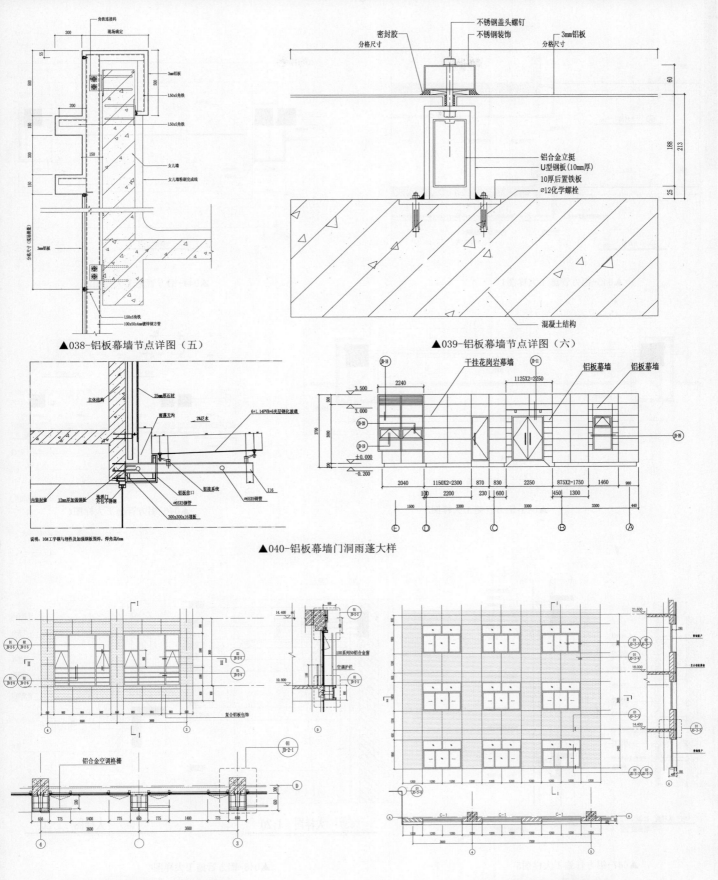

▲038-铝板幕墙节点详图（五）

▲039-铝板幕墙节点详图（六）

▲040-铝板幕墙门洞雨蓬大样

▲041-铝板幕墙与铝合金落地窗大样

▲042-铝板幕墙与塑钢窗大样

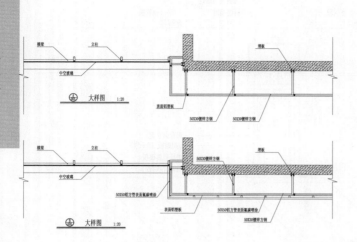

▲043-铝方管施工大样图1

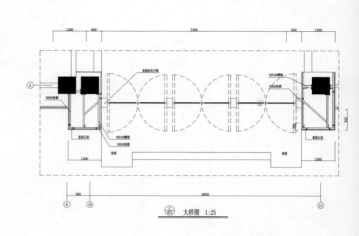

▲044-铝方管施工大样图2

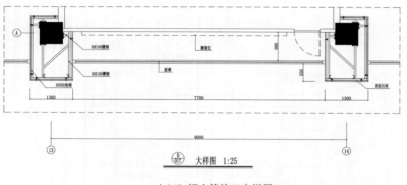

▲045-铝方管施工大样图3

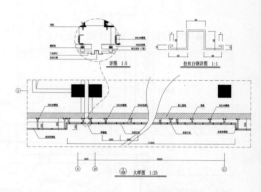

▲046-铝方管施工大样图4

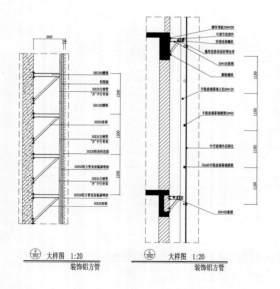

▲047-铝方管施工大样图5

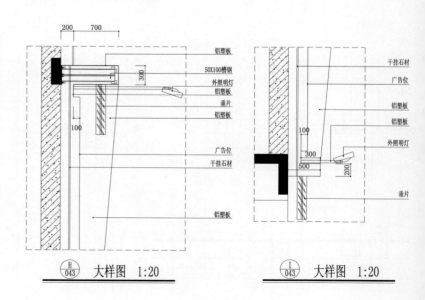

▲048-铝方管施工大样图6

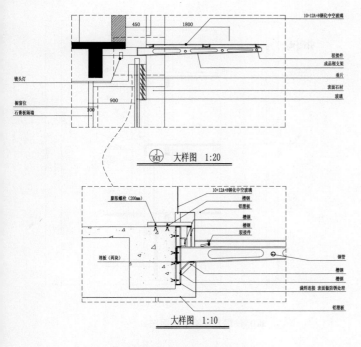

▲049-铝方管施工大样图7

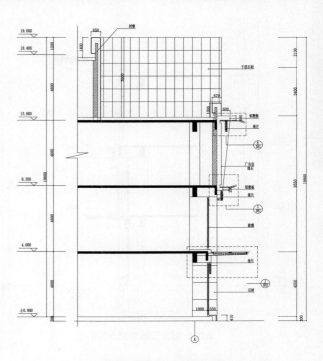

▲050-铝方管施工广告部分剖面图

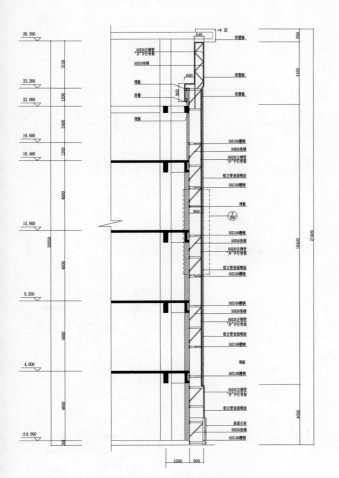

▲051-铝方管施工剖面图1

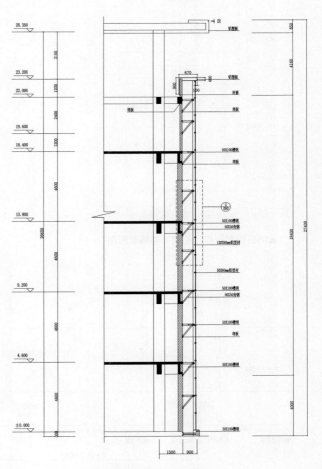

▲052-铝方管施工剖面图2

铝板幕墙

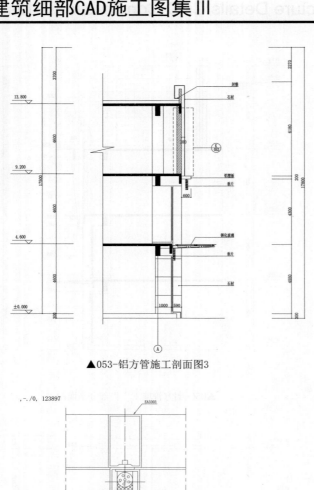

▲053-铝方管施工剖面图3

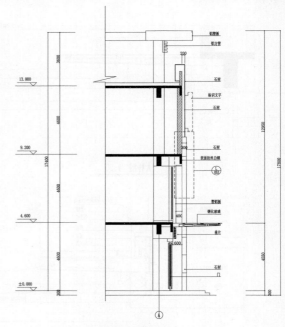

▲054-铝方管施工剖面图4

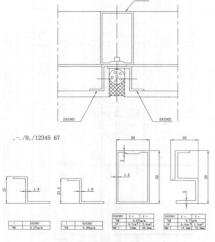

▲055-铝复合板（铝型）幕墙装配图

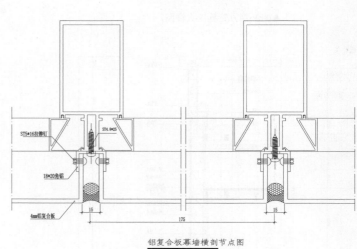

铝复合板幕墙横剖节点图

▲056-铝复合板幕墙横剖节点图

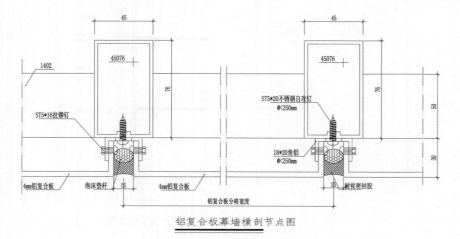

铝复合板幕墙横剖节点图

▲057-铝复合板幕墙横剖节点图

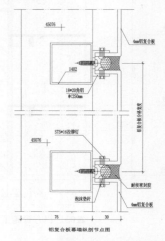

铝复合板幕墙纵剖节点图

▲058-铝复合板幕墙纵剖节点图

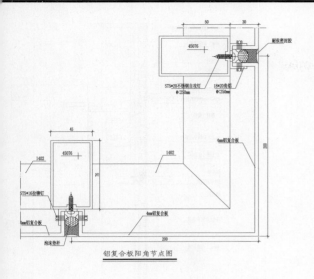

▲059-铝复合板阳角节点图

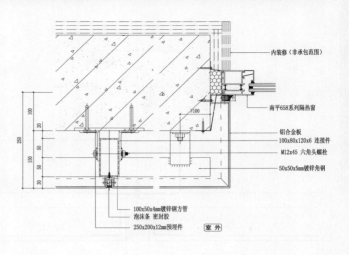

▲060-铝合金板幕墙节点

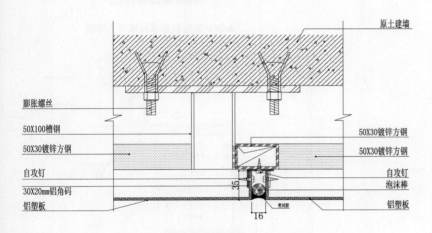

铝塑板干挂详图　1：2

（横向剖面节点）

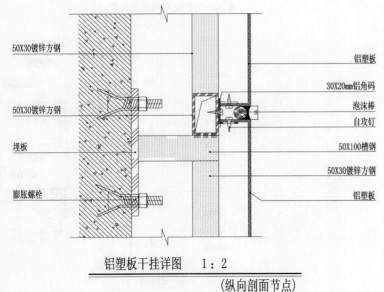

铝塑板干挂详图　1：2

（纵向剖面节点）

▲061-铝塑板干挂详图

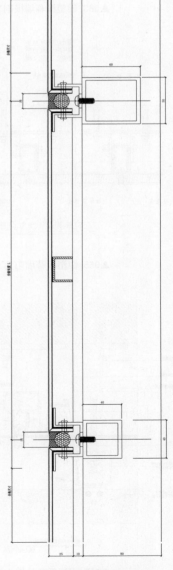

▲062-铝塑板幕墙安装要求

铝板幕墙

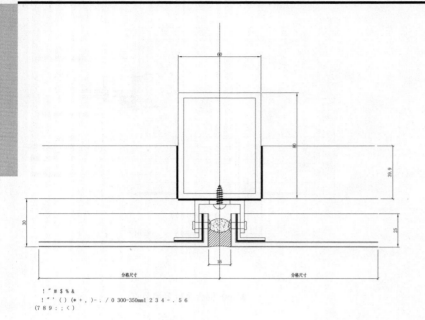

▲063-铝塑板幕墙横剖节点图

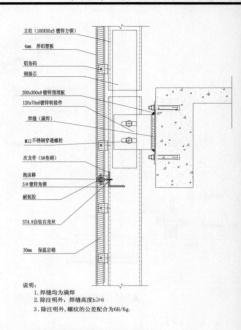

说明:
1. 焊缝均为满焊
2. 除注明外, 焊缝高度h≥6
3. 除注明外, 螺纹的公差配合为6H/6g.

▲064-铝塑板幕墙外墙节点详图

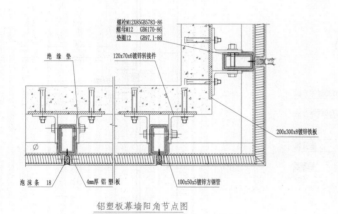

铝塑板幕墙阳角节点图

▲065-铝塑板幕墙阳角节点图

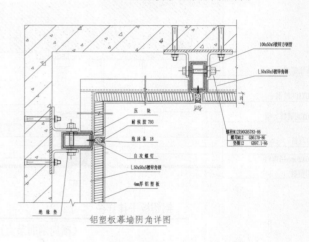

铝塑板幕墙阴角详图

▲066-铝塑板幕墙阴角详图

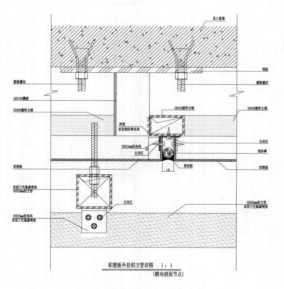

铝塑板外挂铝方管详图 1:1
(横向剖面节点)

▲067-铝塑板外挂铝方管详图1

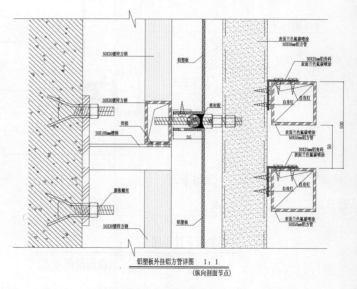

铝塑板外挂铝方管详图 1:1
(纵向剖面节点)

▲068-铝塑板外挂铝方管详图2

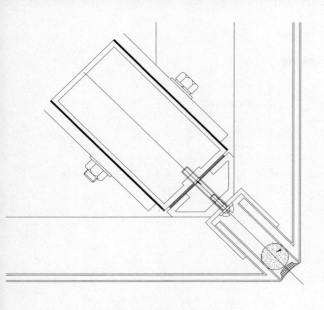

▲069-铝塑板阳角节点图

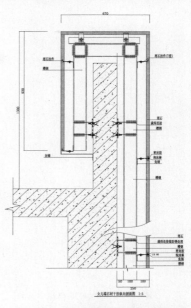

▲070-女儿墙石材干挂纵向剖面图

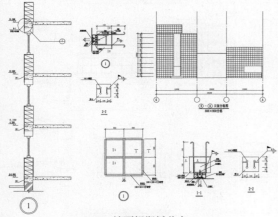

▲071-墙面铝塑板节点

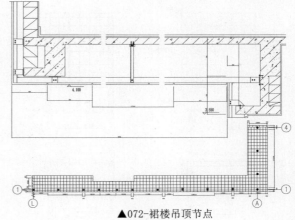

▲072-裙楼吊顶节点

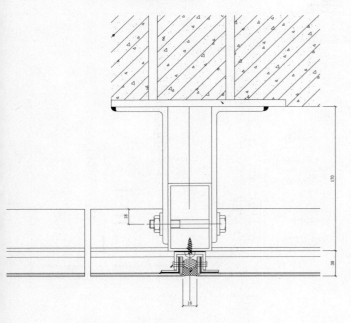

▲073-塑铝板幕墙横剖节点图

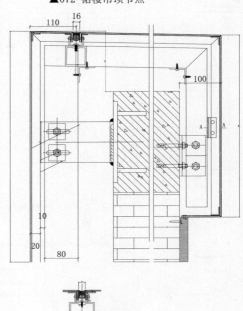

▲074-塑铝板幕墙楼顶纵剖节点图

铝板幕墙

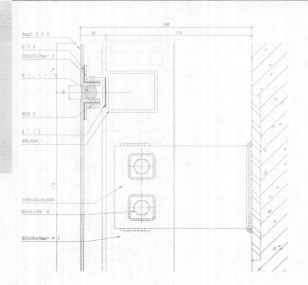

▲075-塑铝板幕墙纵剖节点图

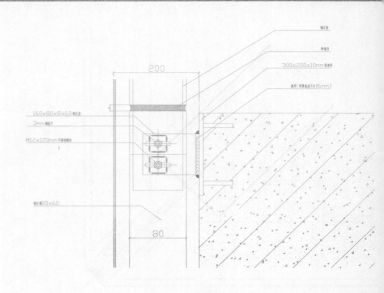

▲076-塑铝板纵剖节点图

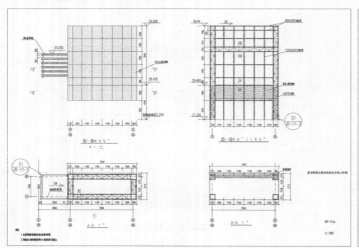

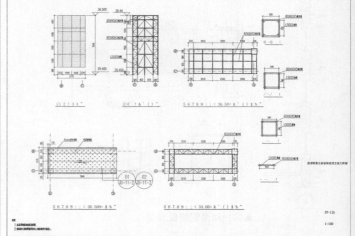

▲077-屋顶铝复合板装饰造型方盒大样

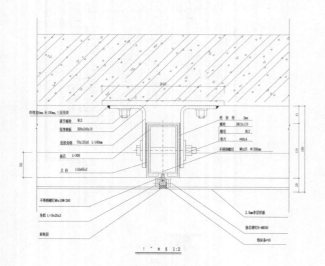

▲078-隐框铝板幕墙大样

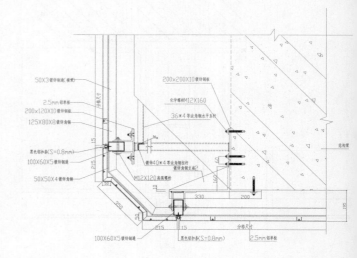

▲079-主楼铝板转角节点

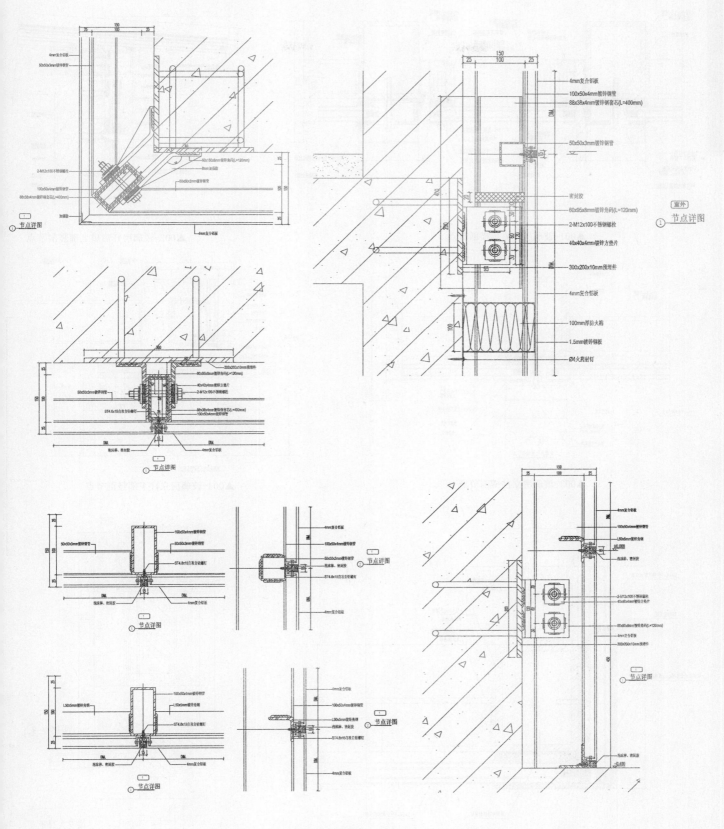

▲080-节点详图

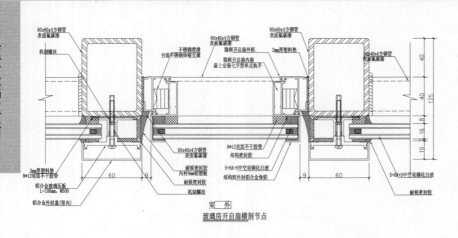

▲001-玻璃房开启扇横剖节点

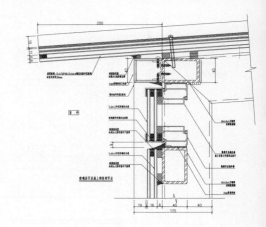

▲002-玻璃房开启扇上部竖剖节点

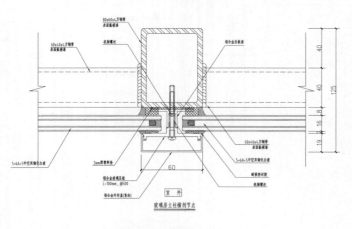

▲003-玻璃房立柱横剖节点

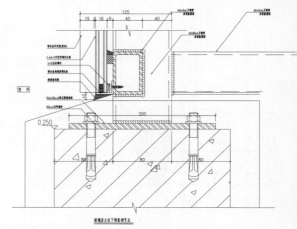

▲004-玻璃房立柱下部竖剖节点

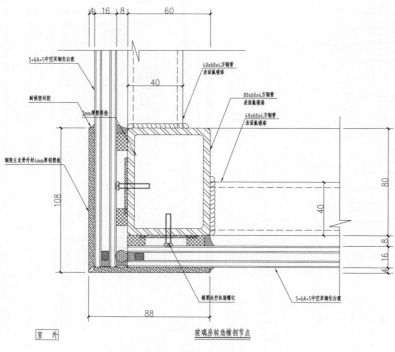

▲005-玻璃房转角横剖节点

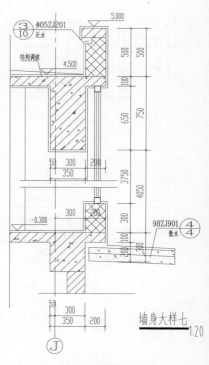

▲006-玻璃幕墙大样

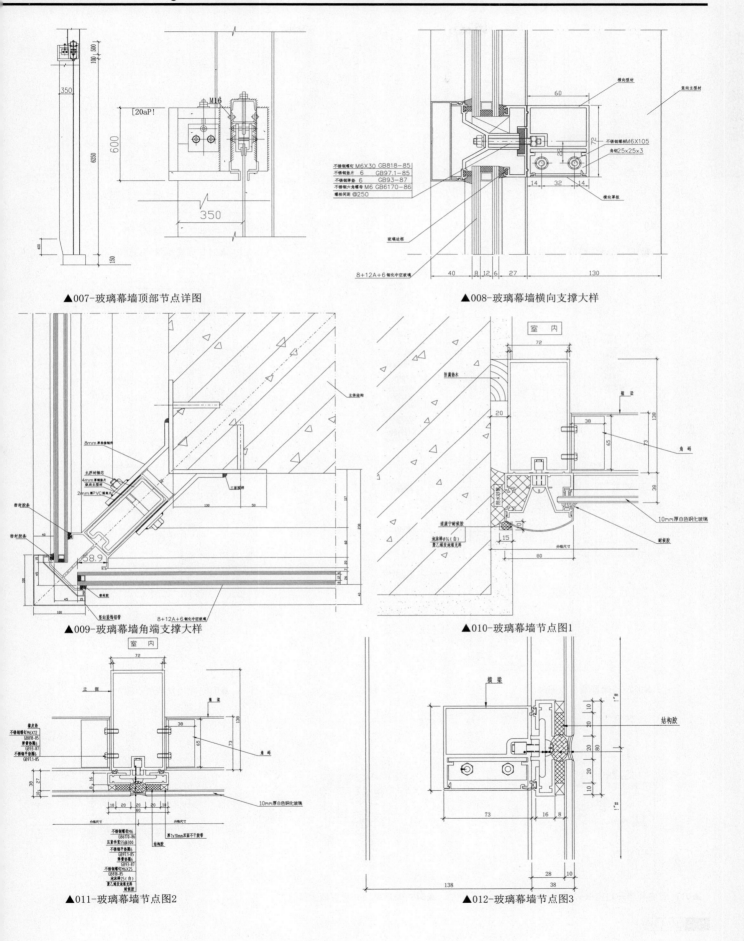

▲007-玻璃幕墙顶部节点详图

▲008-玻璃幕墙横向支撑大样

▲009-玻璃幕墙角端支撑大样

▲010-玻璃幕墙节点图1

▲011-玻璃幕墙节点图2

▲012-玻璃幕墙节点图3

明框玻璃幕墙

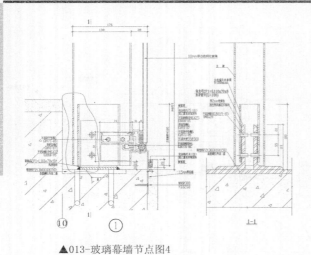

▲013-玻璃幕墙节点图4

▲014-玻璃幕墙节点图5

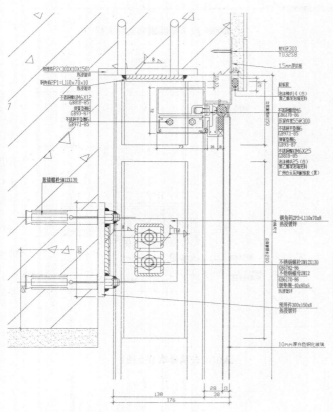

▲015-玻璃幕墙节点图6

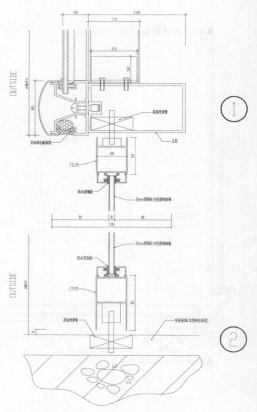

▲016-玻璃幕墙节点图7

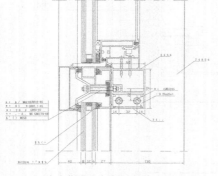

▲017-玻璃幕墙开启窗框大样（一）

▲018-玻璃幕墙开启窗框大样（二）

▲019-玻璃幕墙支撑大样（一）

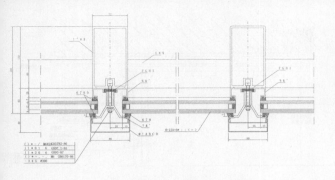

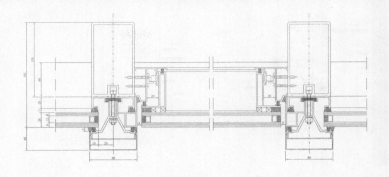

▲020-玻璃幕墙支撑大样（二）

▲021-玻璃幕墙支撑大样（三）

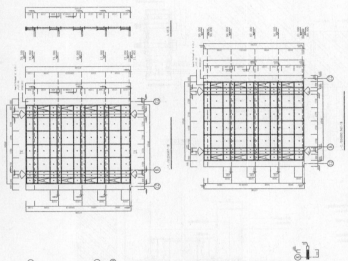

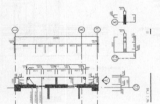

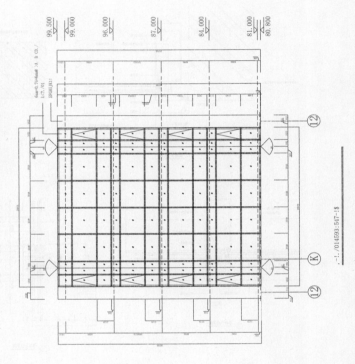

▲022-玻璃幕墙立面图

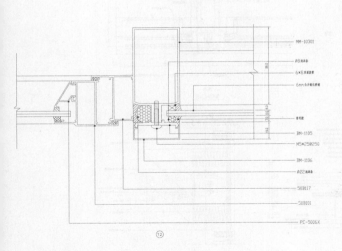

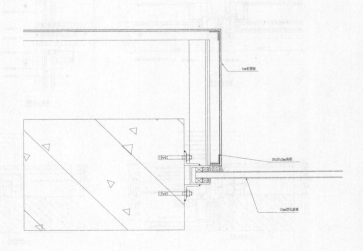

▲023-玻璃排窗节点图

▲024-顶层玻璃横剖节点图

明框玻璃幕墙

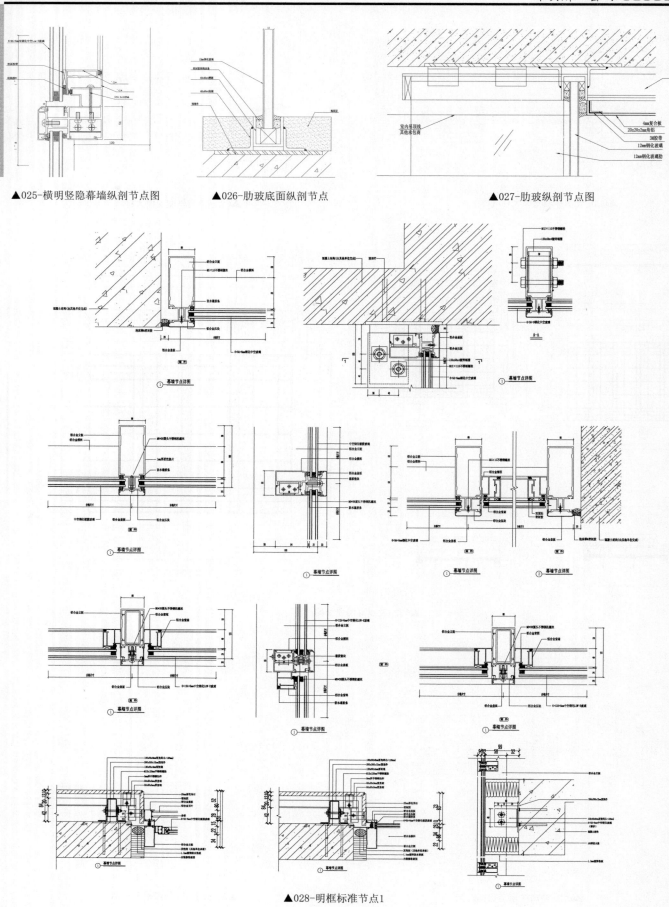

▲025-横明竖隐幕墙纵剖节点图　　　　▲026-肋玻底面纵剖节点　　　　▲027-肋玻纵剖节点图

▲028-明框标准节点1

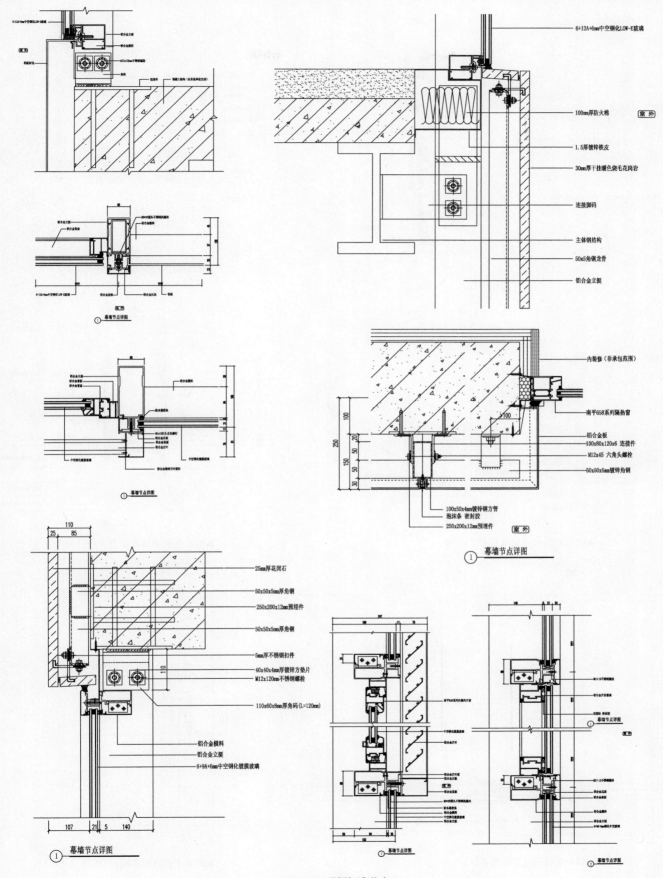

▲029-明框标准节点2

明框玻璃幕墙

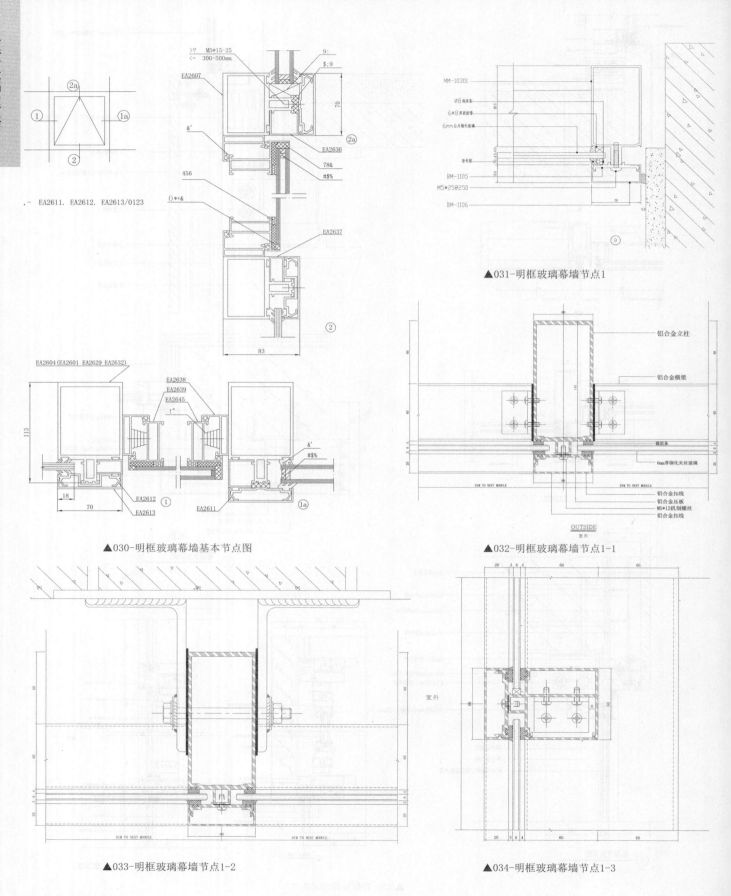

,- EA2611. EA2612. EA2613/0123

▲030-明框玻璃幕墙基本节点图

▲031-明框玻璃幕墙节点1

▲032-明框玻璃幕墙节点1-1

▲033-明框玻璃幕墙节点1-2

▲034-明框玻璃幕墙节点1-3

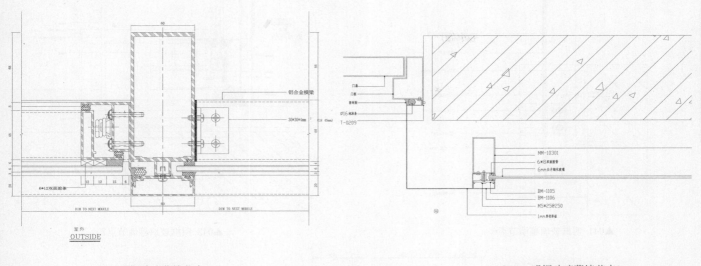

▲035-明框玻璃幕墙节点1-4   ▲036-明框玻璃幕墙节点2

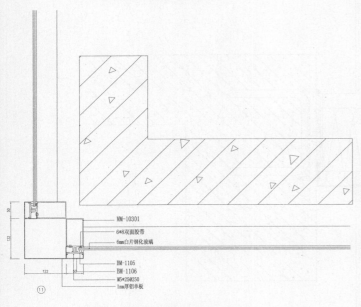

▲037-明框玻璃幕墙节点3

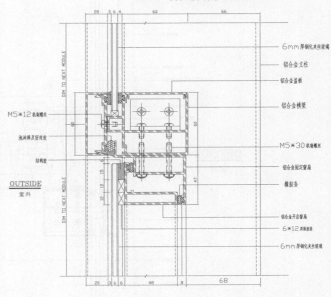

▲038-明框玻璃幕墙节点4

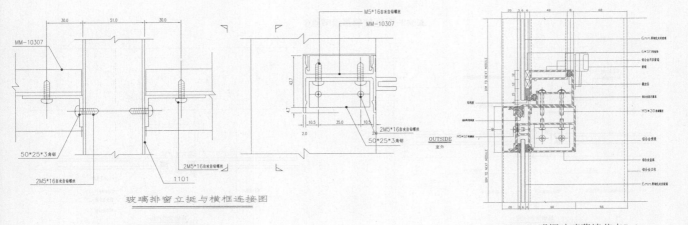

玻璃排窗立挺与横框连接图

▲039-明框玻璃幕墙节点5   ▲040-明框玻璃幕墙节点5-1

明框玻璃幕墙

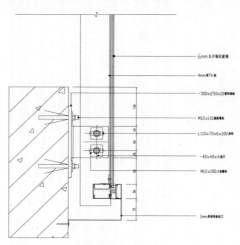

▲041-明框玻璃幕墙节点6

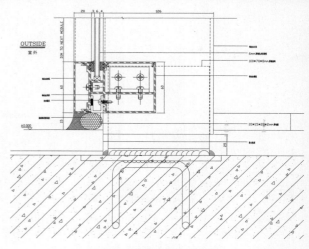

▲042-明框玻璃幕墙节点7

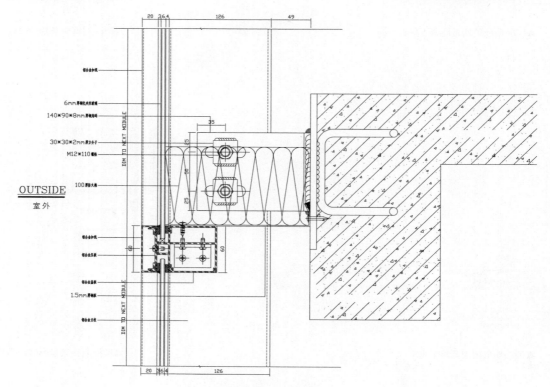

▲043-明框玻璃幕墙节点8

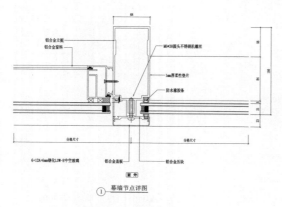

▲044-明框玻璃幕墙详图（一）

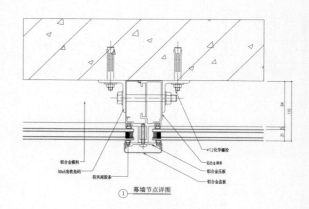

▲045-明框玻璃幕墙详图（二）

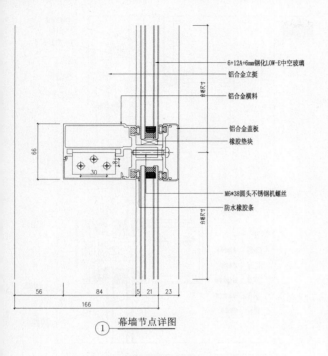

① 幕墙节点详图

6+12A+6mm钢化LOW-E中空玻璃
铝合金立挺
铝合金横料
铝合金盖板
橡胶垫块
M6*38圆头不锈钢机螺丝
防水橡胶条

▲046-明框玻璃幕墙详图（三）

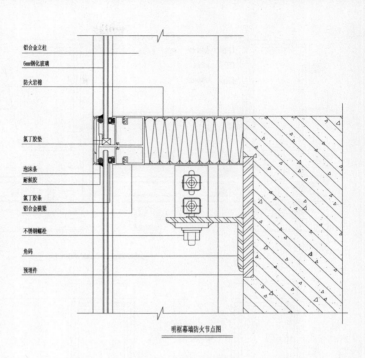

铝合金立柱
6mm钢化玻璃
防火岩棉
氯丁胶垫
泡沫条
耐板胶
氯丁胶条
铝合金横梁
不锈钢螺栓
角码
预埋件

明框幕墙防火节点图

▲047-明框幕墙防火节点图

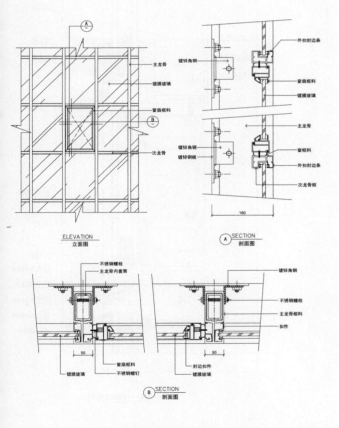

▲048-明框开启窗

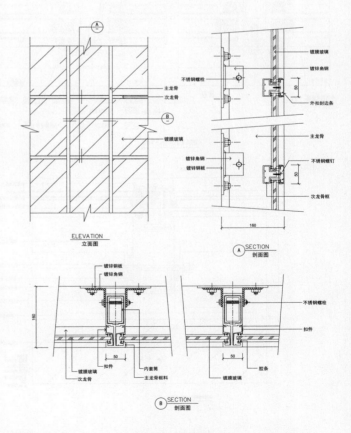

▲049-明框纵横剖

明框玻璃幕墙

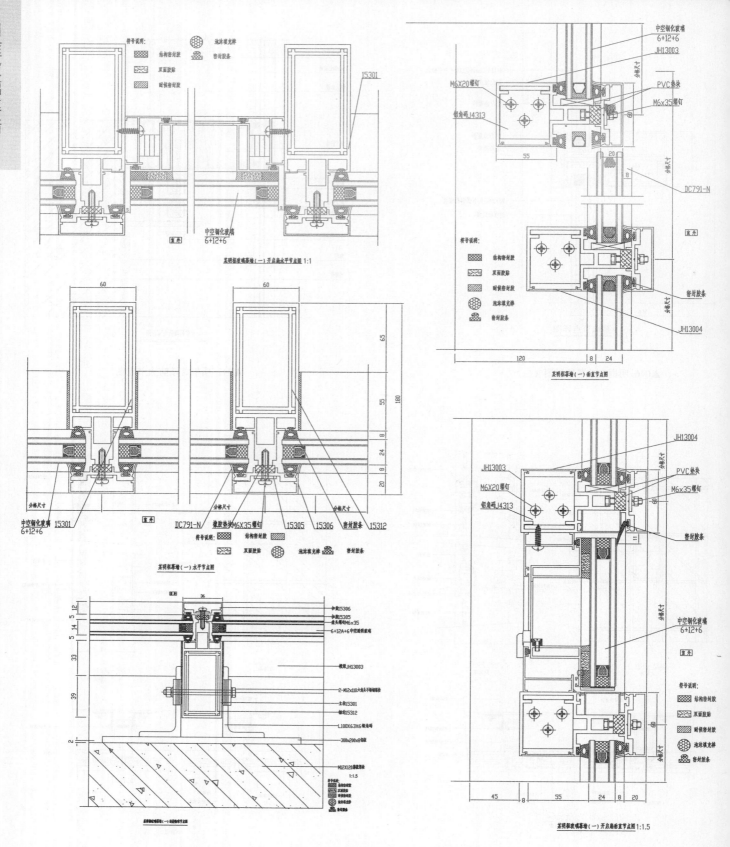

▲050-明框玻璃幕墙节点图

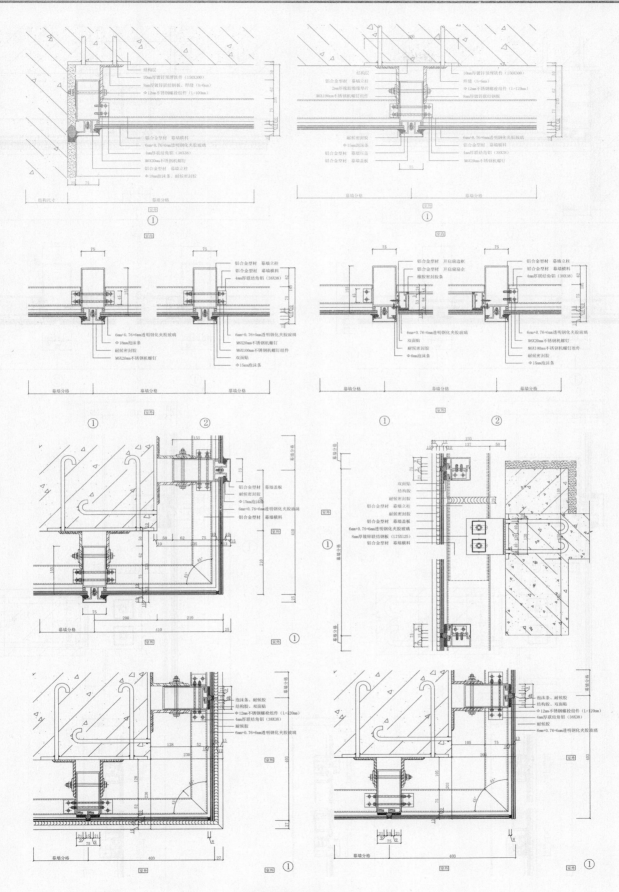

▲051-幕墙节点图1

明
框
玻
璃
幕
墙

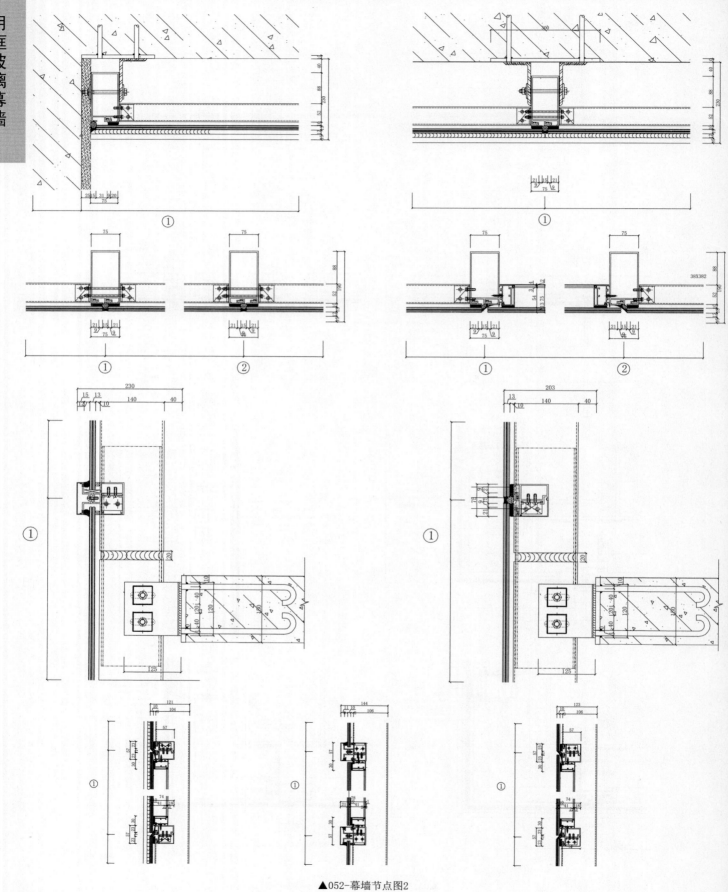

▲052-幕墙节点图2

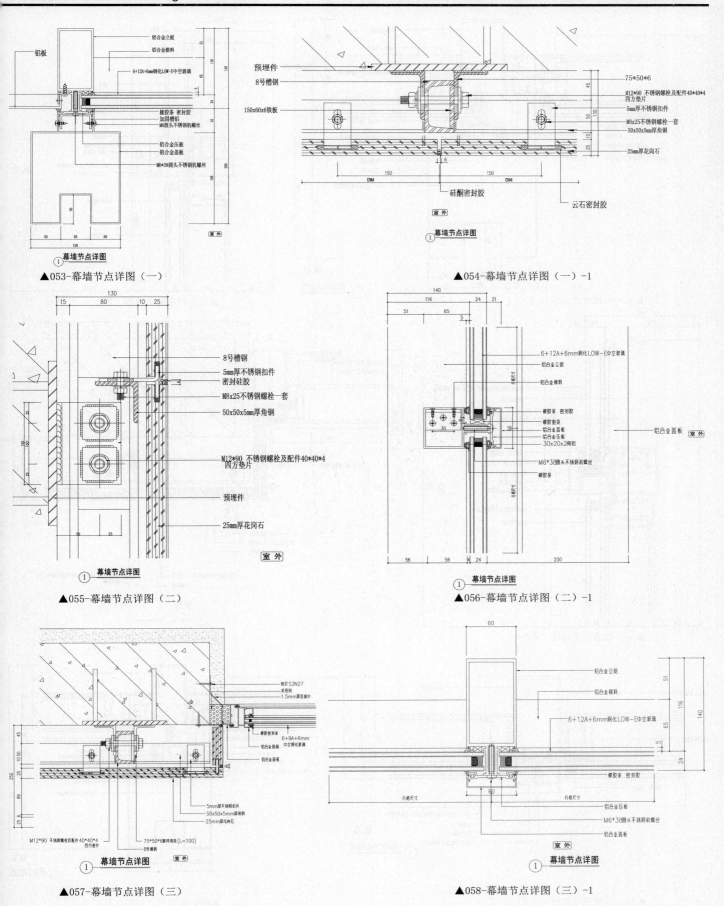

铝板
铝合金立挺
铝合金横料
6+12A+6mm钢化LOW-E中空玻璃
橡胶条 密封胶
加固槽铝
M6圆头不锈钢螺丝
铝合金压板
铝合金盖板
M6*38圆头不锈钢机螺丝

室外

幕墙节点详图 ①

▲053-幕墙节点详图（一）

预埋件
8号槽钢
150x60x6铁板

75*50*6
M12*90 不锈钢螺栓及配件40*40*4 四方垫片
5mm厚不锈钢扣件
M8x25不锈钢螺栓一套
50x50x5mm厚角钢
25mm厚花岗石

硅酮密封胶
云石密封胶

室外

幕墙节点详图 ①

▲054-幕墙节点详图（一）-1

8号槽钢
5mm厚不锈钢扣件
密封硅胶
M8x25不锈钢螺栓一套
50x50x5mm厚角钢
M12*90 不锈钢螺栓及配件40*40*4 四方垫片
预埋件
25mm厚花岗石

室外

幕墙节点详图 ①

▲055-幕墙节点详图（二）

6+12A+6mm钢化LOW-E中空玻璃
铝合金立挺
铝合金横料
橡胶条 密封胶
橡胶垫块
铝合金盖板
铝合金压板
30x20x2角铝
M6*38圆头不锈钢机螺丝
橡胶条
铝合金盖板

室外

幕墙节点详图 ①

▲056-幕墙节点详图（二）-1

铆钉S3N27
发泡剂
1.5mm厚垫片
橡胶密封条
6+9A+6mm 中空钢化玻璃
铝合金盖板
铝合金盖板
5mm厚不锈钢扣件
50x50x5mm厚角钢
25mm厚花岗石
M12*90 不锈钢螺栓及配件40*40*4 四方垫片
75*50*6角钢（L=100）
8号槽钢

室外

幕墙节点详图 ①

▲057-幕墙节点详图（三）

铝合金立挺
铝合金横料
6+12A+6mm钢化LOW-E中空玻璃
橡胶条 密封胶
铝合金压板
M6*38圆头不锈钢机螺丝
铝合金盖板

室外

幕墙节点详图 ①

▲058-幕墙节点详图（三）-1

明框玻璃幕墙

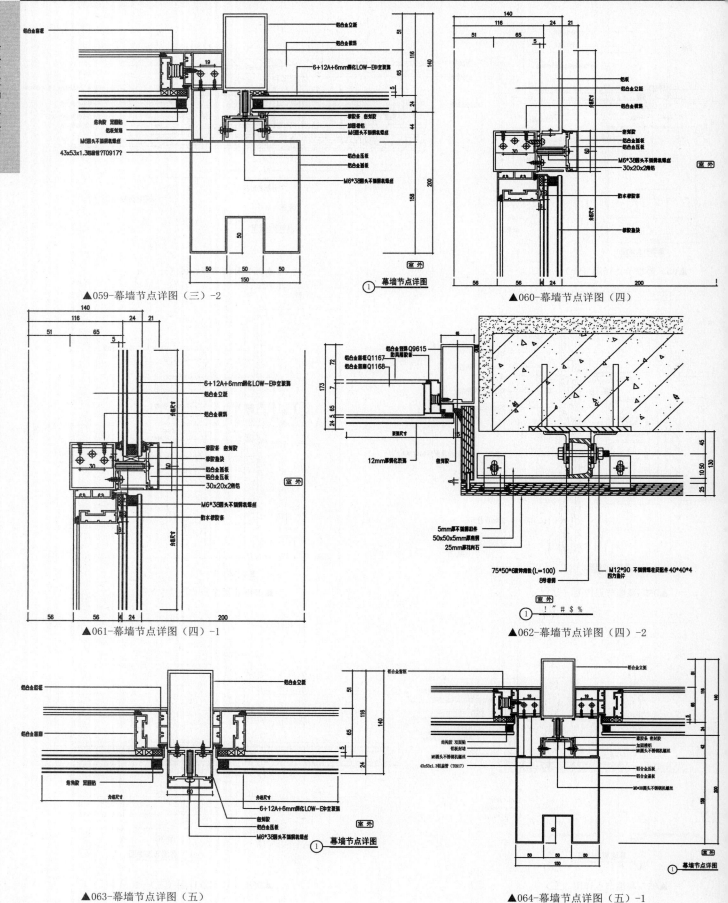

▲059-幕墙节点详图（三）-2

▲060-幕墙节点详图（四）

▲061-幕墙节点详图（四）-1

▲062-幕墙节点详图（四）-2

▲063-幕墙节点详图（五）

▲064-幕墙节点详图（五）-1

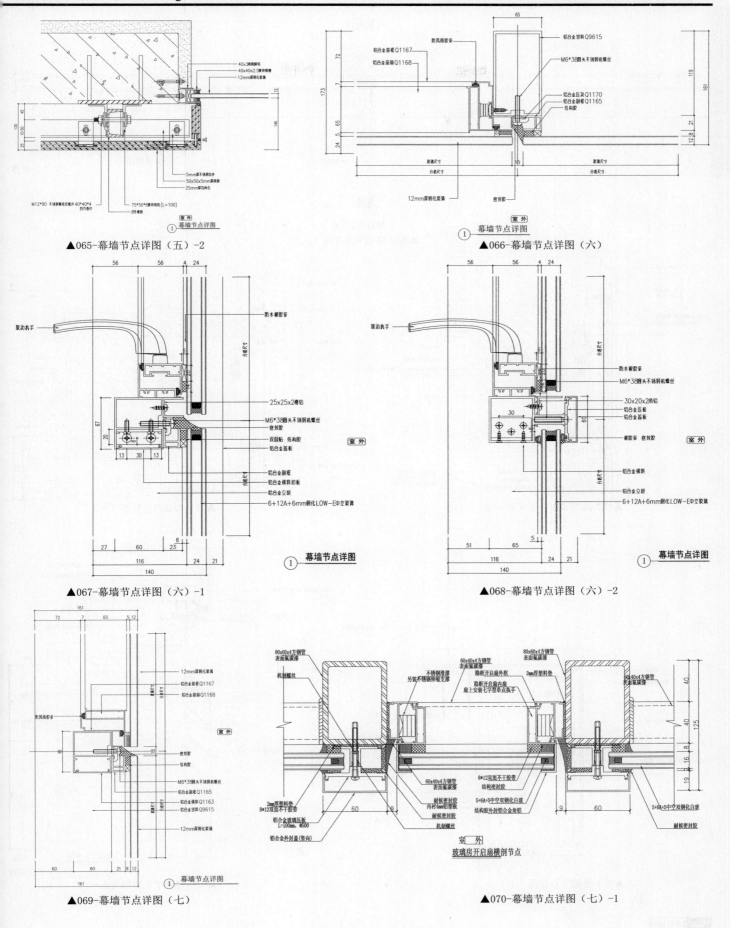

▲065-幕墙节点详图（五）-2

▲066-幕墙节点详图（六）

▲067-幕墙节点详图（六）-1

▲068-幕墙节点详图（六）-2

▲069-幕墙节点详图（七）

▲070-幕墙节点详图（七）-1

明
框
玻
璃
幕
墙

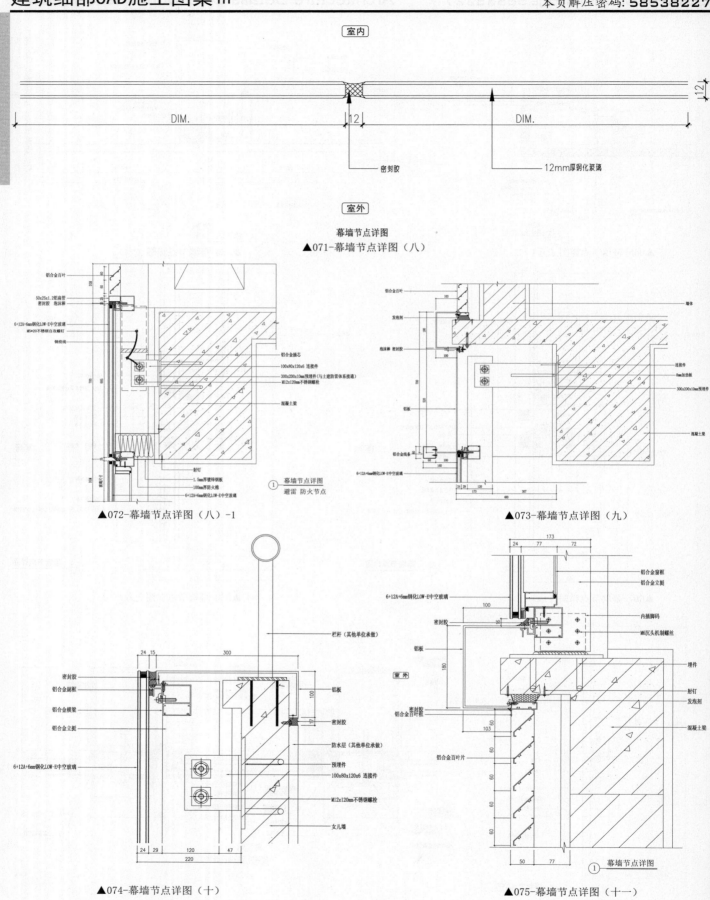

室内

密封胶

12mm厚钢化玻璃

室外

幕墙节点详图
▲071-幕墙节点详图（八）

铝合金百叶
50x25x1.2铝扁管
密封胶 泡沫棒
6+12A+6mm钢化LOW-E中空玻璃
M5×20不锈钢自攻螺钉
倒校线

铝合金插芯
100x80x120x6 连接件
300x200x10mm预埋件(与土建防雷系体接通)
M12x120mm不锈钢螺栓
混凝土梁

射钉
1.5mm厚镀锌钢板
100mm厚防火棉
6+12A+6mm钢化LOW-E中空玻璃

① 幕墙节点详图
避雷 防火节点

▲072-幕墙节点详图（八）-1

铝合金百叶
发泡剂
泡沫棒 密封胶

铝板

连接件
8mm加劲板
300x200x10mm预埋件

混凝土梁

铝合金线条盖
6+12A+6mm钢化LOW-E中空玻璃

▲073-幕墙节点详图（九）

栏杆(其他单位承做)

密封胶
铝合金副框
铝合金横梁
铝合金立挺

6+12A+6mm钢化LOW-E中空玻璃

铝板

密封胶

防水层(其他单位承做)

预埋件
100x80x120x6 连接件
M12x120mm不锈钢螺栓

女儿墙

▲074-幕墙节点详图（十）

铝合金框
铝合金立挺

6+12A+6mm钢化LOW-E中空玻璃

密封胶

铝板

内插脚码
M6沉头机制螺丝

室外

铝合金百叶框
密封胶

埋件

射钉
发泡剂

混凝土梁

铝合金百叶片

① 幕墙节点详图

▲075-幕墙节点详图（十一）

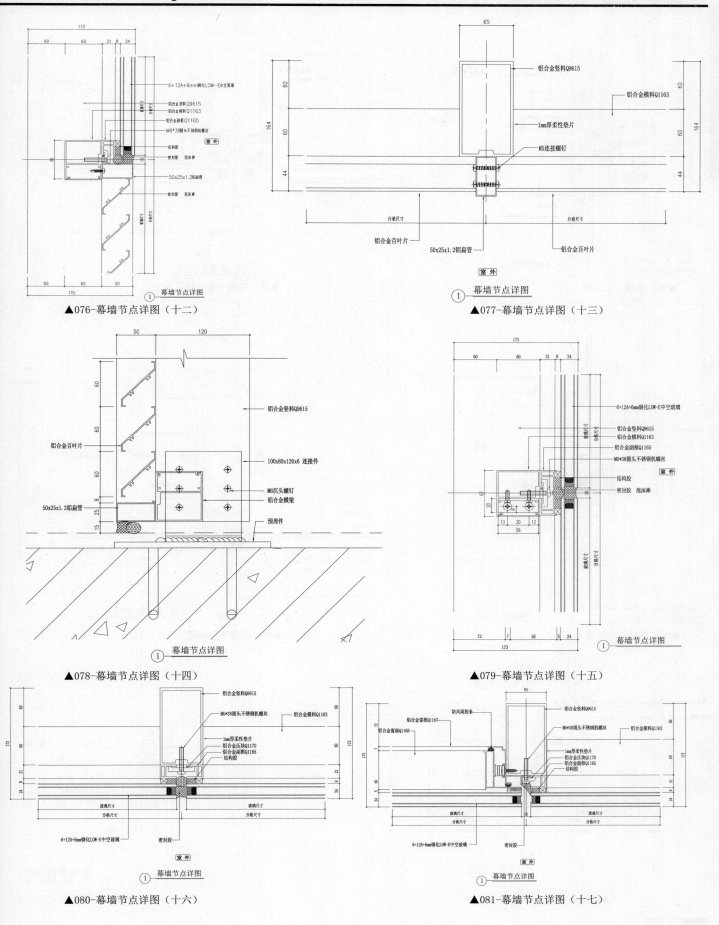

▲076-幕墙节点详图（十二）

▲077-幕墙节点详图（十三）

▲078-幕墙节点详图（十四）

▲079-幕墙节点详图（十五）

▲080-幕墙节点详图（十六）

▲081-幕墙节点详图（十七）

明框玻璃幕墙

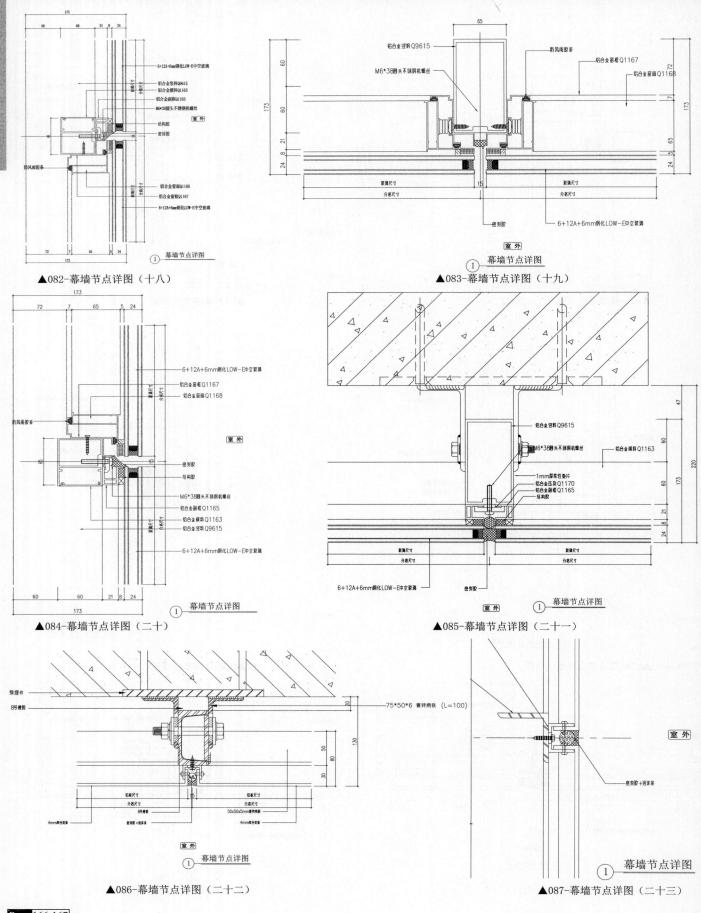

① 幕墙节点详图

▲082-幕墙节点详图（十八）

① 幕墙节点详图

▲083-幕墙节点详图（十九）

① 幕墙节点详图

▲084-幕墙节点详图（二十）

① 幕墙节点详图

▲085-幕墙节点详图（二十一）

① 幕墙节点详图

▲086-幕墙节点详图（二十二）

① 幕墙节点详图

▲087-幕墙节点详图（二十三）

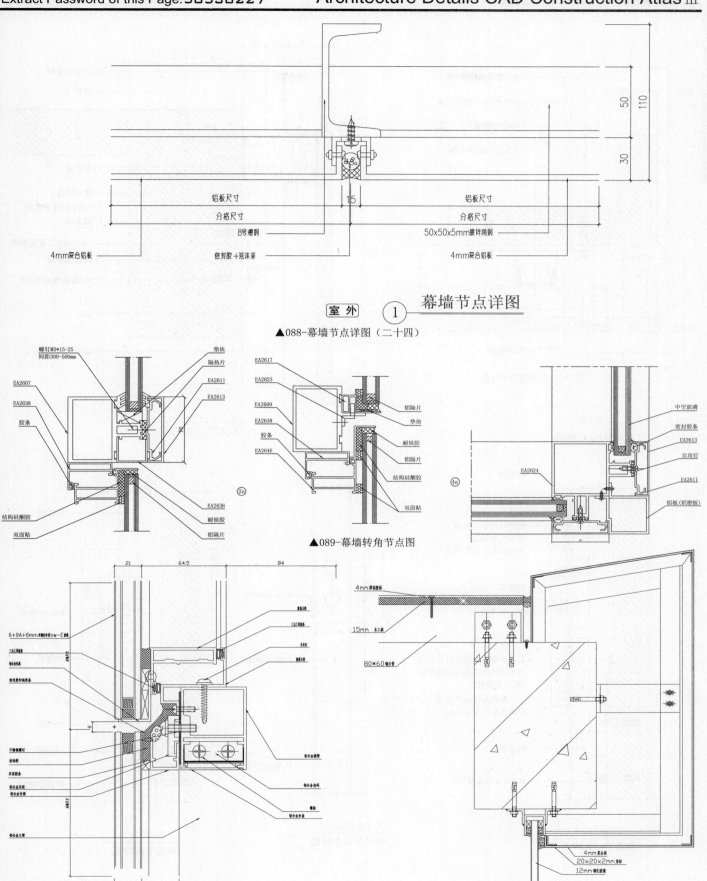

50
110
30

铝板尺寸   15   铝板尺寸
分格尺寸   分格尺寸
8号槽钢   50x50x5mm镀锌角钢
4mm复合铝板   密封胶+泡沫条   4mm复合铝板

室外 ① 幕墙节点详图

▲088-幕墙节点详图（二十四）

螺钉M5*15-25
间距300-500mm
垫块
隔热片
EA2607
EA2611
EA2638
EA2613
胶条
结构硅酮胶
双面贴
EA2636
耐候胶
铝隔片
②a

EA2617
EA2623
EA2609
铝隔片
EA2638
垫块
耐候胶
胶条
铝隔片
EA2646
结构硅酮胶
双面贴

▲089-幕墙转角节点图

中空玻璃
密封胶条
EA2613
EA2624
自攻钉
EA2611
铝板(铝塑板)
④a

▲090-幕墙纵剖节点图

4mm厚铝塑板
15mm 木工板
80*60钢方管

4mm复合铝板
20x20x2mm角铝
12mm钢化玻璃

▲091-圆弧幕墙纵剖节点图

本页解压密码: 47450576

吊挂式全玻璃幕墙

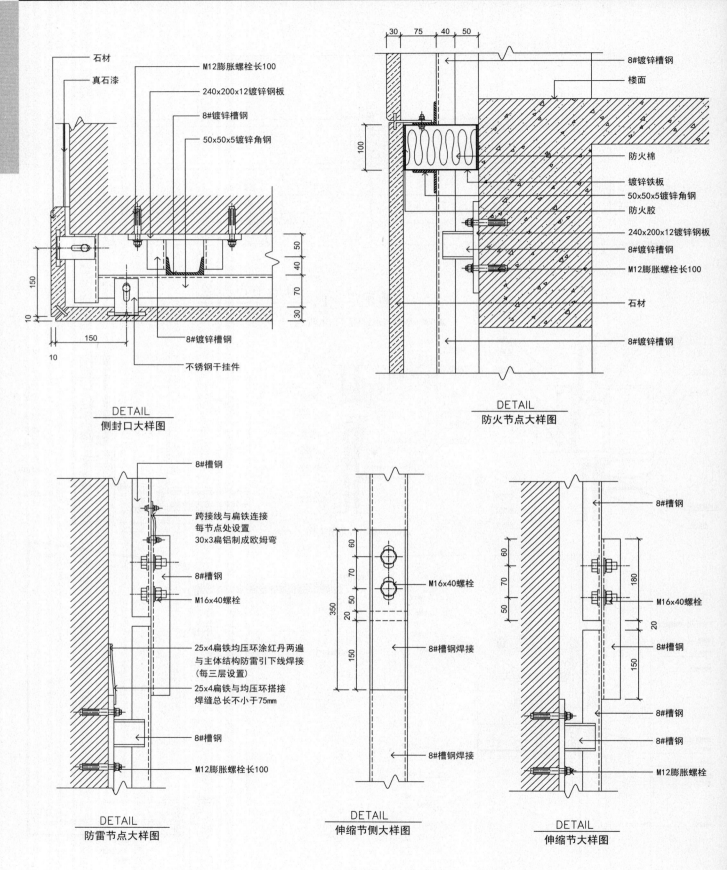

DETAIL
侧封口大样图

DETAIL
防火节点大样图

石材
真石漆
M12膨胀螺栓长100
240x200x12镀锌钢板
8#镀锌槽钢
50x50x5镀锌角钢
8#镀锌槽钢
不锈钢干挂件

8#镀锌槽钢
楼面
防火棉
镀锌铁板
50x50x5镀锌角钢
防火胶
240x200x12镀锌钢板
8#镀锌槽钢
M12膨胀螺栓长100
石材
8#镀锌槽钢

DETAIL
防雷节点大样图

8#槽钢
跨接线与扁铁连接
每节点处设置
30x3扁铝制成欧姆弯
8#槽钢
M16x40螺栓
25x4扁铁均压环涂红丹两遍
与主体结构防雷引下线焊接
(每三层设置)
25x4扁铁与均压环搭接
焊缝总长不小于75mm
8#槽钢
M12膨胀螺栓长100

DETAIL
伸缩节侧大样图

M16x40螺栓
8#槽钢焊接
8#槽钢焊接

DETAIL
伸缩节大样图

8#槽钢
M16x40螺栓
8#槽钢
8#槽钢
M12膨胀螺栓

▲001-侧封口大样图

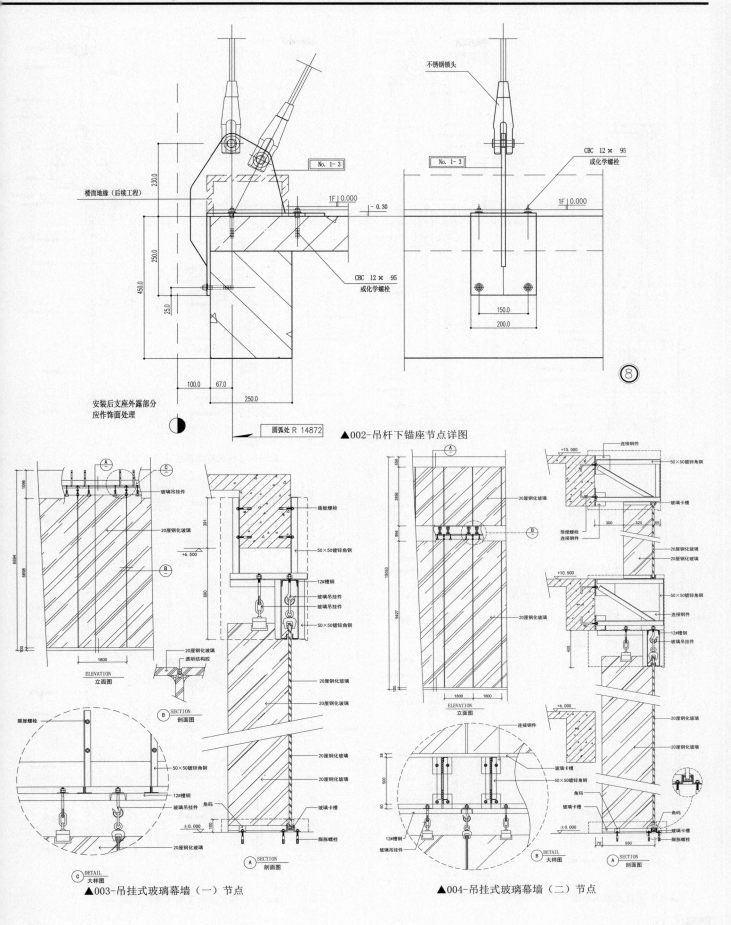

▲002-吊杆下锚座节点详图

▲003-吊挂式玻璃幕墙（一）节点

▲004-吊挂式玻璃幕墙（二）节点

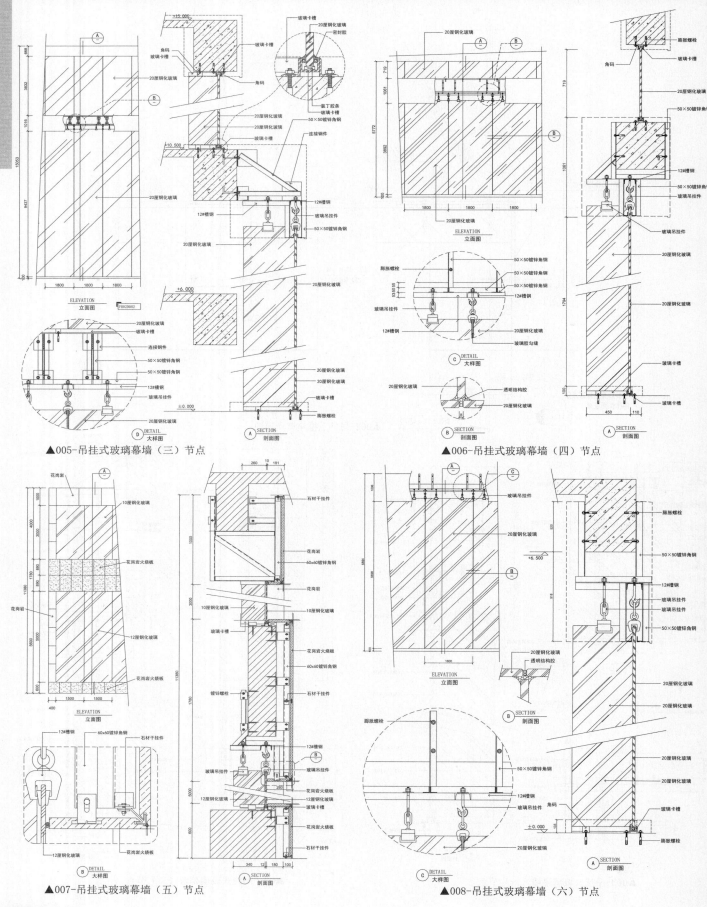

▲005-吊挂式玻璃幕墙（三）节点

▲006-吊挂式玻璃幕墙（四）节点

▲007-吊挂式玻璃幕墙（五）节点

▲008-吊挂式玻璃幕墙（六）节点

吊挂式全玻璃幕墙

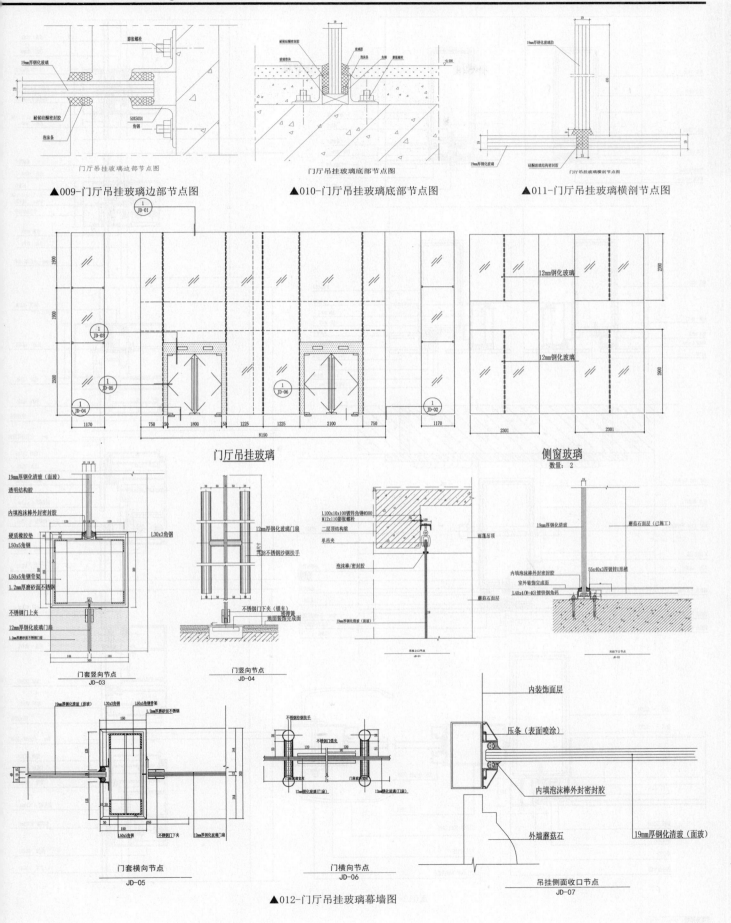

门厅吊挂玻璃边部节点图

▲009-门厅吊挂玻璃边部节点图

门厅吊挂玻璃底部节点图

▲010-门厅吊挂玻璃底部节点图

门厅吊挂玻璃横剖节点图

▲011-门厅吊挂玻璃横剖节点图

门厅吊挂玻璃

侧窗玻璃
数量：2

门套竖向节点
JD-03

门竖向节点
JD-04

门套横向节点
JD-05

门横向节点
JD-06

吊挂侧面收口节点
JD-07

▲012-门厅吊挂玻璃幕墙图

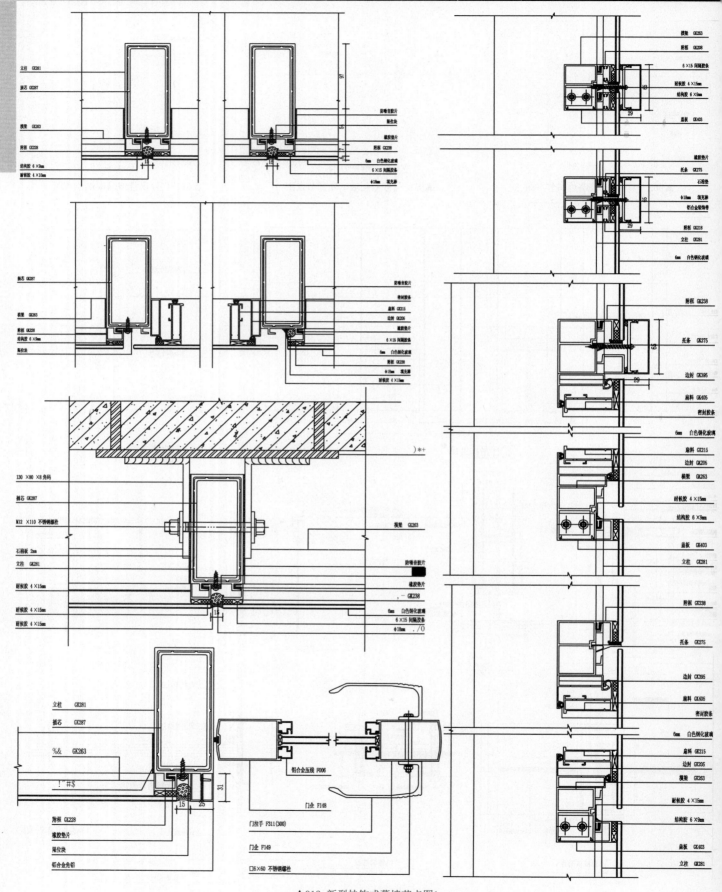

立柱 GK281
插芯 GK287
横梁 GK263
附框 GK228
结构胶 6×9mm
耐板胶 4×15mm

防嗽音胶片
硬化块
橡胶垫片
附框 GK228
6mm 白色钢化玻璃
6×15 间隔胶条
φ18mm 填充棒

插芯 GK287
横梁 GK263
附框 GK228
结构胶 6×9mm
限位块

防嗽音胶片
密封胶条
扇料 GK215
边封 GK205
橡胶垫片
6×15 间隔胶条
6mm 白色钢化玻璃
附框 GK238
φ18mm 填充棒
耐板胶 4×15mm

130×80×8 角码
插芯 GK287
M12×110 不锈钢螺栓
石棉板 2mm
立柱 GK281
耐板胶 4×15mm
耐板胶 4×15mm
耐板胶 4×15mm

横梁 GK263
防嗽音胶片
橡胶垫片
GK238
6mm 白色钢化玻璃
6×15 间隔胶条
φ18mm 填充棒

立柱 GK281
插芯 GK287
GK263
GK228

铝合金压线 F006
门企 F148
门拉手 F311(300)
门企 F149
□6×60 不锈钢螺栓

附框 GK228
橡胶垫片
限位块
铝合金角铝

模架 GK263
附框 GK208
6×15 间隔胶条
耐板胶 4×15mm
结构胶 6×9mm
盖板 GK403

橡胶垫片
托条 GK275
石棉垫
φ18mm 填充棒
铝合金装饰带
附框 GK218
立柱 GK281
6mm 白色钢化玻璃

附框 GK238
托条 GK275
边封 GK395
扇料 GK405
密封胶条
6mm 白色钢化玻璃
扇料 GK215
边封 GK205
横梁 GK263
耐板胶 4×15mm
结构胶 6×9mm
盖板 GK403
立柱 GK281

附框 GK238
托条 GK275
边封 GK395
扇料 GK405
密封胶条
6mm 白色钢化玻璃
扇料 GK215
边封 GK205
横梁 GK263
耐板胶 4×15mm
结构胶 6×9mm
盖板 GK403
立柱 GK281

▲013-新型挂钩式幕墙节点图1

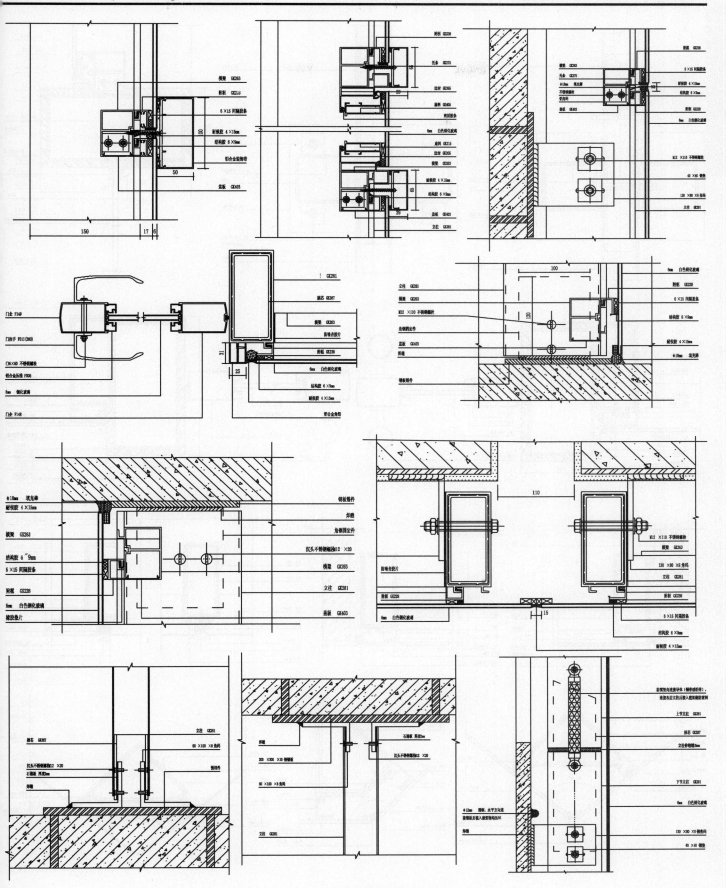

▲014-新型挂钩式幕墙节点图2

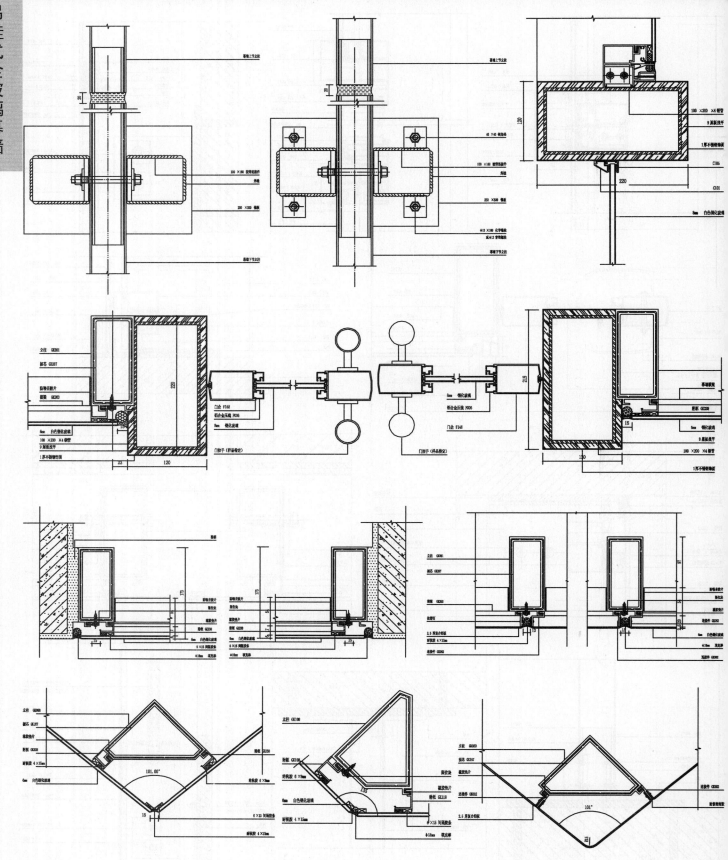

▲015-新型挂钩式幕墙节点图3

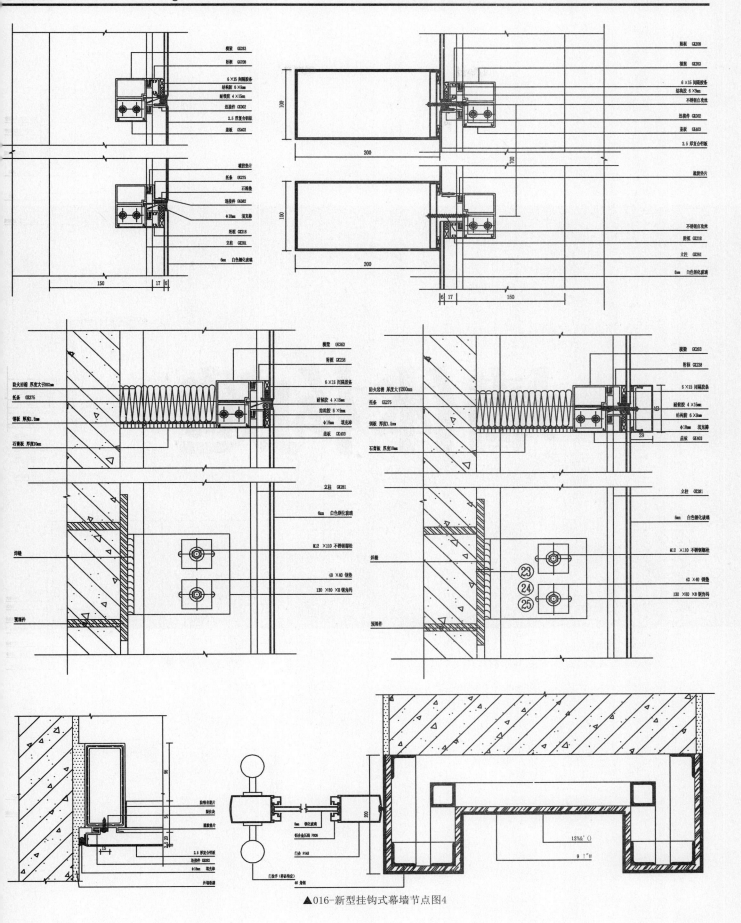

▲016-新型挂钩式幕墙节点图4

墙体构造

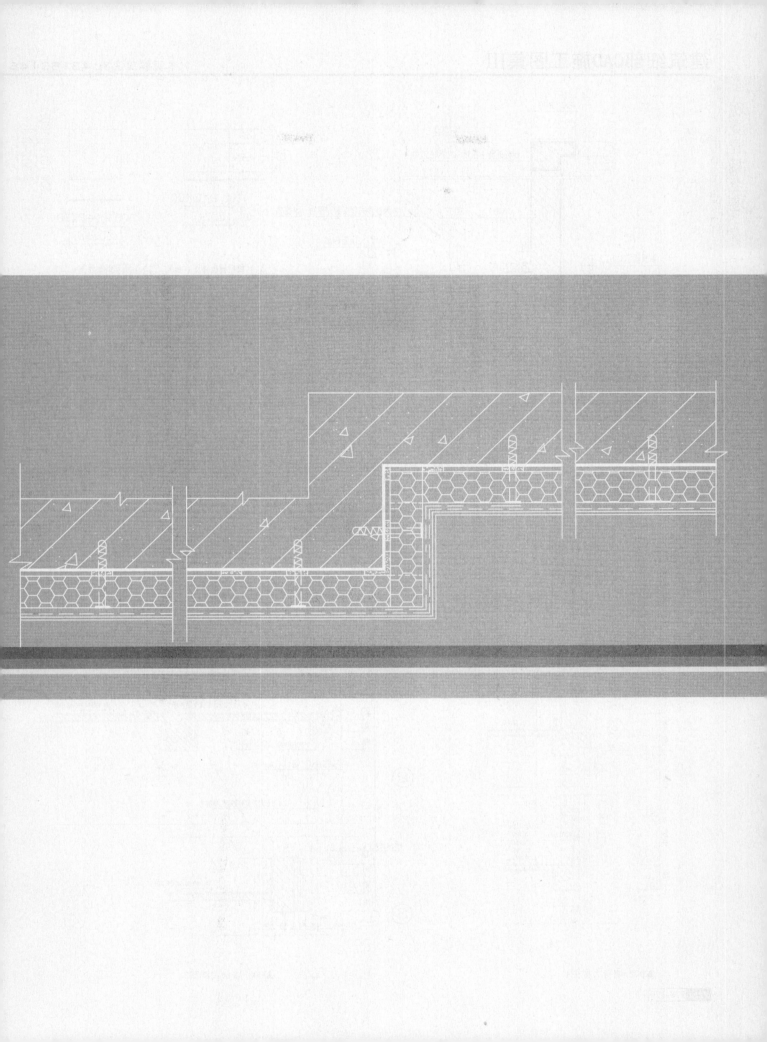

现浇混凝土墙

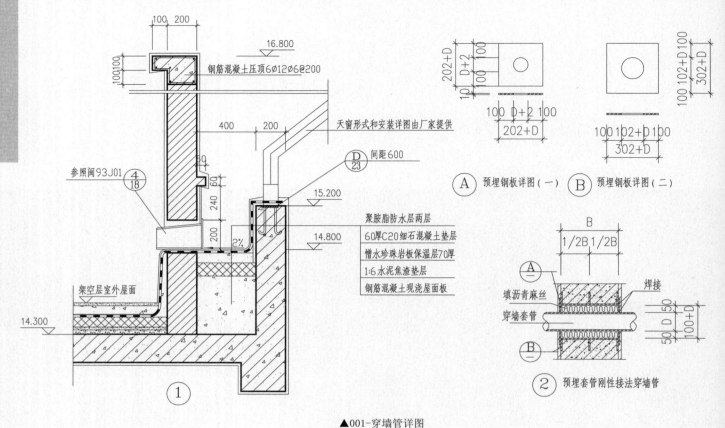

钢筋混凝土压顶6φ12φ6@200

天窗形式和安装详图由厂家提供

D
23

间距600

参照闽93J01
4
18

15.200

聚胺脂防水层两层
60厚C20细石混凝土垫层
憎水珍珠岩板保温层70厚
1:6水泥焦渣垫层
钢筋混凝土现浇屋面板

架空层室外屋面

14.800

14.300

1

A 预埋钢板详图（一）　B 预埋钢板详图（二）

填沥青麻丝
穿墙套管
焊接

2 预埋套管刚性接法穿墙管

▲001-穿墙管详图

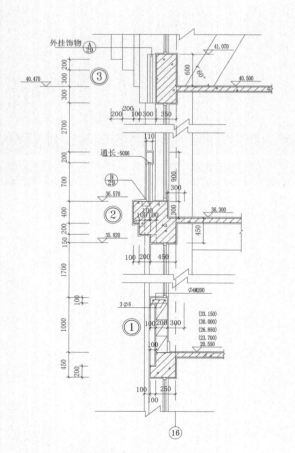

▲002-墙身大样图1

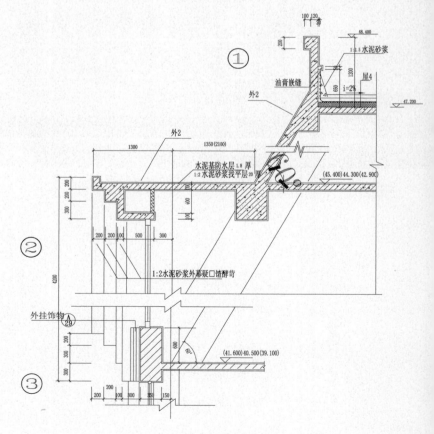

▲003-墙身大样图2

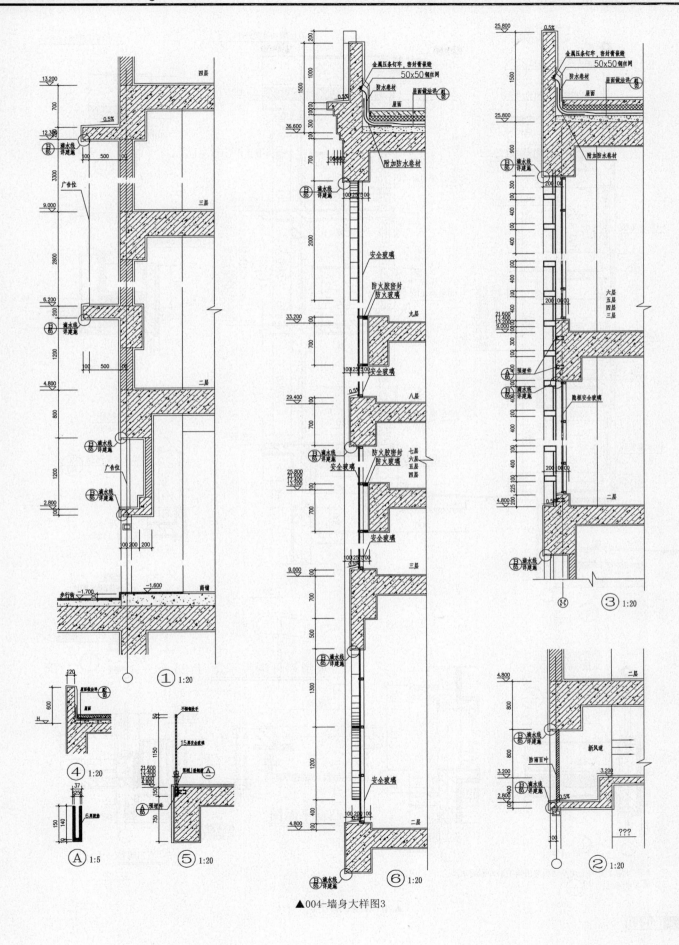

▲004-墙身大样图3

现浇混凝土墙

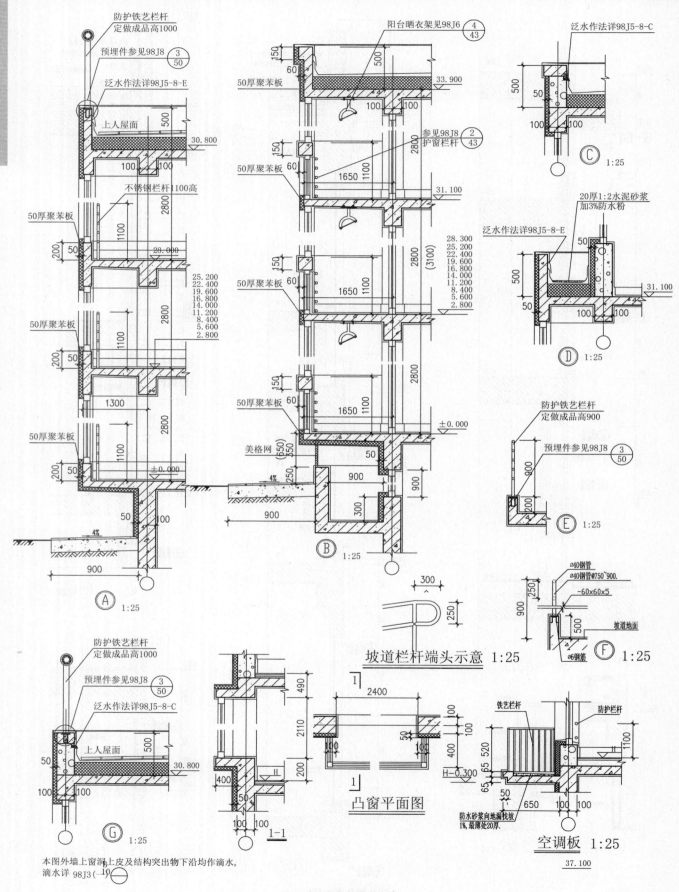

▲005-墙身大样图4

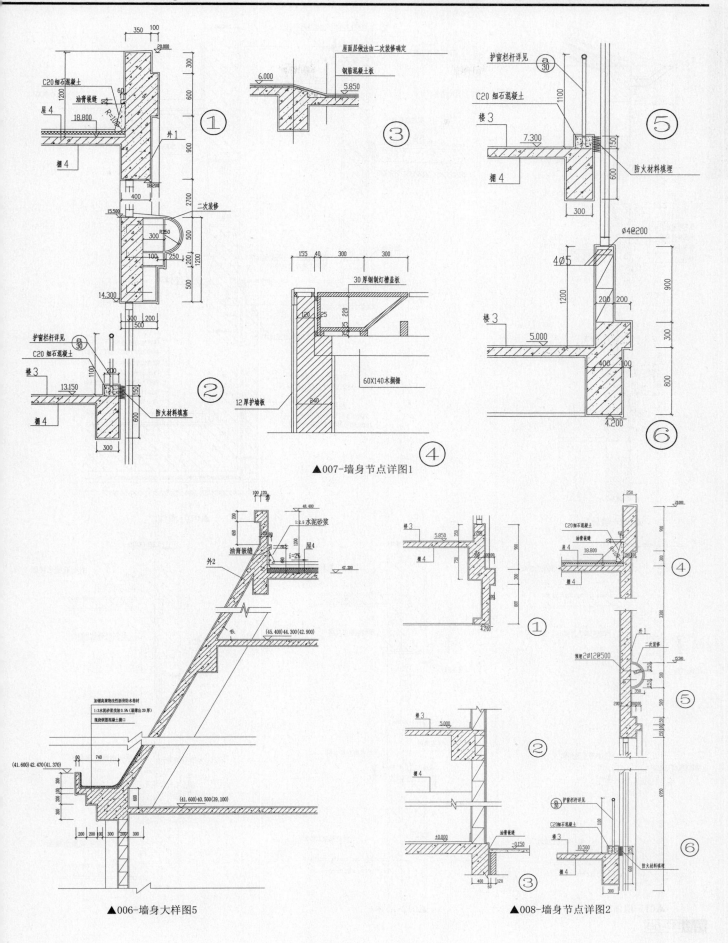

▲007-墙身节点详图1

▲006-墙身大样图5　　　　　　　　　　　　▲008-墙身节点详图2

本页解压密码：43153146

现浇混凝土墙

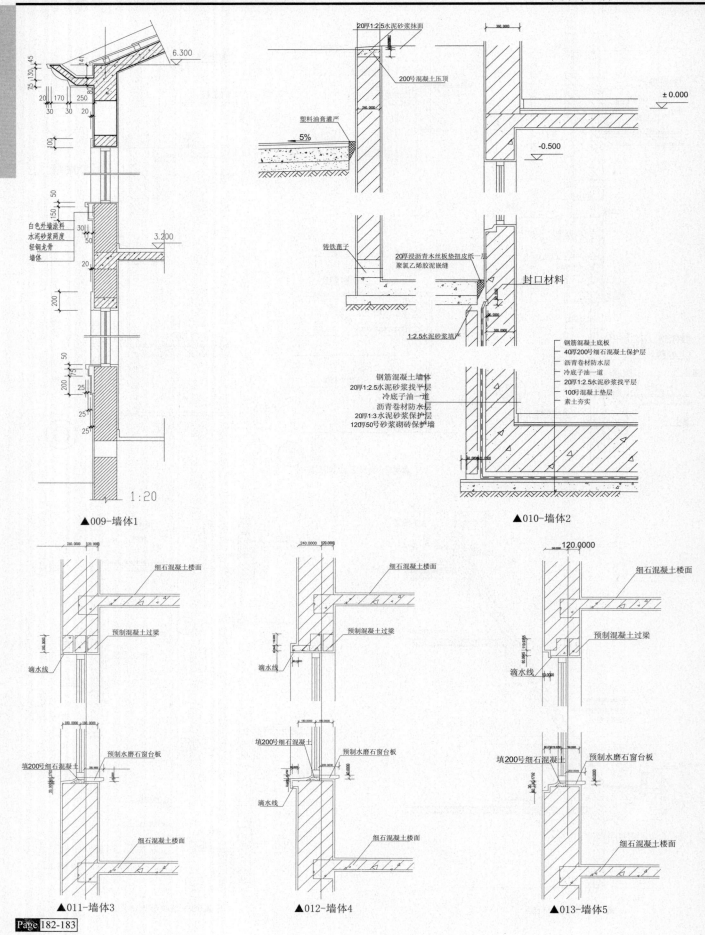

20厚1:2.5水泥砂浆抹面

200号混凝土压顶

塑料油膏灌严

白色外墙涂料
水泥砂浆两度
轻钢龙骨
墙体

铸铁蓖子

20厚浸青木丝板垫扭皮纸一层
聚氯乙烯胶泥嵌缝

封口材料

1:2.5水泥砂浆填严

钢筋混凝土墙体
20厚1:2.5水泥砂浆找平层
冷底子油一道
沥青卷材防水层
20厚1:3水泥砂浆保护层
120厚50号砂浆砌砖保护墙

钢筋混凝土底板
40厚200号细石混凝土保护层
沥青卷材防水层
冷底子油一道
20厚1:2.5水泥砂浆找平层
100号混凝土垫层
素土夯实

▲009-墙体1

▲010-墙体2

细石混凝土楼面
预制混凝土过梁
滴水线
填200号细石混凝土
预制水磨石窗台板

▲011-墙体3

细石混凝土楼面
预制混凝土过梁
滴水线
填200号细石混凝土
预制水磨石窗台板
滴水线
细石混凝土楼面

▲012-墙体4

细石混凝土楼面
预制混凝土过梁
滴水线
填200号细石混凝土
预制水磨石窗台板
细石混凝土楼面

▲013-墙体5

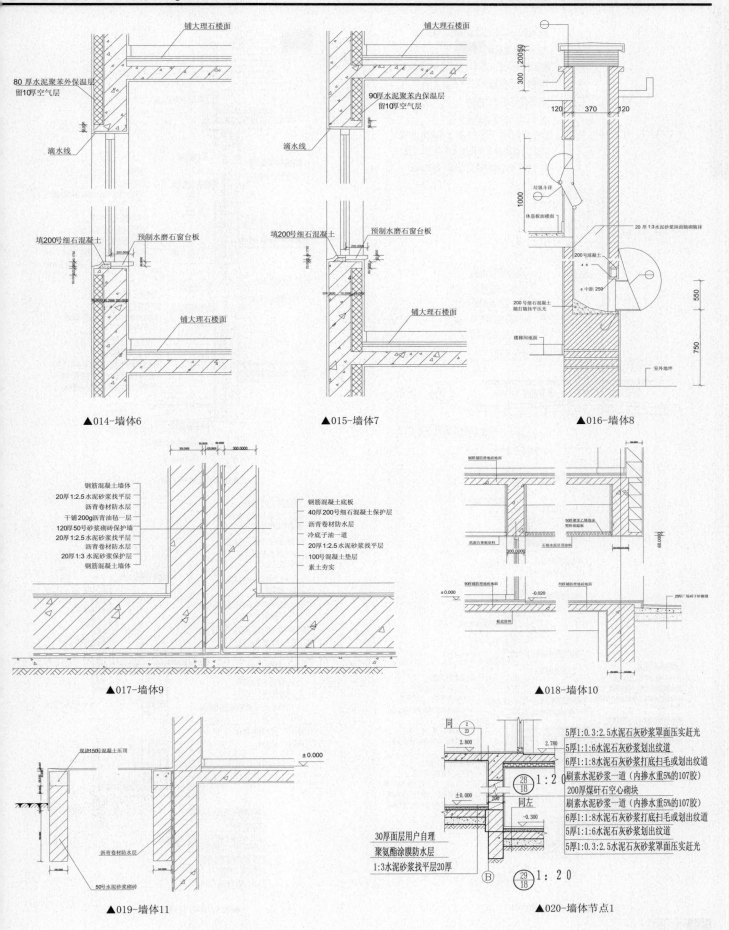

铺大理石楼面

80 厚水泥聚苯外保温层
留10厚空气层

滴水线

填200号细石混凝土

预制水磨石窗台板

铺大理石楼面

▲014-墙体6

铺大理石楼面

90厚水泥聚苯内保温层
留10厚空气层

滴水线

填200号细石混凝土

预制水磨石窗台板

铺大理石楼面

▲015-墙体7

20 厚1:3水泥砂浆抹面随砌随抹

200号混凝土

200 号细石混凝土
随打随抹平压光

垃圾斗详

休息板间楼面

楼梯间地面

室外地坪

▲016-墙体8

钢筋混凝土墙体
20厚1:2.5水泥砂浆找平层
沥青卷材防水层
干铺200g沥青油毡一层
120厚50号砂浆砌体保护墙
20厚1:2.5水泥砂浆找平层
沥青卷材防水层
20厚1:3 水泥砂浆保护层
钢筋混凝土墙体

钢筋混凝土底板
40厚200号细石混凝土保护层
沥青卷材防水层
冷底子油一道
20厚1:2.5水泥砂浆找平层
100号混凝土垫层
素土夯实

▲017-墙体9

▲018-墙体10

现浇150厚混凝土压顶

±0.000

沥青卷材防水层

50号水泥砂浆砌砖

▲019-墙体11

5厚1:0.3:2.5水泥石灰砂浆罩面压实赶光
5厚1:1:6水泥石灰砂浆划出纹道
6厚1:1:8水泥石灰砂浆打底扫毛或划出纹道
刷素水泥砂浆一道（内掺水重5%的107胶）
200厚煤矸石空心砌块
刷素水泥砂浆一道（内掺水重5%的107胶）
6厚1:1:8水泥石灰砂浆打底扫毛或划出纹道
5厚1:1:6水泥石灰砂浆划出纹道
5厚1:0.3:2.5水泥石灰砂浆罩面压实赶光

30厚面层用户自理
聚氨酯涂膜防水层
1:3水泥砂浆找平层20厚

▲020-墙体节点1

现浇混凝土墙

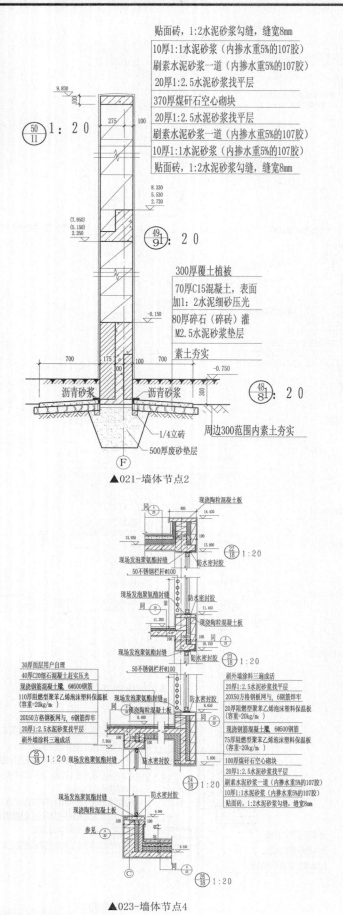

贴面砖, 1:2水泥砂浆勾缝, 缝宽8mm
10厚1:1水泥砂浆 (内掺水重5%的107胶)
刷素水泥砂浆一道 (内掺水重5%的107胶)
20厚1:2.5水泥砂浆找平层
370厚煤矸石空心砌块
20厚1:2.5水泥砂浆找平层
刷素水泥砂浆一道 (内掺水重5%的107胶)
10厚1:1水泥砂浆 (内掺水重5%的107胶)
贴面砖, 1:2水泥砂浆勾缝, 缝宽8mm

300厚覆土植被
70厚C15混凝土, 表面加1:2水泥细砂压光
80厚碎石 (碎砖) 灌M2.5水泥砂浆垫层
素土夯实

沥青砂浆　　沥青砂浆

周边300范围内素土夯实

1/4立砖
500厚废砂垫层

▲021-墙体节点2

现场发泡聚氨酯封缝
50不锈钢栏杆@100
现浇陶粒混凝土板
防水密封胶

现场发泡聚氨酯封缝
50不锈钢栏杆@100
现浇陶粒混凝土板
防水密封胶

内饰面
钢筋混凝土墙
75厚阻燃型聚苯乙烯泡沫塑料保温板 (容重=20kg/m³)
100厚煤矸石空心砌块
20厚1:2.5水泥砂浆找平层
刷素水泥砂浆一道 (内掺水重5%的107胶)
10厚1:1水泥砂浆 (内掺水重5%的107胶)
贴面砖, 1:2水泥砂浆勾缝, 缝宽8mm

内饰面
200厚煤矸石空心砌块
75厚阻燃型聚苯乙烯泡沫塑料保温板 (容重=20kg/m³)
100厚煤矸石空心砌块
20厚1:2.5水泥砂浆找平层
刷素水泥砂浆一道 (内掺水重5%的107胶)
10厚1:1水泥砂浆 (内掺水重5%的107胶)
贴面砖, 1:2水泥砂浆勾缝, 缝宽8mm

1/4立砖
1:2沥青砂浆灌缝10宽
500厚废砂垫层

▲022-墙体节点3

现浇陶粒混凝土板
现场发泡聚氨酯封缝
防水密封胶
50不锈钢栏杆@100

现场发泡聚氨酯封缝
防水密封胶
现浇陶粒混凝土板

现场发泡聚氨酯封缝
防水密封胶
50不锈钢栏杆@100

30厚面层用户自理
40厚C20细石混凝土起实压光
现浇钢筋混凝土墙, 6@500钢筋
110厚阻燃型聚苯乙烯泡沫塑料保温板 (容重=20kg/m³)
20X50方格钢筋网与, 6钢筋焊牢
20厚1:2.5水泥砂浆找平层
刷外墙涂料三遍成活

刷外墙涂料三遍成活
20厚1:2.5水泥砂浆找平层
20X50方格钢筋网与, 6钢筋焊牢
20厚阻燃型聚苯乙烯泡沫塑料保温板 (容重=20kg/m³)
现浇钢筋混凝土墙, 6@500钢筋
75厚阻燃型聚苯乙烯泡沫塑料保温板 (容重=20kg/m³)
100厚煤矸石空心砌块
20厚1:2.5水泥砂浆找平层
刷素水泥砂浆一道 (内掺水重5%的107胶)
10厚1:1水泥砂浆 (内掺水重5%的107胶)
贴面砖, 1:2水泥砂浆勾缝, 缝宽8mm

现场发泡聚氨酯封缝
现浇陶粒混凝土板
防水密封胶
参见

▲023-墙体节点4

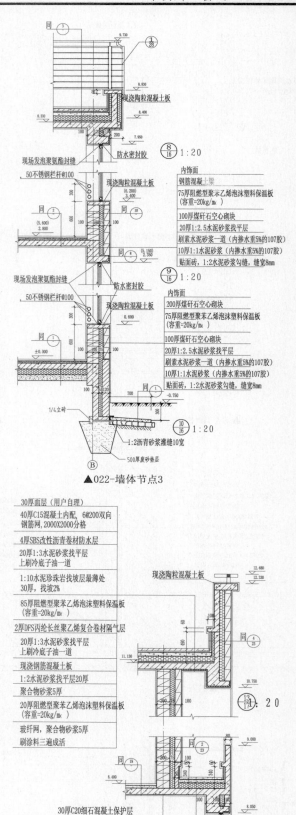

30厚面层 (用户自理)
40厚C15混凝土内配, 6@200双向钢筋网, 2000X2000分格
4厚SBS改性沥青卷材防水层
20厚1:3水泥砂浆找平层上刷底子油一道
1:10水泥珍珠岩找坡层最薄处30厚, 找坡2%
85厚阻燃型聚苯乙烯泡沫塑料保温板 (容重=20kg/m³)
2厚DFS丙纶长丝聚乙烯复合卷材隔气层
20厚1:3水泥砂浆找平层上刷冷底子油一道
现浇钢筋混凝土板
1:2水泥砂浆找平层20厚
聚合物砂浆5厚
20厚阻燃型聚苯乙烯泡沫塑料保温板 (容重=20kg/m³)
玻纤网, 聚合物砂浆5厚
刷涂料三遍成活

现浇陶粒混凝土板

30厚C20细石混凝土保护层
SBS防水卷材
C20细石混凝土找坡2%, 随打随压光, 最薄处20厚, 上刷冷底子油一道
85厚阻燃型聚苯乙烯泡沫塑料保温板
钢筋混凝土楼板
面层, 50不锈钢栏杆@100

▲024-墙体节点5

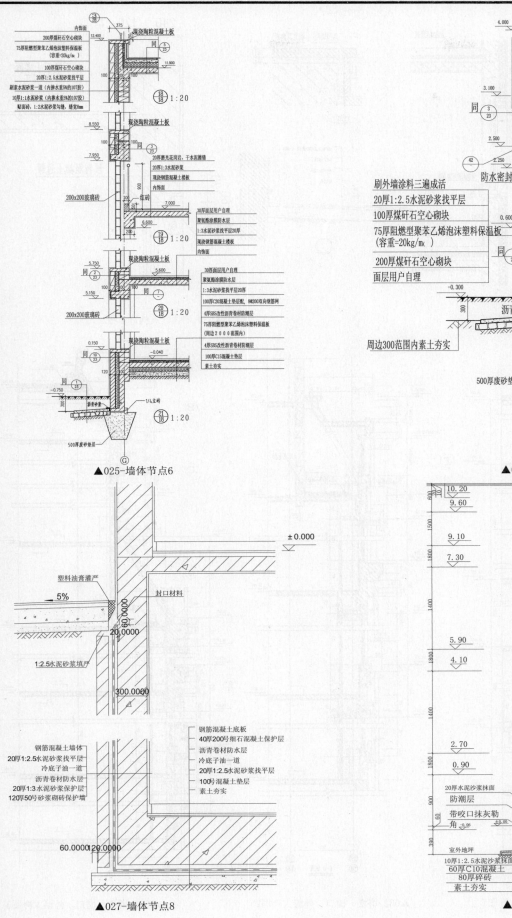

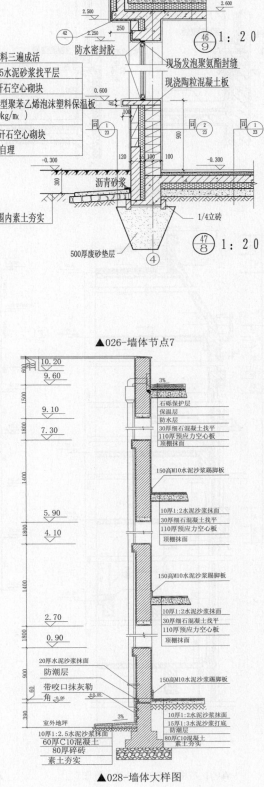

内饰面
200厚煤矸石空心砌块
75厚阻燃型聚苯乙烯泡沫塑料保温板(容重=20kg/m³)
100厚煤矸石空心砌块
20厚1:2.5水泥砂浆找平层
刷素水泥砂浆一道(内掺水重5%的107胶)
10厚1:水泥砂浆(内掺水重5%的107胶)
贴面砖1:2水泥砂浆勾缝,缝宽8mm

现浇陶粒混凝土板

⑱/⑱ 1:20

现浇陶粒混凝土板
20厚磨光花岗岩,干水泥擦缝
20厚1:3水泥砂浆
现浇钢筋混凝土楼板
内饰面
红砖
30厚面层用户自理
聚氨酯涂膜防水层
1:3水泥砂浆找平层20厚
现浇钢筋混凝土楼板
内饰面

⑲/⑱ 1:20

200×200玻璃砖

现浇陶粒混凝土板
30厚面层用户自理
聚氨酯涂膜防水层
1:3水泥砂浆找平层20厚
100厚C20混凝土垫层配,8#200双向钢筋网
4厚SBS改性沥青卷材防潮层
75厚阻燃型聚苯乙烯泡沫塑料保温板(周边2000范围内)

⑳/⑱ 1:20

200×200玻璃砖

现浇陶粒混凝土板
4厚SBS改性沥青卷材防潮层
100厚C15混凝土垫层
素土夯实

1/4立砖
沥青砂浆
500厚废砂垫层

㉑/⑱ 1:20

▲025-墙体节点6

现浇陶粒混凝土板
参见 ②/28

刷外墙涂料三遍成活
20厚1:2.5水泥砂浆找平层
100厚煤矸石空心砌块
75厚阻燃型聚苯乙烯泡沫塑料保温板(容重=20kg/m³)
200厚煤矸石空心砌块
面层用户自理

防水密封胶
现场发泡聚氨酯封缝
现浇陶粒混凝土板

沥青砂浆
周边300范围内素土夯实
500厚废砂垫层
1/4立砖

㊻/⑨ 1:20

㊼/⑧ 1:20

▲026-墙体节点7

塑料油膏灌严
5%
封口材料
1:2.5水泥砂浆填严

±0.000

▲027-墙体节点8

钢筋混凝土墙体
20厚1:2.5水泥砂浆找平层
冷底子油一道
沥青卷材防水层
20厚1:3水泥砂浆保护层
120厚50号砂浆砌砖保护墙

钢筋混凝土底板
40厚200号细石混凝土保护层
沥青卷材防水层
冷底子油一道
20厚1:2.5水泥砂浆找平层
100号混凝土垫层
素土夯实

石碴保护层
保温层
防水层
30厚细石混凝土找平
110厚预应力空心板
顶棚抹面

150高M10水泥沙浆踢脚板

10厚1:2水泥沙浆抹面
30厚细石混凝土找平
110厚预应力空心板
顶棚抹面

150高M10水泥沙浆踢脚板

10厚1:2水泥沙浆抹面
30厚细石混凝土找平
110厚预应力空心板
顶棚抹面

20厚水泥沙浆抹面
防潮层
带咬口抹灰勒角

室外地坪
10厚1:2.5水泥沙浆抹面
60厚C10混凝土
80厚碎砖
素土夯实

150高M10水泥沙浆踢脚板

10厚1:2水泥沙浆抹面
15厚1:3水泥沙浆打底
防潮层
80厚C10混凝土
素土夯实

▲028-墙体大样图

现浇混凝土墙

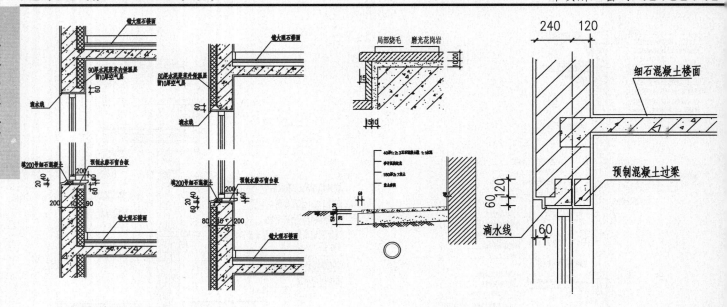

▲029-墙体建筑构造详图1　　　　　　　　　▲030-墙体建筑构造详图2

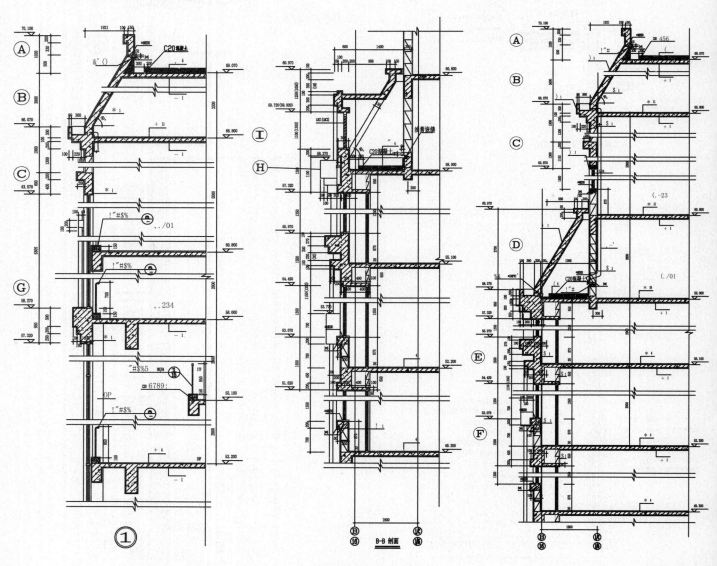

▲031-塔楼、檐口、外墙大样图1　　　　▲032-塔楼、檐口、外墙大样图2　　　　▲033-塔楼、檐口、外墙大样图3

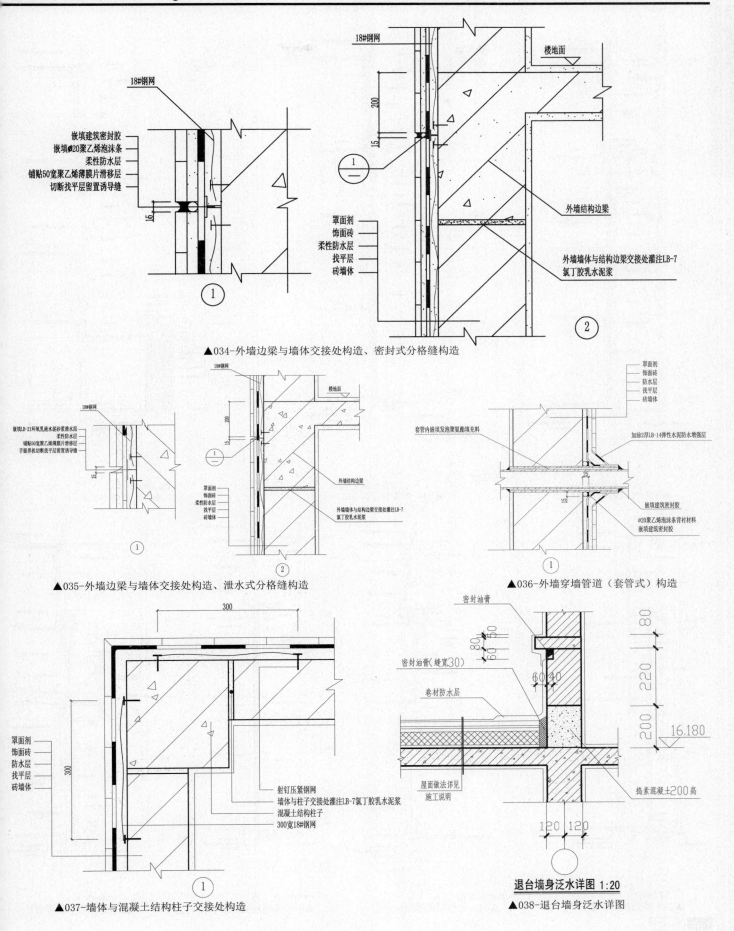

嵌填建筑密封胶
嵌填∅20聚乙烯泡沫条
柔性防水层
铺贴50宽聚乙烯薄膜片滑移层
切断找平层留置诱导缝

18#钢网

18#钢网
楼地面

罩面剂
饰面砖
柔性防水层
找平层
砖墙体

外墙结构边梁

外墙墙体与结构边梁交接处灌注LB-7氯丁胶乳水泥浆

①

②

▲034-外墙边梁与墙体交接处构造、密封式分格缝构造

18#钢网

18#钢网

嵌填LB-21环氧乳液水泥砂浆抹水面
柔性防水层
铺贴50宽聚乙烯薄膜片滑移层
手提界机切断找平层留置诱导缝

18#钢网
楼地面

罩面剂
饰面砖
柔性防水层
找平层
砖墙体

外墙结构边梁

外墙墙体与结构边梁交接处灌注LB-7氯丁胶乳水泥浆

①

②

▲035-外墙边梁与墙体交接处构造、泄水式分格缝构造

罩面剂
饰面砖
防水层
找平层
砖墙体

套管内嵌填发泡聚氨酯填充料

加涂2厚LB-14弹性水泥防水增强层

嵌填建筑密封胶

∅20聚乙烯泡沫条背衬材料
嵌填建筑密封胶

①

▲036-外墙穿墙管道（套管式）构造

罩面剂
饰面砖
防水层
找平层
砖墙体

射钉压紧钢网
墙体与柱子交接处灌注LB-7氯丁胶乳水泥浆
混凝土结构柱子
300宽18#钢网

①

▲037-墙体与混凝土结构柱子交接处构造

密封油膏

密封油膏（缝宽30）

卷材防水层

屋面做法详见
施工说明

16.180

捣素混凝土200高

退台墙身泛水详图 1:20

▲038-退台墙身泛水详图

现浇混凝土墙

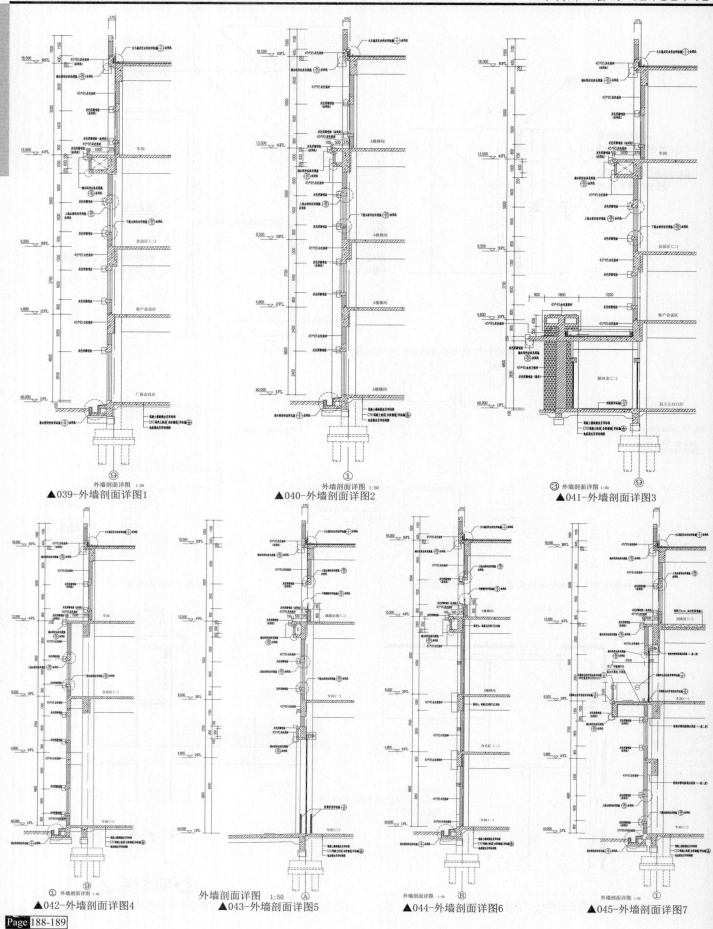

▲039-外墙剖面详图1

▲040-外墙剖面详图2

▲041-外墙剖面详图3

▲042-外墙剖面详图4

▲043-外墙剖面详图5

▲044-外墙剖面详图6

▲045-外墙剖面详图7

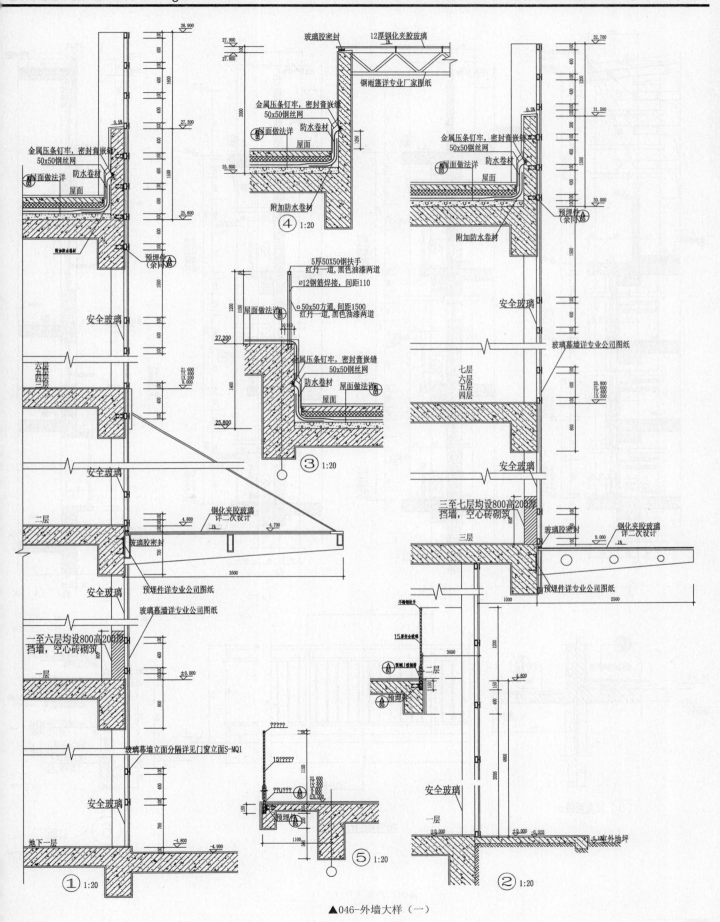

▲046-外墙大样（一）

现浇混凝土墙

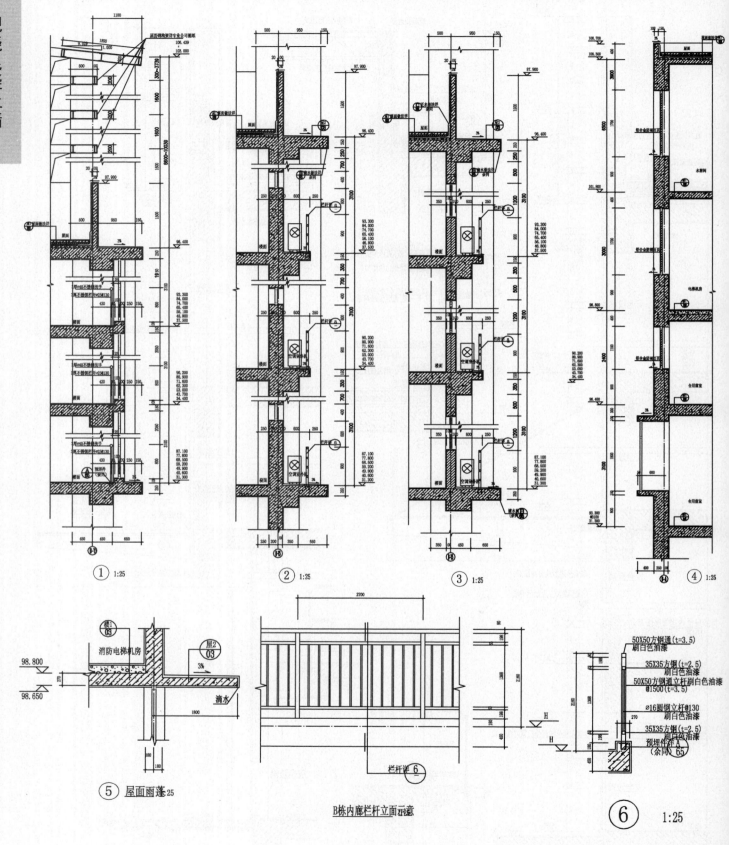

① 1:25

② 1:25

③ 1:25

④ 1:25

⑤ 屋面雨蓬 25

B栋内廊栏杆立面示意

⑥ 1:25

▲047-外墙大样（二）

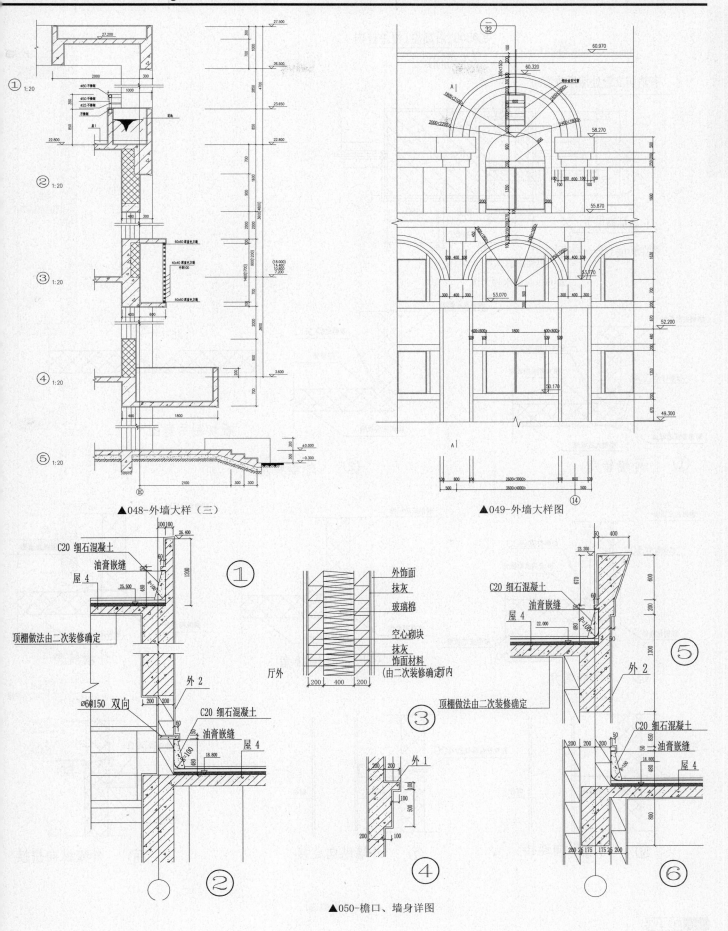

▲048-外墙大样（三）

▲049-外墙大样图

C20 细石混凝土
油膏嵌缝
屋 4
顶棚做法由二次装修确定
ø6@150 双向
C20 细石混凝土
油膏嵌缝
屋 4

外饰面
抹灰
玻璃棉
空心砌块
抹灰
饰面材料
（由二次装修确定内）
顶棚做法由二次装修确定
厅外

C20 细石混凝土
油膏嵌缝
屋 4
外 2

C20 细石混凝土
油膏嵌缝
屋 4

外 1

外 2

▲050-檐口、墙身详图

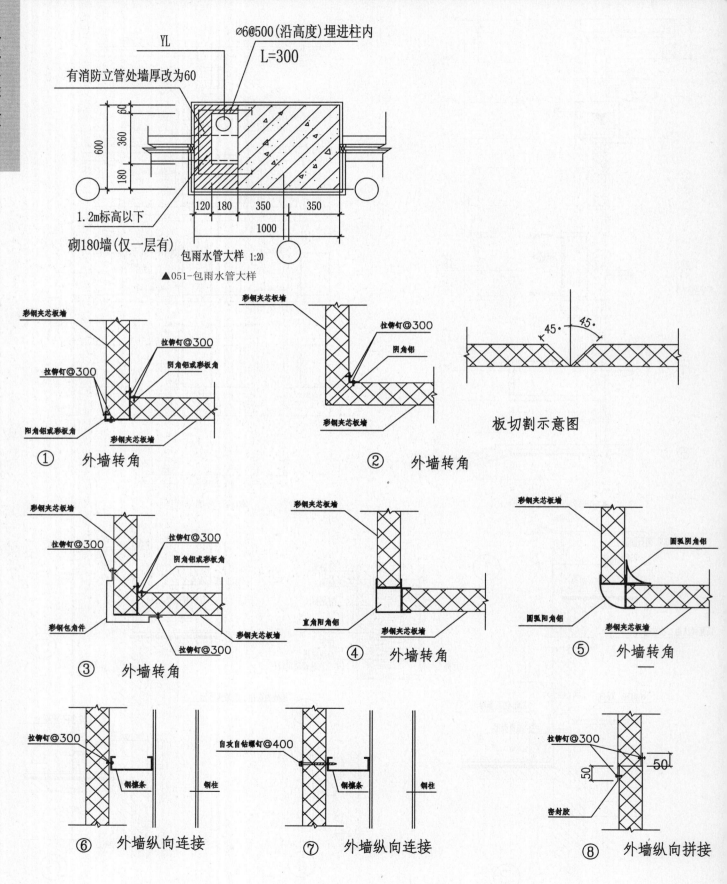

▲051-包雨水管大样

① 外墙转角　② 外墙转角　板切割示意图

③ 外墙转角　④ 外墙转角　⑤ 外墙转角

⑥ 外墙纵向连接　⑦ 外墙纵向连接　⑧ 外墙纵向拼接

▲052-墙板构造1

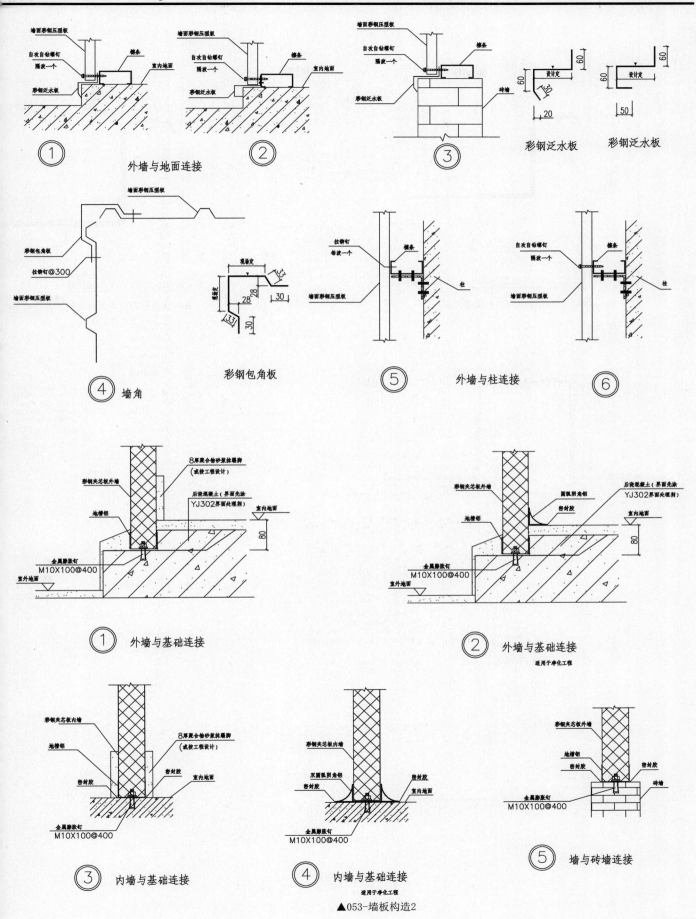

① 外墙与地面连接
②
③
彩钢泛水板   彩钢泛水板

④ 墙角   彩钢包角板   ⑤ 外墙与柱连接   ⑥

① 外墙与基础连接   ② 外墙与基础连接
适用于净化工程

③ 内墙与基础连接   ④ 内墙与基础连接   ⑤ 墙与砖墙连接
适用于净化工程

▲053-墙板构造2

变
形
缝
建
筑
构
造

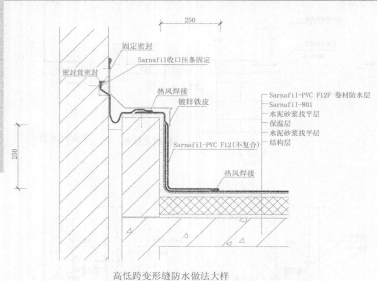

固定密封
Sarnafil收口压条固定
密封膏密封
热风焊接
镀锌铁皮
Sarnafil-PVC F12(不复合)
热风焊接

Sarnafil-PVC F12F 卷材防水层
Sarnafil-801
水泥砂浆找平层
保温层
水泥砂浆找平层
结构层

高低跨变形缝防水做法大样

▲001-高低跨变形缝防水做法大样1

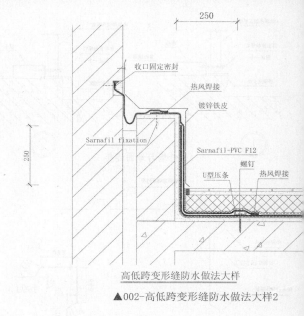

收口固定密封
热风焊接
镀锌铁皮
Sarnafil fixation
Sarnafil-PVC F12
U型压条
螺钉
热风焊接

高低跨变形缝防水做法大样

▲002-高低跨变形缝防水做法大样2

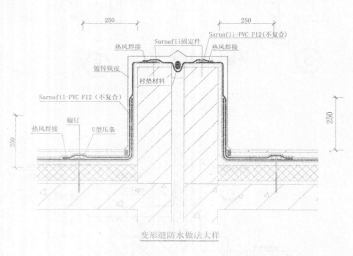

热风焊接
Sarnafil固定件
Sarnafil-PVC F12(不复合)
热风焊接
镀锌铁皮
衬垫材料
Sarnafil-PVC F12 (不复合)
螺钉
热风焊接
U型压条

变形缝防水做法大样

▲003-变形缝防水做法大样

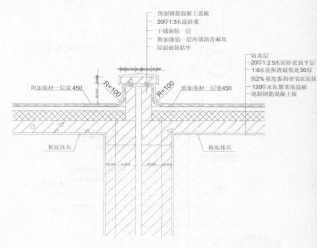

预制钢筋混凝土盖板
20厚1:3水泥砂浆
干铺油毡一层
附加油毡一层内填沥青麻丝
屋面油毡粘牢

防水层
20厚1:2.5水泥砂浆找平层
1:6水泥焦渣最低处30厚
找2%坡度振捣密实表面抹
120厚水泥聚苯保温板
现浇钢筋混凝土板

附加卷材一层宽450
R=100
R=100
附加卷材一层宽450
板底抹灰
板底抹灰

▲004-变形缝出屋面大样1

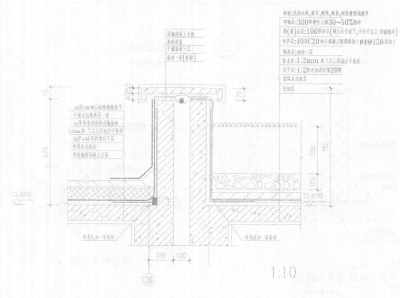

▲005-变形缝出屋面大样2

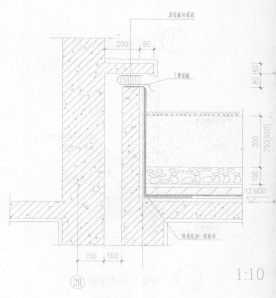

▲006-变形缝大样

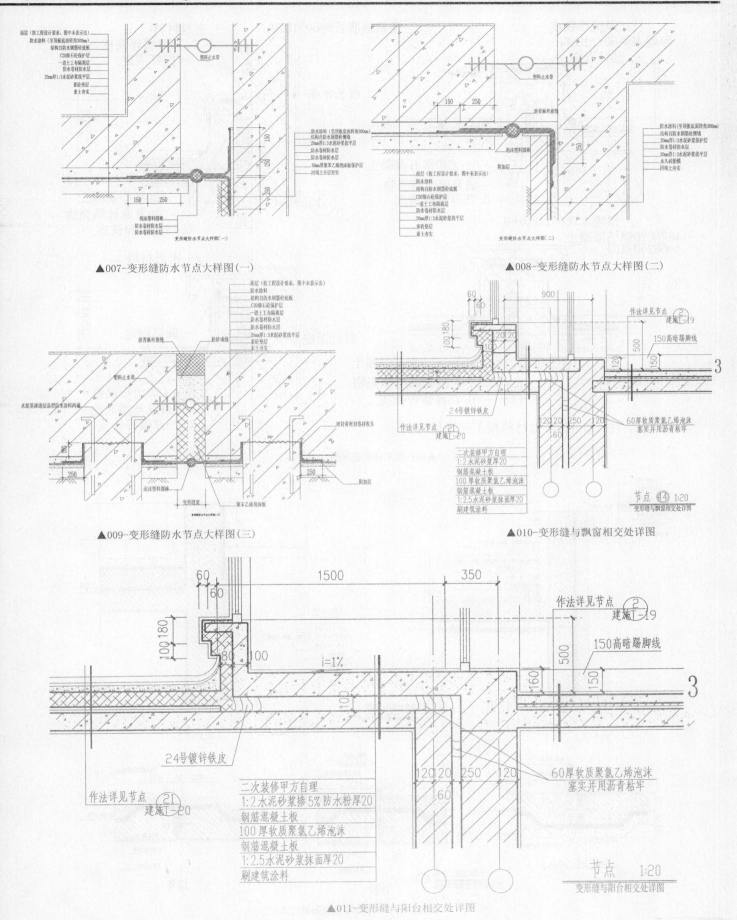

▲007-变形缝防水节点大样图(一)

▲008-变形缝防水节点大样图(二)

▲009-变形缝防水节点大样图(三)

▲010-变形缝与飘窗相交处详图

▲011-变形缝与阳台相交处详图

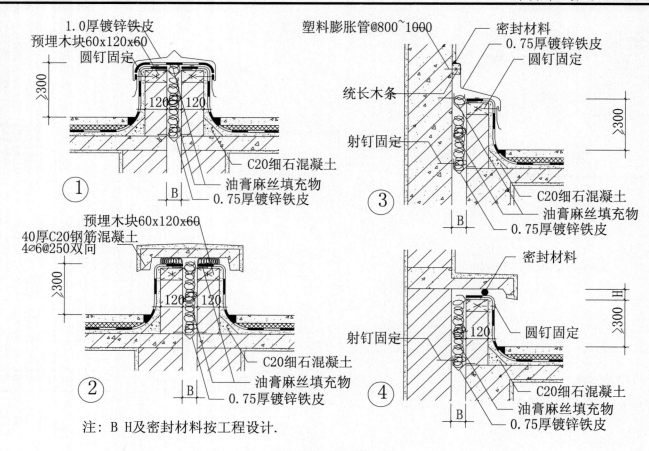

① 1.0厚镀锌铁皮
预埋木块60x120x60
圆钉固定
120 120
C20细石混凝土
油膏麻丝填充物
0.75厚镀锌铁皮
≥300

② 预埋木块60x120x60
40厚C20钢筋混凝土
4∅6@250双向
120 120
C20细石混凝土
油膏麻丝填充物
0.75厚镀锌铁皮
≥300

③ 塑料膨胀管@800~1000
密封材料
0.75厚镀锌铁皮
圆钉固定
统长木条
射钉固定
C20细石混凝土
油膏麻丝填充物
0.75厚镀锌铁皮
≥300

④ 密封材料
射钉固定
120
圆钉固定
C20细石混凝土
油膏麻丝填充物
0.75厚镀锌铁皮
≥300

注：B H及密封材料按工程设计.

▲012-变形缝构造详图

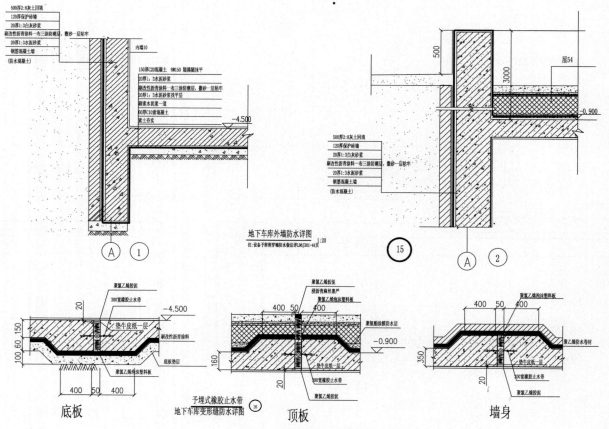

500厚2:8灰土回填
120厚保护砖墙
20厚1:3白灰砂浆
刷改性沥青涂料一布三涂防潮层，撒砂一层粘牢
20厚1:3水泥砂浆
钢筋混凝土墙
(防水混凝土)
内墙10
150厚C20瓶混凝土 8@150 随捣随抹平
20厚1:3水泥砂浆
刷改性沥青涂料一布三涂防潮层，撒砂一层粘牢
20厚1:3水泥砂浆找平层
刷水泥浆一道
80厚C10素混凝土
素土夯实
-4.500

(A) ①

地下车库外墙防水详图 1:20
注：设备予留洞穿墙防水做法详L96J301-64页

500厚2:8灰土回填
120厚保护砖墙
20厚1:3白灰砂浆
刷改性沥青涂料一布三涂防潮层，撒砂一层粘牢
20厚1:3水泥砂浆
钢筋混凝土墙
(防水混凝土)
500
3000
屋54
-0.900

(15) (A) ②

聚氨乙烯胶泥
300宽橡胶止水带
垫牛皮纸一层
刷沥青涂料
聚氯乙烯抹塑料板
底板垫层
-4.500
20
100 60 150
400 50 400

底板

聚氨乙烯胶泥
浸沥青麻丝塞严
聚氯乙烯泡沫塑料板
聚氨酯涂膜防水层
垫牛皮纸一层
300宽橡胶止水带
聚氯乙烯胶泥
-0.900
400 50 400
160
20

予埋式橡胶止水带
地下车库变形缝防水详图 (16)

顶板

聚氯乙烯抹塑料板
聚氨乙烯胶泥
聚乙烯防水卷材
垫牛皮纸一层
300宽橡胶止水带
聚氯乙烯胶泥
400 50 400
350
20

墙身

▲013-地下车库外墙及变形缝防水

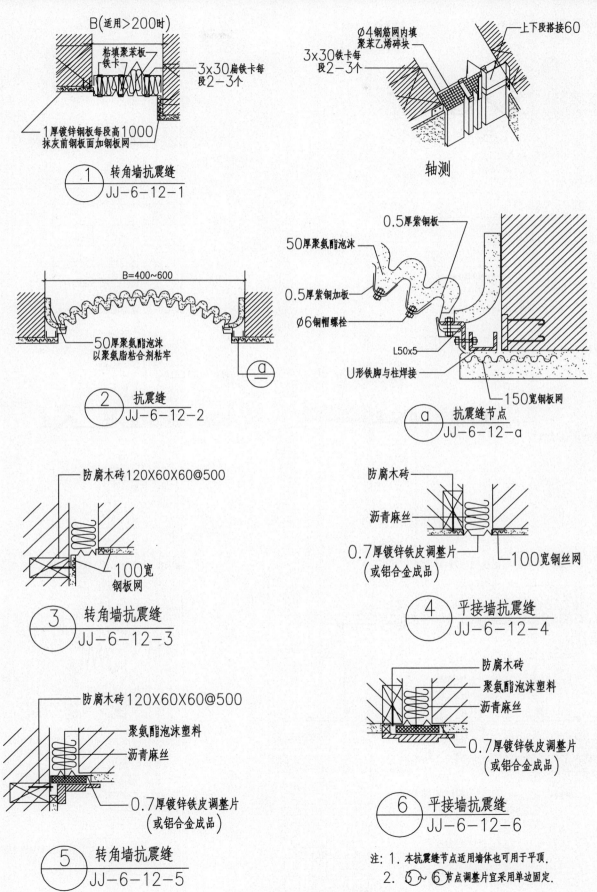

B(适用>200时)
粘填聚苯板
铁卡
3x30扁铁卡每段2—3个
1厚镀锌钢板每段高1000
抹灰前钢板面加钢板网

① 转角墙抗震缝
JJ-6-12-1

Ø4钢筋网内填
聚苯乙烯碎块
3x30铁卡每段2—3个
上下段搭接60

轴测

0.5厚紫铜板
50厚聚氨酯泡沫
0.5厚紫铜加板
Ø6铜帽螺栓
L50x5
U形铁脚与柱焊接
150宽钢板网

ⓐ 抗震缝节点
JJ-6-12-a

B=400~600
50厚聚氨酯泡沫
以聚氨脂粘合剂粘牢

② 抗震缝
JJ-6-12-2

ⓐ

防腐木砖120X60X60@500
100宽钢板网

③ 转角墙抗震缝
JJ-6-12-3

防腐木砖
沥青麻丝
0.7厚镀锌铁皮调整片
(或铝合金成品)
100宽钢丝网

④ 平接墙抗震缝
JJ-6-12-4

防腐木砖120X60X60@500
聚氨酯泡沫塑料
沥青麻丝
0.7厚镀锌铁皮调整片
(或铝合金成品)

⑤ 转角墙抗震缝
JJ-6-12-5

防腐木砖
聚氨酯泡沫塑料
沥青麻丝
0.7厚镀锌铁皮调整片
(或铝合金成品)

⑥ 平接墙抗震缝
JJ-6-12-6

注: 1. 本抗震缝节点适用墙体也可用于平顶.
2. ⑤~⑥节点调整片宜采用单边固定.

▲014-地下室内外墙抗震缝节点详图

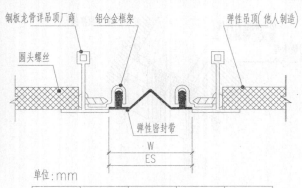

单位:mm

型号	规格	W	ES	伸缩量
TPRS	50	50	50	12
	100	100	100	50

▲015-封缝型吊顶变形缝（一）

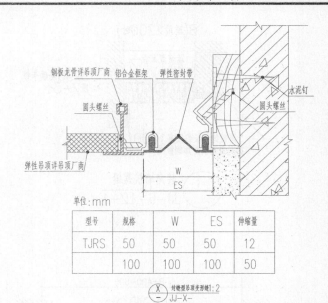

单位:mm

型号	规格	W	ES	伸缩量
TJRS	50	50	50	12
	100	100	100	50

▲016-封缝型吊顶变形缝（二）

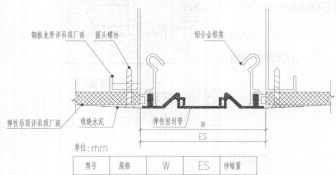

单位:mm

型号	规格	W	ES	伸缩量
TPR	50	50	50	12
	100	100	100	50

▲017-封缝型吊顶变形缝（三）

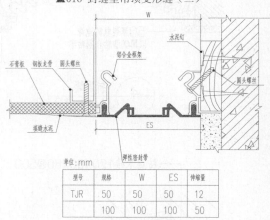

单位:mm

型号	规格	W	ES	伸缩量
TJR	50	50	50	12
	100	100	100	50

▲018-封缝型吊顶变形缝（四）

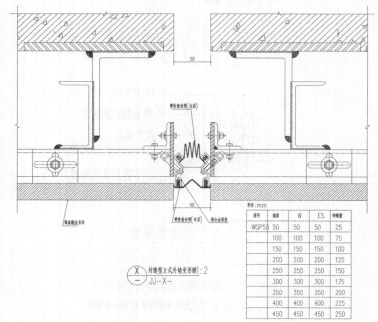

单位:mm

型号	规格	W	ES	伸缩量
WQP50	50	50	50	25
	100	100	100	75
	150	150	150	100
	200	200	200	125
	250	250	250	150
	300	300	300	175
	350	350	350	200
	400	400	400	225
	450	450	450	250

▲019-封缝型立式外墙变形缝（一）

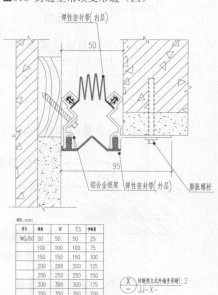

单位:mm

型号	规格	W	ES	伸缩量
WQJ50	50	50	50	25
	100	100	100	75
	150	150	150	100
	200	200	200	125
	250	250	250	150
	300	300	300	175
	350	350	350	200
	400	400	400	225
	450	450	450	250
	500	500	500	250

▲020-封缝型立式外墙变形缝（二）

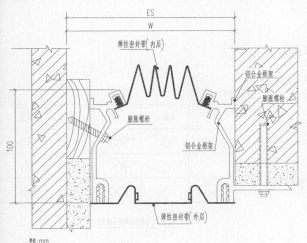

单位:mm

型号	规格	W	ES	伸缩量
WQJ	50	50	50	25
	100	100	100	75
	150	150	150	100
	200	200	200	125
	250	250	250	150
	300	300	300	175
	350	350	350	200
	400	400	400	225
	450	450	450	250
	500	500	500	250

▲021-封缝型立式外墙变形缝（三）

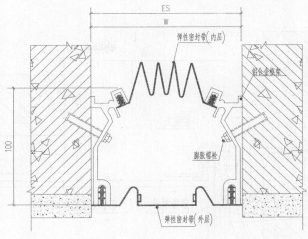

单位:mm

型号	规格	W	ES	伸缩量
WQP	50	50	50	25
	100	100	100	75
	150	150	150	100
	200	200	200	125
	250	250	250	150
	300	300	300	175
	350	350	350	200
	400	400	400	225
	450	450	450	250

▲022-封缝型立式外墙变形缝（四）

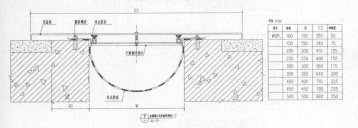

型号	规格	W	ES	伸缩量
WQPL	100	100	260	50
	150	150	340	75
	200	200	410	125
	250	250	490	150
	300	300	560	175
	350	350	640	200
	400	400	710	225
	450	450	790	225
	500	500	880	250

▲023-金属型立式外墙变形缝（一）

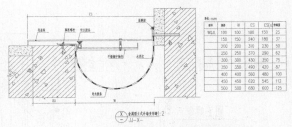

型号	规格	W	ES	ES(a)	伸缩量
WQJL	100	100	180	150	25
	150	150	240	180	37
	200	200	310	230	50
	250	250	370	290	62
	300	300	430	350	75
	350	350	490	420	87
	400	400	550	480	100
	450	450	620	545	112
	500	500	680	600	125

▲024-金属型立式外墙变形缝（二）

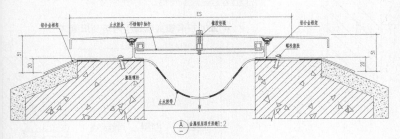

▲025-金属型屋顶变形缝（一）

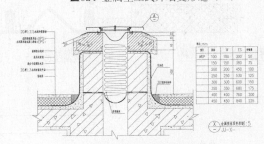

型号	规格	W	ES	伸缩量
WQP	100	100	300	50
	150	150	380	75
	200	200	450	100
	250	250	530	125
	300	300	600	150
	350	350	680	175
	400	400	760	200
	450	450	840	225

▲026-金属型屋顶变形缝（二）

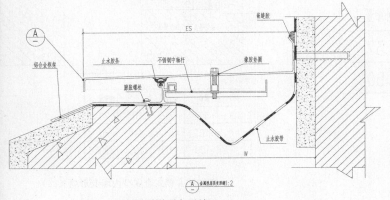

▲027-金属型屋顶变形缝（三）

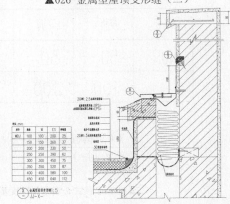

型号	规格	W	ES	伸缩量
WQJ	100	100	200	25
	150	150	260	37
	200	200	330	50
	250	250	390	62
	300	300	450	75
	350	350	520	87
	400	400	580	100
	450	450	640	112

▲028-金属型屋顶变形缝（四）

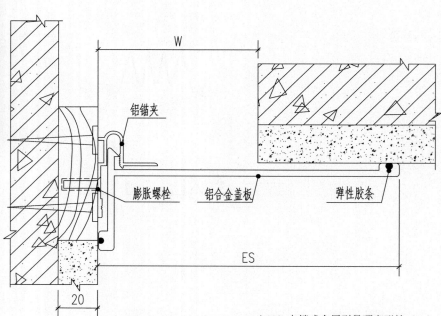

单位:mm

型号	规格	W	ES	伸缩量
NJG	50	50	120	37
	70	70	200	50
	100	100	200	80

卡锁式金属型吊顶变形缝1:2
JJ-X-

▲029-卡锁式金属型吊顶变形缝（一）

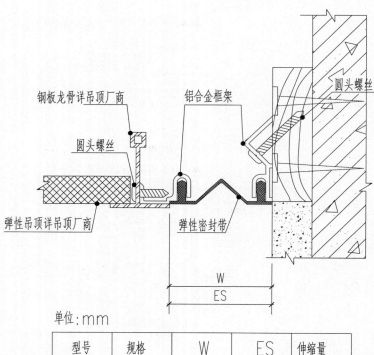

单位:mm

型号	规格	W	ES	伸缩量
NJR	50	50	50	37
	100	100	100	50

卡锁式金属型吊顶变形缝1:2
JJ-X-

▲030-卡锁式金属型吊顶变形缝（二）

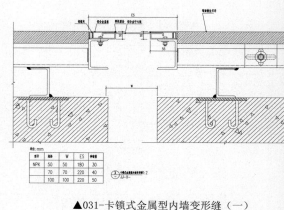

单位:mm

型号	规格	W	ES	伸缩量
NPK	50	50	180	30
	70	70	220	40
	100	100	220	50

卡锁式金属型内墙变形缝1:2
JJ-X-

▲031-卡锁式金属型内墙变形缝（一）

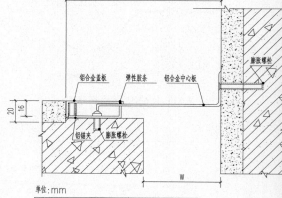

单位:mm

型号	规格	W	ES	伸缩量
NJK	50	50	110	20
	70	70	140	20
	100	100	190	20

卡锁式金属型内墙变形缝1:2
JJ-X-

▲032-卡锁式金属型内墙变形缝（二）

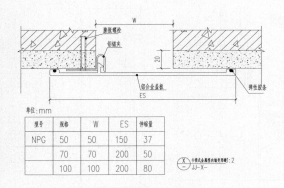

单位:mm

型号	规格	W	ES	伸缩量
NPG	50	50	150	37
	70	70	200	50
	100	100	200	80

▲033-卡锁式金属型内墙变形缝（三）

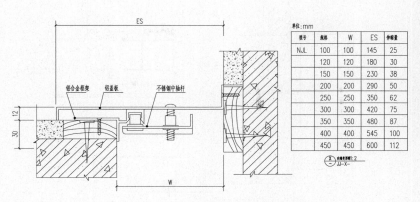

单位:mm

型号	规格	W	ES	伸缩量
NJL	100	100	145	25
	120	120	180	30
	150	150	230	38
	200	200	290	50
	250	250	350	62
	300	300	420	75
	350	350	480	87
	400	400	545	100
	450	450	600	112

▲034-内墙变形缝（二）

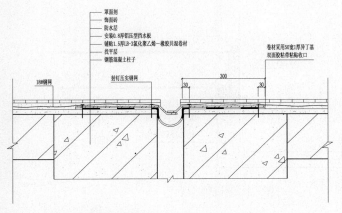

▲035-外墙沉降缝构造

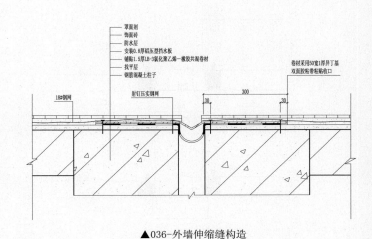

▲036-外墙伸缩缝构造

粉饰面材

150x4.5 纤维板喷漆

不锈钢板平头螺丝 @300

L-30x30x3#304 不锈钢板

填缝胶

∅6@450与板筋焊接

发泡PE棒

麻丝沥青填缝

▲037-外墙伸缩缝节点大样图

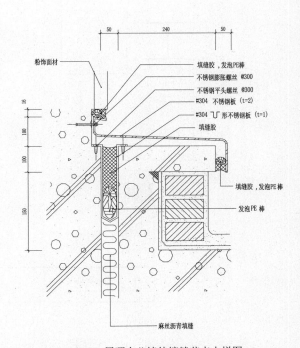

▲038-屋顶女儿墙伸缩缝节点大样图

变形缝建筑构造

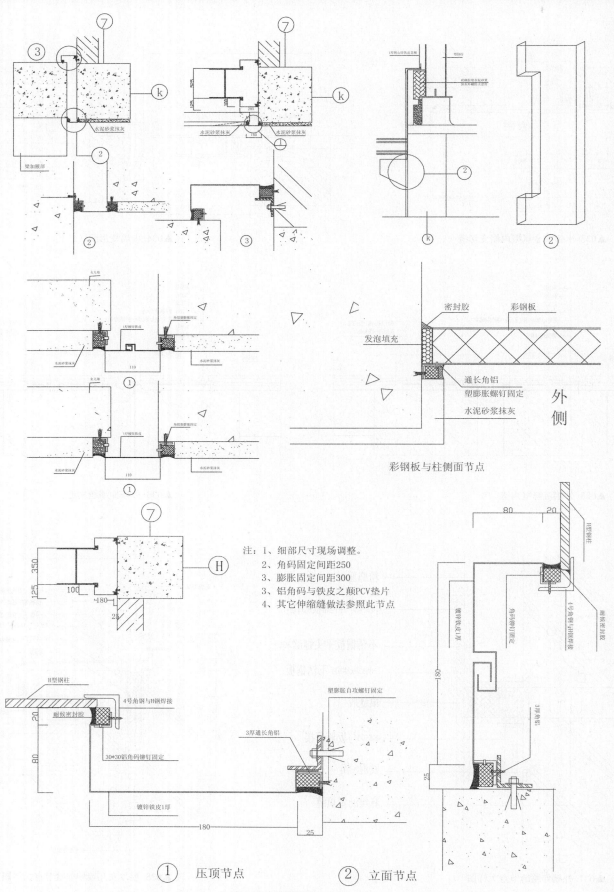

密封胶

彩钢板

发泡填充

通长角铝

塑膨胀螺钉固定

水泥砂浆抹灰

外侧

彩钢板与柱侧面节点

注: 1、细部尺寸现场调整。
2、角码固定间距250
3、膨胀固定间距300
3、铝角码与铁皮之颠PCV垫片
4、其它伸缩缝做法参照此节点

水泥砂浆抹灰

梁加腋深

H型钢柱

4号角钢与H钢焊接

耐候密封胶

30*30铝角码铆钉固定

镀锌铁皮1厚

塑膨胀自攻螺钉固定

3厚通长角铝

① 压顶节点

② 立面节点

▲039-墙柱伸缩缝节点

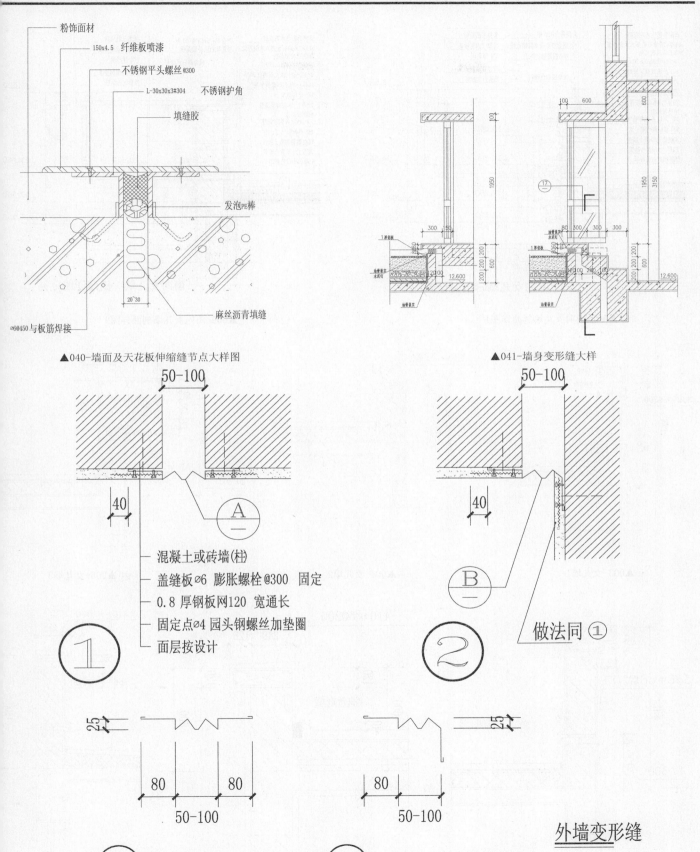

粉饰面材
150x4.5　纤维板喷漆
不锈钢平头螺丝@300
L-30x30x3#304　　不锈钢护角
填缝胶
发泡PE棒
20~30
∅6@450与板筋焊接　　麻丝沥青填缝

▲040-墙面及天花板伸缩缝节点大样图

▲041-墙身变形缝大样

50-100

40

Ⓐ
—

混凝土或砖墙(柱)
盖缝板 ∅6 膨胀螺栓 @300 固定
0.8 厚钢板网120 宽通长
固定点∅4 园头钢螺丝加垫圈
面层按设计

①

50-100

40

Ⓑ
—

做法同 ①

②

25

80　80
50-100

25

80
50-100

外墙变形缝

Ⓐ 1.5 厚不锈钢盖缝板　　Ⓑ 1.5 厚不锈钢盖缝板

▲042-外墙变形缝

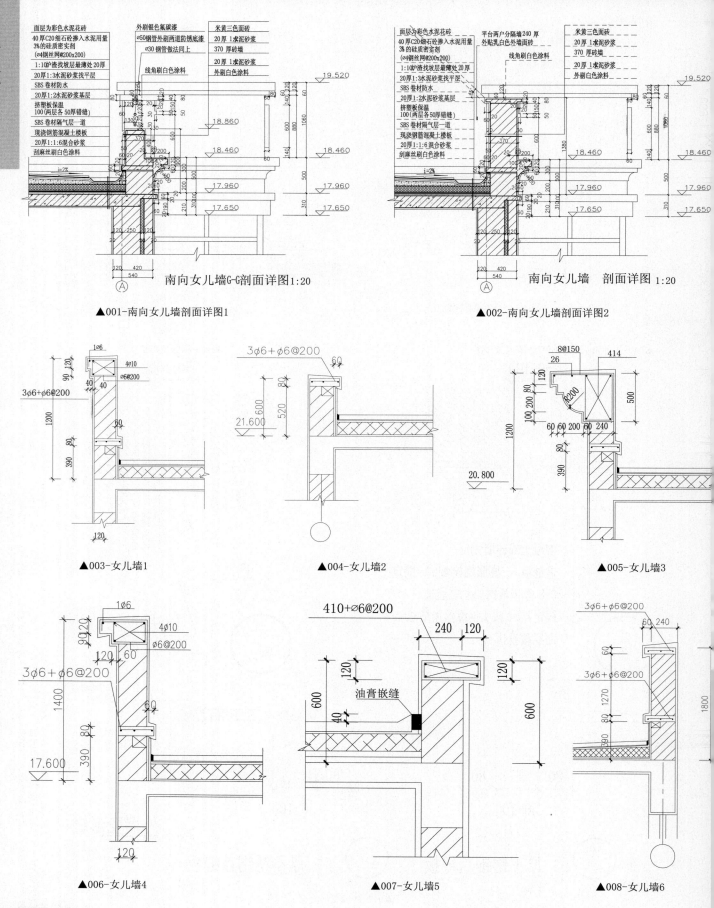

面层为彩色水泥花砖
40厚C20细石砼掺入水泥用量3%的硅质密实剂
(∅4钢丝网@200x200)
1:10炉渣找坡层最薄处20厚
20厚1:3水泥砂浆找平层
SBS卷材防水
20厚1:2水泥砂浆基层
挤塑板保温100(两层各50厚错缝)
SBS卷材隔气层一道
现浇钢筋混凝土楼板
20厚1:1:6混合砂浆
刮麻丝刷白色涂料

外刷银色氟碳漆
∅50钢管外刷两道防锈底漆
∅30钢管做法同上
线角刷白色涂料

米黄三色面砖
20厚1水泥砂浆
370厚砖墙
20厚1水泥砂浆
外刷白色涂料

南向女儿墙G-G剖面详图1:20

▲001-南向女儿墙剖面详图1

面层为彩色水泥花砖
40厚C20细石砼掺入水泥用量3%的硅质密实剂
(∅4钢丝网@200x200)
1:10炉渣找坡层最薄处20厚
20厚1:3水泥砂浆找平层
SBS卷材防水
20厚1:2水泥砂浆基层
挤塑板保温100(两层各50厚错缝)
SBS卷材隔气层一道
现浇钢筋混凝土楼板
20厚1:1:6混合砂浆
刮麻丝刷白色涂料

平台两户分隔墙240厚
外贴乳白色外墙面砖
线角刷白色涂料

米黄三色面砖
20厚1水泥砂浆
370厚砖墙
20厚1水泥砂浆
外刷白色涂料

南向女儿墙 剖面详图1:20

▲002-南向女儿墙剖面详图2

▲003-女儿墙1

▲004-女儿墙2

▲005-女儿墙3

油膏嵌缝

▲006-女儿墙4

▲007-女儿墙5

▲008-女儿墙6

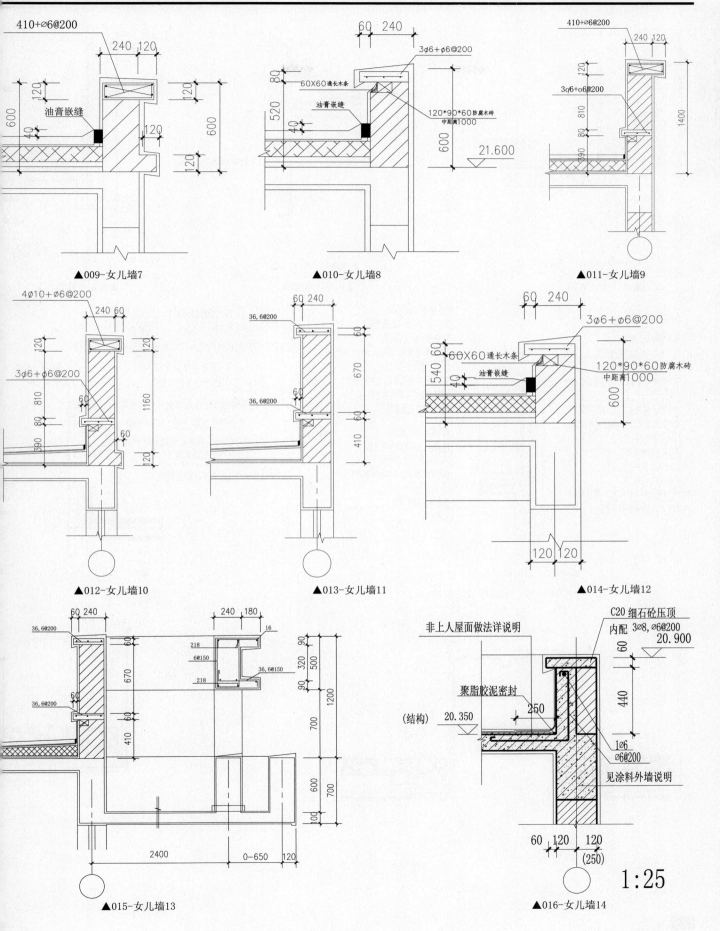

410+∅6@200
240　120
120
600
120
600
120
油膏嵌缝
40
120
120
▲009-女儿墙7

60　240
60
520
3∅6+∅6@200
60X60通长木条
油膏嵌缝
120*90*60防腐木砖
中距离1000
600
21.600
40
▲010-女儿墙8

410+∅6@200
240　120
120
3∅6+∅6@200
810
80
390
1400
▲011-女儿墙9

4∅10+∅6@200
240　60
120
120
3∅6+∅6@200
810
60
80
390
60
1160
120
▲012-女儿墙10

60　240
36,6@200
60
670
60
36,6@200
60
410
▲013-女儿墙11

60　240
3∅6+∅6@200
60
540
60X60通长木条
油膏嵌缝
120*90*60防腐木砖
中距离1000
40
600
120　120
▲014-女儿墙12

60　240
36,6@200
60
670
36,6@200
60
410
240　180
16
218
6@150
218
36,6@150
90　320　90
500
1200
700
600
700
100
2400
0-650　120
▲015-女儿墙13

非上人屋面做法详说明
C20 细石砼压顶
内配 3∅8,∅6@200
20.900
60
聚脂胶泥密封
250
440
(结构)
20.350
1∅6
∅6@200
见涂料外墙说明
60　120　120
(250)
1:25
▲016-女儿墙14

墙体收口

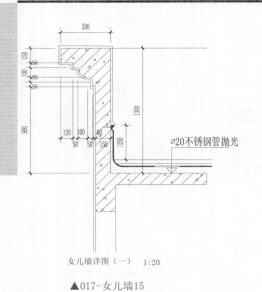

∅20不锈钢管抛光

女儿墙详图（一）　1：20

▲017-女儿墙15

屋面做法见本工程施工说明

∅100PVC落水管

女儿墙详图1: 20

▲018-女儿墙16

同 ⑤/23　同 ⑤/23

42/11　1：20

▲019-女儿墙17

刷外墙涂料三遍成活
20厚1:2.5水泥砂浆找平层
100厚煤矸石空心砌块
75厚阻燃型聚苯乙烯泡沫塑料保温板
（容重=20kg/m³）
现浇钢筋混凝土墙甩，6@500钢筋
40厚阻燃型聚苯乙烯泡沫塑料保温板
（容重=20kg/m³）
20X50方格钢板网与，6钢筋焊牢
1:2水泥砂浆找平层20厚
上刷冷底子油一道
4厚SBS改性沥青卷材防水层(带保护砂)
20厚1:2.5水泥砂浆保护层

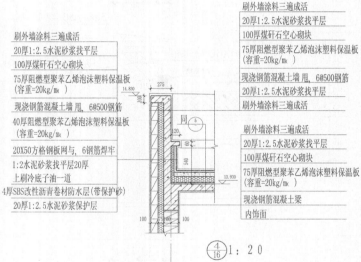

同 ⑤

4/16　1：20

▲020-女儿墙18

刷外墙涂料三遍成活
20厚1:2.5水泥砂浆找平层
100厚煤矸石空心砌块
75厚阻燃型聚苯乙烯泡沫塑料保温板
（容重=20kg/m³）
现浇钢筋混凝土墙甩，6@500钢筋
20厚1:2.5水泥砂浆找平层
刷外墙涂料三遍成活

刷外墙涂料三遍成活
20厚1:2.5水泥砂浆找平层
100厚煤矸石空心砌块
75厚阻燃型聚苯乙烯泡沫塑料保温板
（容重=20kg/m³）
现浇钢筋混凝土梁
内饰面

20厚磨光花岗岩，干水泥擦缝
20厚1:2.5水泥砂浆保护层
4厚SBS改性沥青卷材防水层(带保护砂)
1:2水泥砂浆找平层20厚
上刷冷底子油一道
40厚挤塑型聚苯乙烯泡沫塑料保温板
现浇钢筋混凝土墙，6@500钢筋
20厚阻燃型聚苯乙烯泡沫塑料保温板
（容重=20kg/m³）
20厚混合砂浆抹面

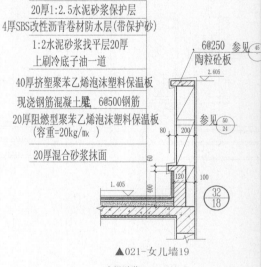

6@250　参见 45
陶粒砼板
参见 50/24
32/18

▲021-女儿墙19

满粘区域　空铺区域　满粘区域
adhere　loosely laid　adhere

防雨盖片
metal flashing

热风焊接　Sarnabar　热风焊接
hot air weld　　hot air weld

300(检修区域)　300(检修区域)
maintain area　maintain area

min. 250　min. 250

热风焊接　热风焊接
hot air weld　hot air weld

250　250

800(满粘区域)　800(满粘区域)
adhered area　adhered area

变形缝防水构造

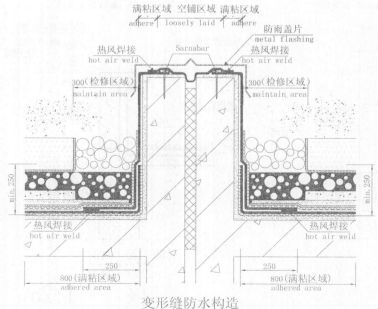

▲022-女儿墙收口防水构造1

水泥砂浆
cement mortar

防雨盖片固定，密封膏封严
flashing (seal)

收口固定，密封膏封严
fixation(seal)

300(检修区域)
maintain area

(Sarnafil-F10)

满粘区域
adhered area

min. 250

热风焊接
hot air weld

250
800(满粘区域)
adhered area

女儿墙收口防水构造II

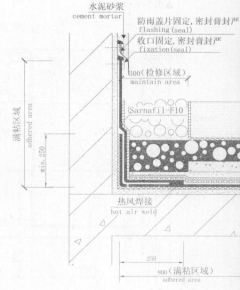

▲023-女儿墙收口防水构造2

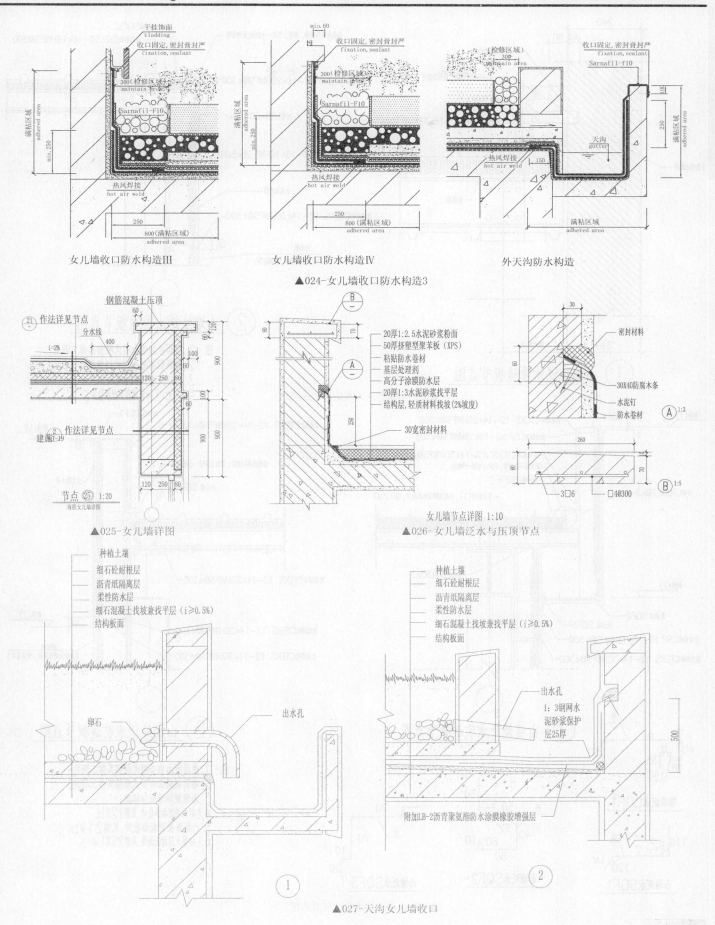

女儿墙收口防水构造Ⅲ　　　女儿墙收口防水构造Ⅳ　　　外天沟防水构造

▲024-女儿墙收口防水构造3

▲025-女儿墙详图

女儿墙节点详图 1:10
▲026-女儿墙泛水与压顶节点

▲027-天沟女儿墙收口

墙体收口

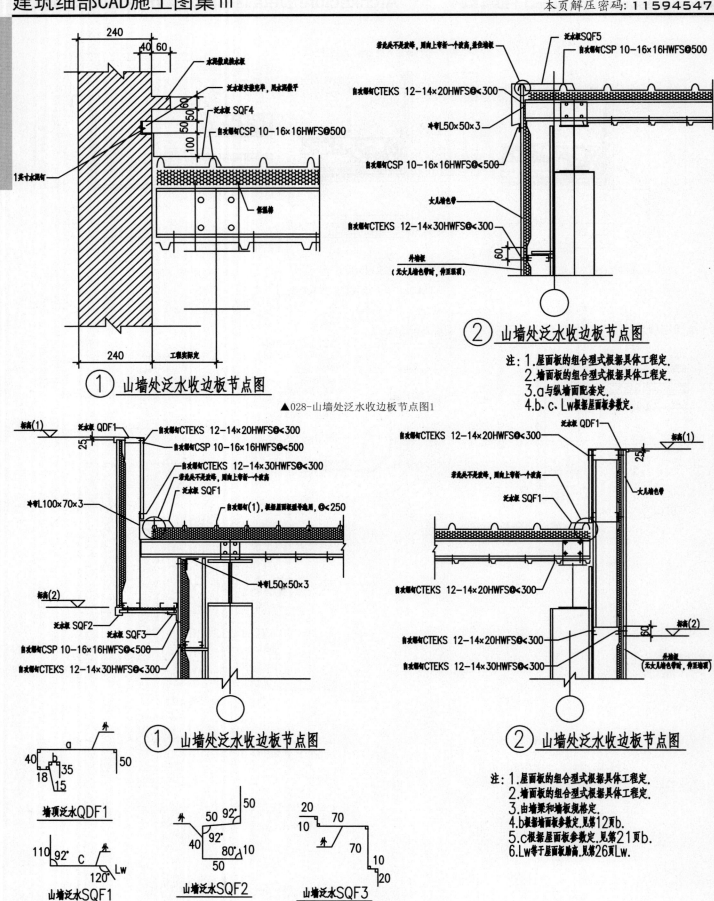

水泥盖皮泼水板
泛水板安装完毕,用水泥抹平
泛水板 SQF4
自攻螺钉CSP 10-16×16HWFS@500
1英寸水泥钉
保温棉

① 山墙处泛水收边板节点图

泛水板SQF5
自攻螺钉CSP 10-16×16HWFS@500
若克头不足波峰,则向上多新一个波高,并在墙面
自攻螺钉CTEKS 12-14×20HWFS@<300
专折L50×50×3
自攻螺钉CSP 10-16×16HWFS@<500
大儿墙色带
自攻螺钉CTEKS 12-14×30HWFS@<300
外墙板
(无大儿墙色带时,停至墙顶)

② 山墙处泛水收边板节点图

注: 1.屋面板的组合型式根据具体工程定.
2.墙面板的组合型式根据具体工程定.
3.a与纵墙墙面配套定.
4.b.c.Lw根据屋面板参数定.

▲028-山墙处泛水收边板节点图1

标高(1)
泛水板 QDF1
自攻螺钉CTEKS 12-14×20HWFS@<300
自攻螺钉CSP 10-16×16HWFS@<500
自攻螺钉CTEKS 12-14×30HWFS@<300
若克头不足波峰,则向上多新一个波高
泛水板SQF1
专折L100×70×3
自攻螺钉(1),根据屋面板参数通用,@<250
专折L50×50×3
标高(2)
泛水板 SQF2
泛水板 SQF3
自攻螺钉CSP 10-16×16HWFS@<500
自攻螺钉CTEKS 12-14×30HWFS@<300

① 山墙处泛水收边板节点图

泛水板 QDF1
自攻螺钉CTEKS 12-14×20HWFS@<300
标高(1)
若克头不足波峰,则向上多新一个波高
泛水板SQF1
大儿墙色带
自攻螺钉CTEKS 12-14×20HWFS@<300
自攻螺钉CTEKS 12-14×30HWFS@<300
标高(2)
外墙板
(无大儿墙色带时,停至墙顶)

② 山墙处泛水收边板节点图

注: 1.屋面板的组合型式根据具体工程定.
2.墙面板的组合型式根据具体工程定.
3.由墙梁和墙板规格定.
4.b根据墙面板参数定,见第12页b.
5.c根据屋面板参数定,见第21页c.
6.Lw等于屋面板肋商,见第26页Lw.

墙顶泛水QDF1

山墙泛水SQF1

山墙泛水SQF2

山墙泛水SQF3

▲029-山墙处泛水收边板节点图2

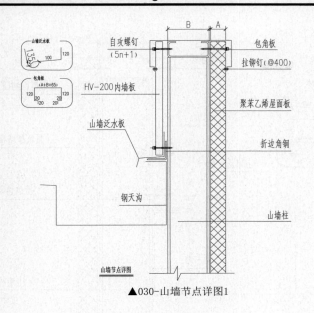

▲030-山墙节点详图1

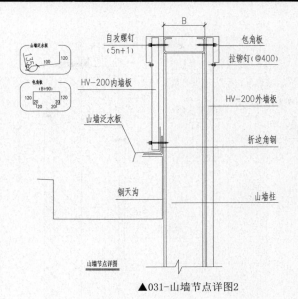

▲031-山墙节点详图2

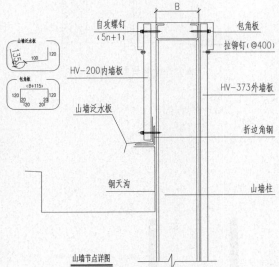

▲032-山墙节点详图3

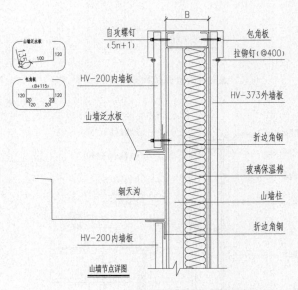

▲033-山墙节点详图4

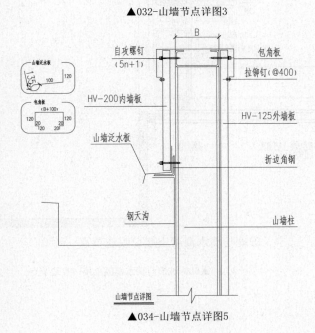

▲034-山墙节点详图5

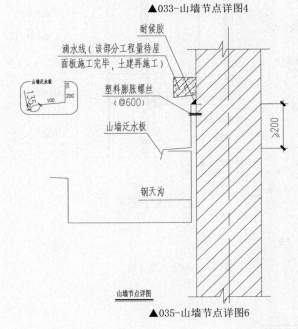

▲035-山墙节点详图6

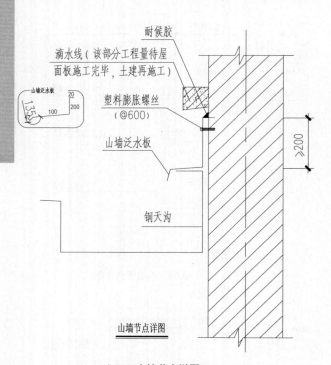

▲036-山墙节点详图7

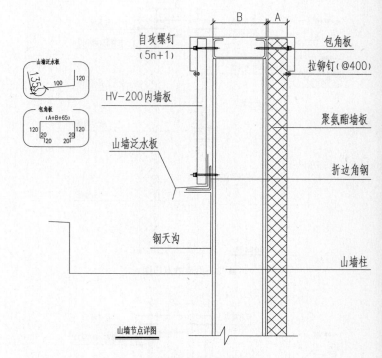

▲037-山墙节点详图8

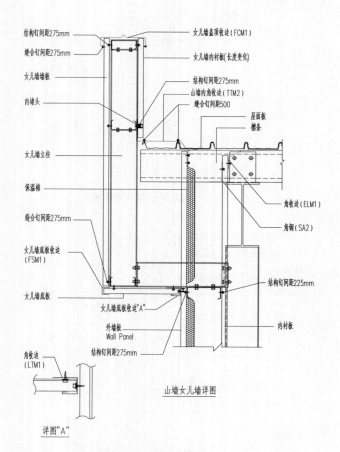

▲038-山墙女儿墙详图

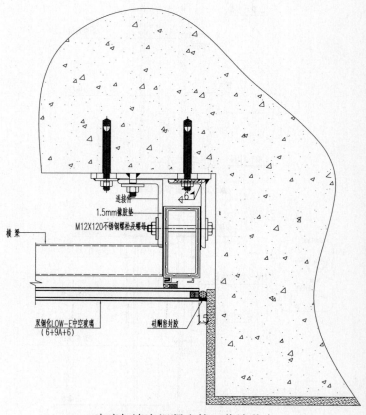

玻璃与清水混凝土接口收边节点

▲039-玻璃与清水混凝土接口收边节点

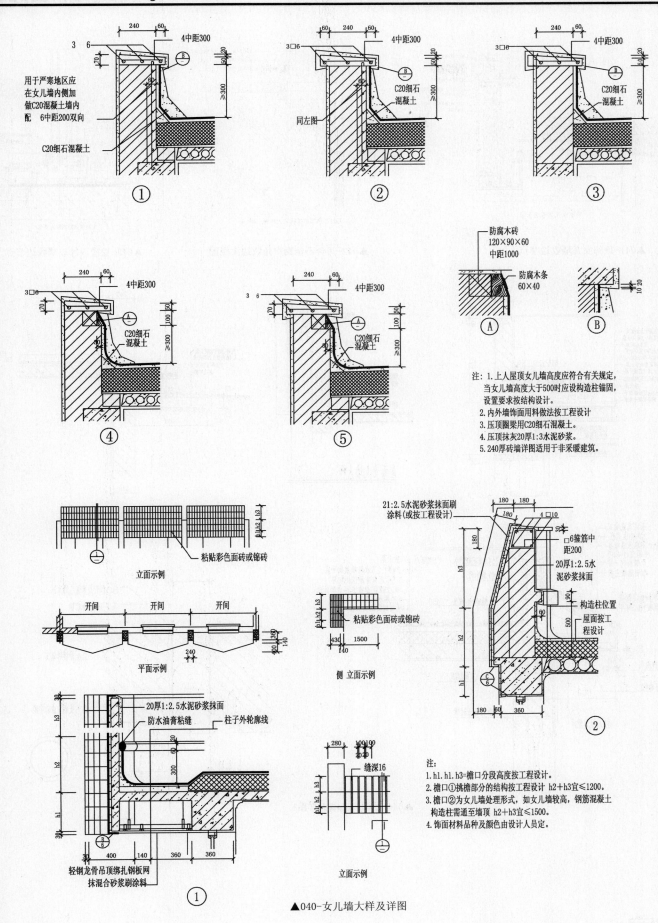

① ② ③

④ ⑤

A B

注：1.上人屋顶女儿墙高度应符合有关规定，
　　　当女儿墙高度大于500时应设构造柱锚固，
　　　设置要求按结构设计。
　　2.内外墙饰面用料做法按工程设计。
　　3.压顶圈梁用C20细石混凝土。
　　4.压顶抹灰20厚1:3水泥砂浆。
　　5.240厚砖墙详图适用于非采暖建筑。

用于严寒地区应
在女儿墙内侧加
做C20混凝土墙内
配 6中距200双向

C20细石混凝土

C20细石混凝土

同左图

防腐木砖
120×90×60
中距1000

防腐木条
60×40

4中距300

立面示例

开间　开间　开间

平面示例

粘贴彩色面砖或锦砖

侧 立面示例

粘贴彩色面砖或锦砖

21:2.5水泥砂浆抹面刷
涂料(或按工程设计)

6箍筋中
距200

20厚1:2.5水
泥砂浆抹面

构造柱位置
屋面按工
程设计

②

20厚1:2.5水泥砂浆抹面

防水油青粘缝　柱子外轮廓线

缝深16

轻钢龙骨吊顶绑扎钢板网
抹混合砂浆刷涂料

①

立面示例

注：
1.h1.h1.h3=檐口分段高度按工程设计。
2.檐口①挑檐部分的结构按工程设计 h2+h3宜≤1200。
3.檐口②为女儿墙处理形式，如女儿墙较高，钢筋混凝土
　构造柱需通至墙顶 h2+h3宜≤1500。
4.饰面材料品种及颜色由设计人员定。

▲040-女儿墙大样及详图

墙体收口

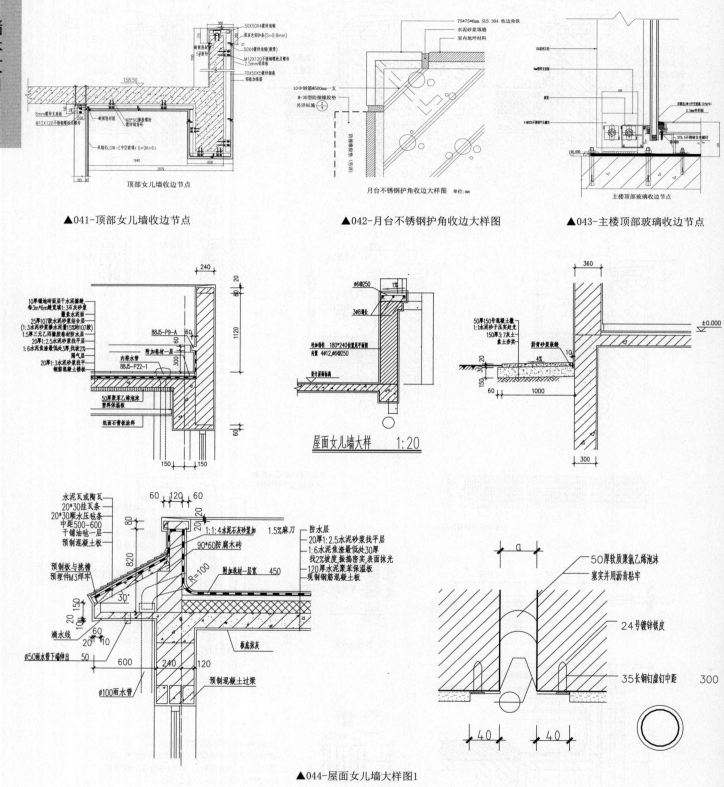

▲041-顶部女儿墙收边节点   ▲042-月台不锈钢护角收边大样图   ▲043-主楼顶部玻璃收边节点

屋面女儿墙大样   1:20

▲044-屋面女儿墙大样图1

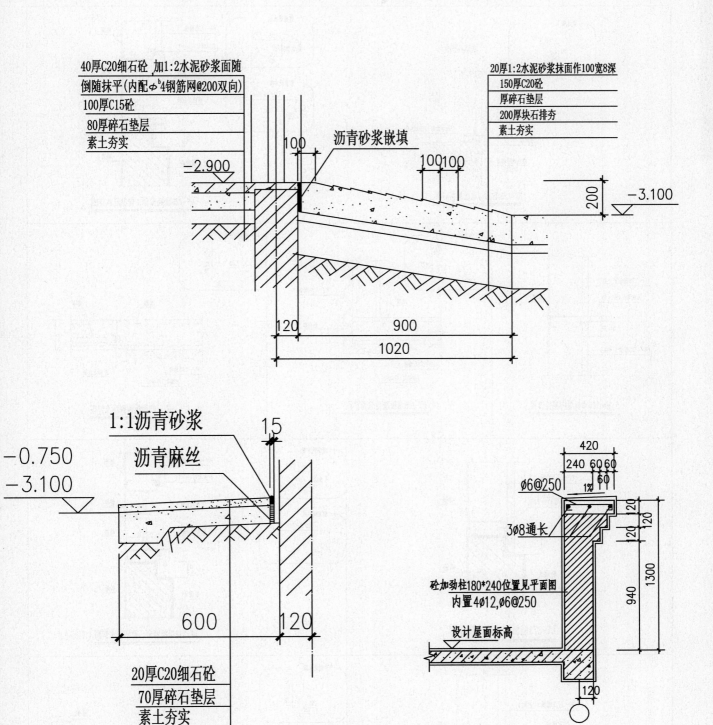

40厚C20细石砼 加1:2水泥砂浆面随
倒随抹平(内配φ⁴钢筋网@200双向)
100厚C15砼
80厚碎石垫层
素土夯实
−2.900
100
沥青砂浆嵌填

20厚1:2水泥砂浆抹面作100宽8深
150厚C20砼
厚碎石垫层
200厚块石排夯
素土夯实
200
−3.100
100 100
120　　900
1020

1:1沥青砂浆
沥青麻丝
15
−0.750
−3.100
600　　120
20厚C20细石砼
70厚碎石垫层
素土夯实

420
240 60 60
60
φ6@250
1%
120 120
3φ8通长
120 120
1300
砼加劲柱180*240位置见平面图
内置4φ12,φ6@250
940
设计屋面标高
120

屋面女儿墙大样1:20

▲045-屋面女儿墙大样图2

外墙外保温建筑构造

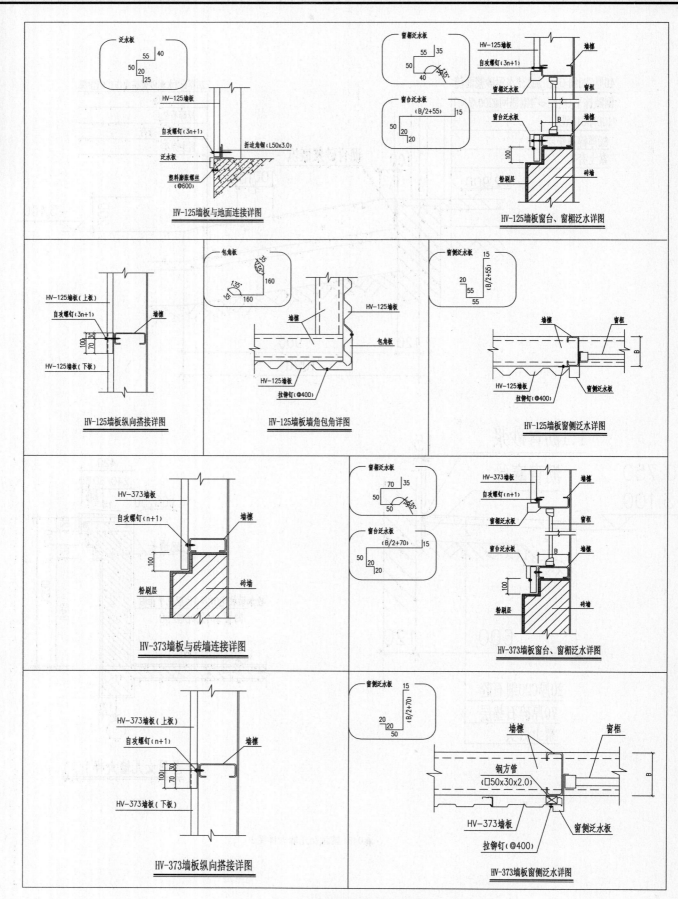

▲001-HV-125墙板与地面连接详图1

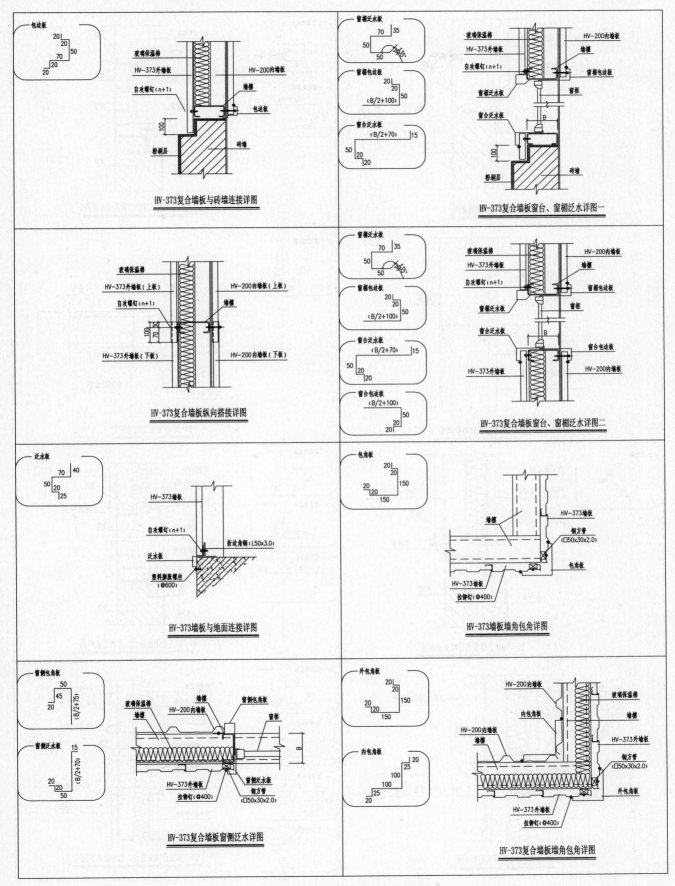

HV-373复合墙板与砖墙连接详图

HV-373复合墙板窗台、窗楣泛水详图一

HV-373复合墙板纵向搭接详图

HV-373复合墙板窗台、窗楣泛水详图二

HV-373墙板与地面连接详图

HV-373墙板墙角包角详图

HV-373复合墙板窗侧泛水详图

HV-373复合墙板墙角包角详图

▲002-HV-125墙板与地面连接详图2

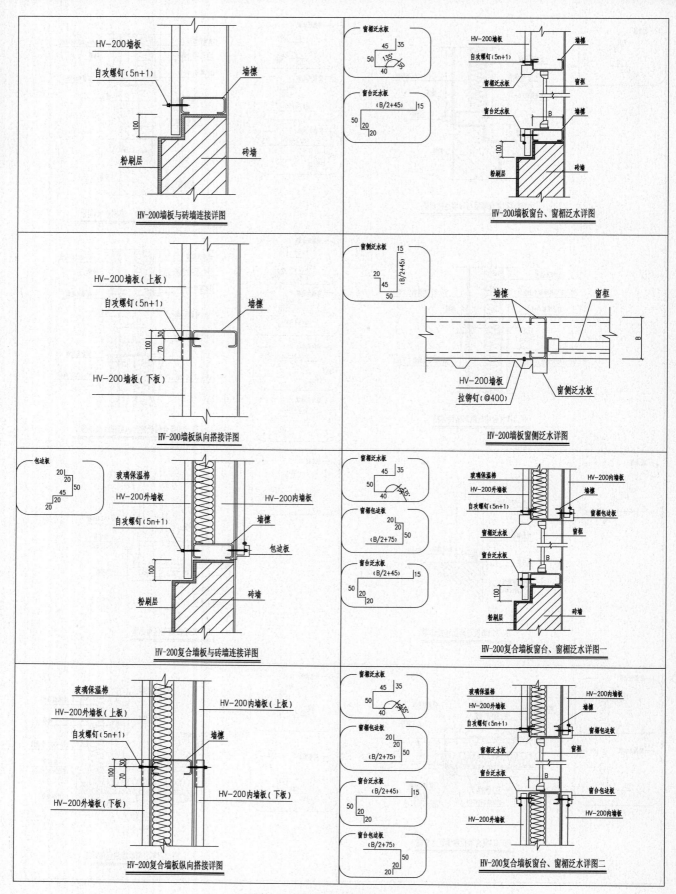

HV-200墙板与砖墙连接详图

HV-200墙板窗台、窗楣泛水详图

HV-200墙板纵向搭接详图

HV-200墙板窗侧泛水详图

HV-200复合墙板与砖墙连接详图

HV-200复合墙板窗台、窗楣泛水详图一

HV-200复合墙板纵向搭接详图

HV-200复合墙板窗台、窗楣泛水详图二

▲003-HV-125墙板与地面连接详图3

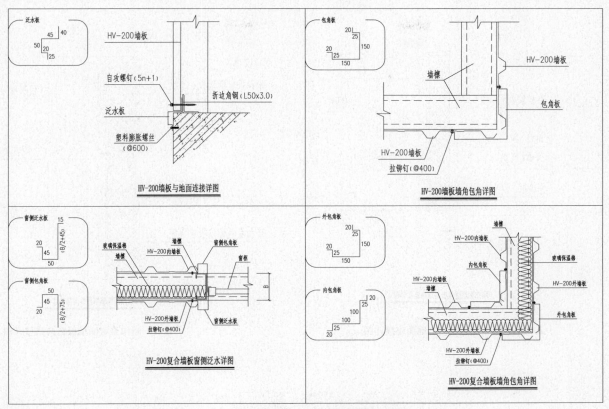

▲004-HV-125墙板与地面连接详图4

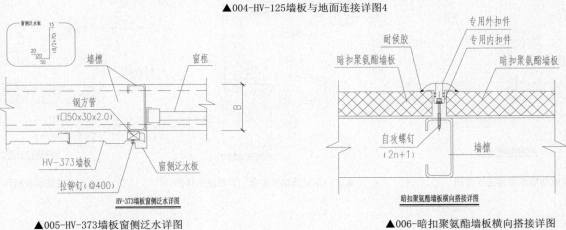

▲005-HV-373墙板窗侧泛水详图

▲006-暗扣聚氨酯墙板横向搭接详图

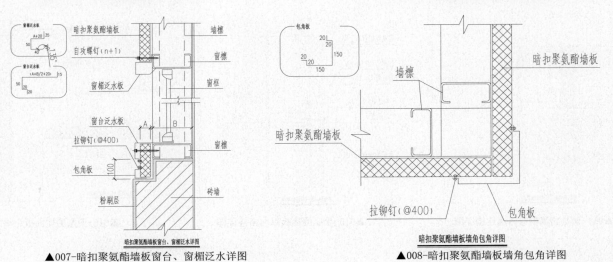

▲007-暗扣聚氨酯墙板窗台、窗楣泛水详图

▲008-暗扣聚氨酯墙板墙角包角详图

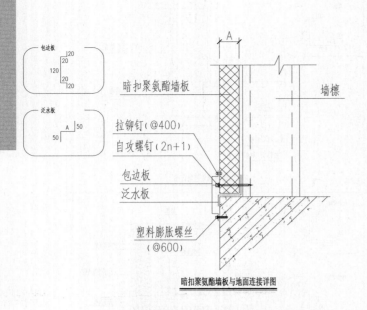

暗扣聚氨酯墙板与地面连接详图

▲009-暗扣聚氨酯墙板与地面连接详图

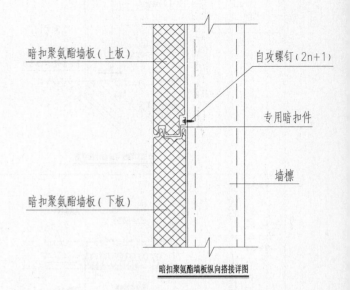

暗扣聚氨酯墙板纵向搭接详图

▲010-暗扣聚氨酯墙板纵向搭接详图

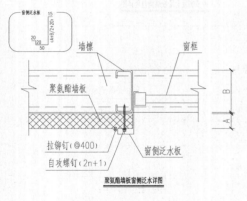

聚氨酯墙板窗侧泛水详图

▲011-聚氨酯墙板窗侧泛水详图

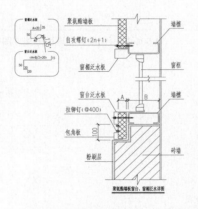

聚氨酯墙板窗台、窗楣泛水详图

▲012-聚氨酯墙板窗台、窗楣泛水详图

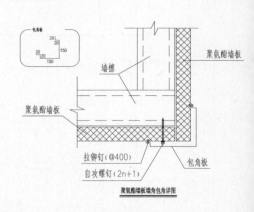

聚氨酯墙板墙角包角详图

▲013-聚氨酯墙板墙角包角详图

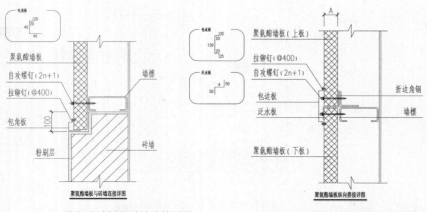

聚氨酯墙板与砖墙连接详图

▲014-聚氨酯墙板与砖墙连接详图

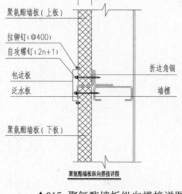

聚氨酯墙板纵向搭接详图

▲015-聚氨酯墙板纵向搭接详图

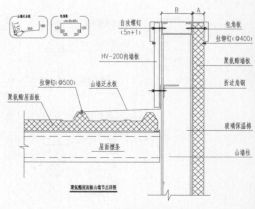

聚氨酯屋面板山墙节点详图

▲016-聚氨酯屋面板山墙节点详图

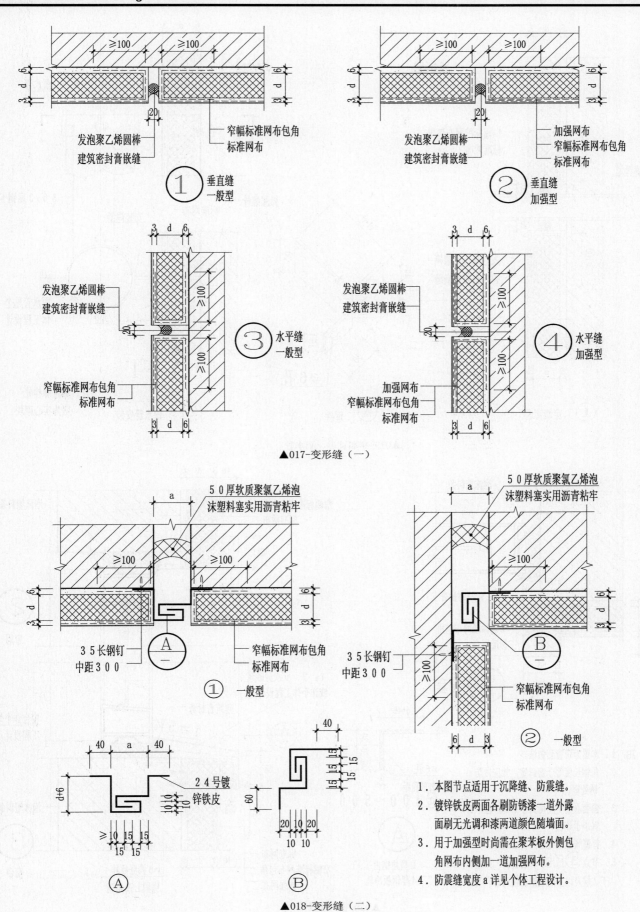

≥100   ≥100

发泡聚乙烯圆棒
建筑密封膏嵌缝

窄幅标准网布包角
标准网布

① 垂直缝
一般型

≥100   ≥100

发泡聚乙烯圆棒
建筑密封膏嵌缝

加强网布
窄幅标准网布包角
标准网布

② 垂直缝
加强型

发泡聚乙烯圆棒
建筑密封膏嵌缝

窄幅标准网布包角
标准网布

③ 水平缝
一般型

发泡聚乙烯圆棒
建筑密封膏嵌缝

加强网布
窄幅标准网布包角
标准网布

④ 水平缝
加强型

▲017-变形缝（一）

５０厚软质聚氯乙烯泡
沫塑料塞实用沥青粘牢

≥100   ≥100

３５长钢钉
中距３００

窄幅标准网布包角
标准网布

① 一般型

５０厚软质聚氯乙烯泡
沫塑料塞实用沥青粘牢

≥100

３５长钢钉
中距３００

窄幅标准网布包角
标准网布

② 一般型

40   a   40

d+6

２４号镀
锌铁皮

Ⓐ

40

60

Ⓑ

1. 本图节点适用于沉降缝、防震缝。

2. 镀锌铁皮两面各刷防锈漆一道外露
   面刷无光调和漆两道颜色随墙面。

3. 用于加强型时尚需在聚苯板外侧包
   角网布内侧加一道加强网布。

4. 防震缝宽度a详见个体工程设计。

▲018-变形缝（二）

外墙外保温建筑构造

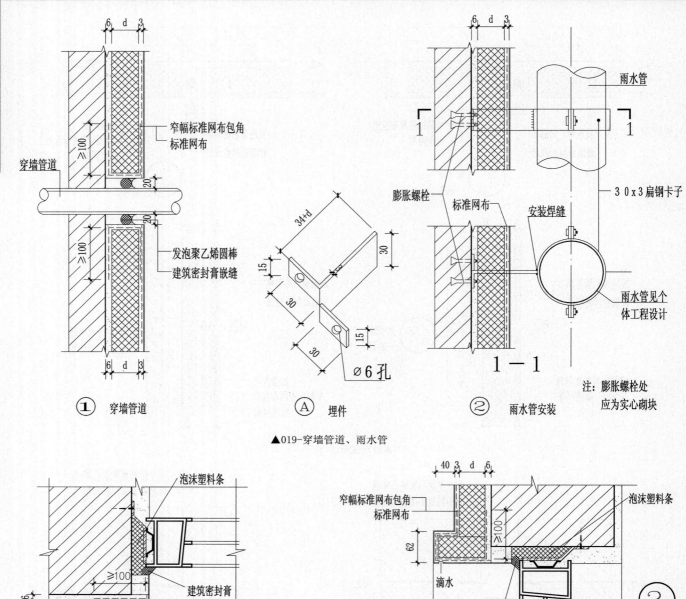

① 穿墙管道

Ⓐ 埋件

② 雨水管安装

注: 膨胀螺栓处
应为实心砌块

▲019-穿墙管道、雨水管

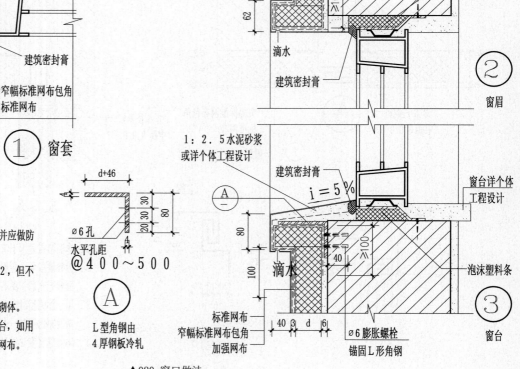

① 窗套

注: 1. 本图为带窗套做法。
2. 角钢长度等于窗口宽，并应做防锈处理。
3. 窗套看面宽度可大于62，但不宜小于该值。
4. 打膨胀螺栓处应为实心砌体。
5. 节点③适用于首层窗，如用于2层及以上时取消加强网布。

Ⓐ L型角钢由4厚钢板冷轧

② 窗眉

③ 窗台

▲020-窗口做法

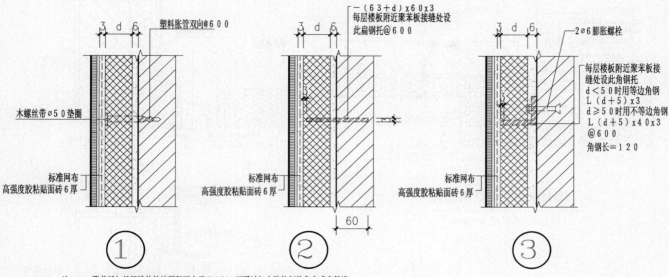

注：1、聚苯板与基层墙体粘结面积不小于50％，可通过加大胶粘剂的条宽或直径进
      行控制。
    2、聚苯板密度25kg/m²～30kg/m²，导热系数≯0.041W/m·K。
    3、锚固点应呈梅花状布置。
    4、超过6层的住宅不宜采用本页做法。
    5、①、③做法用于粉煤灰砖墙、KP1多孔砖墙、混凝土墙. ②做法用于
      混凝土砌块墙、粉煤灰砖墙、KP1多孔砖墙。
    6、角钢托、扁钢托仅在每层楼板附近设置一道。

▲021-聚苯板与基层墙体的拉结

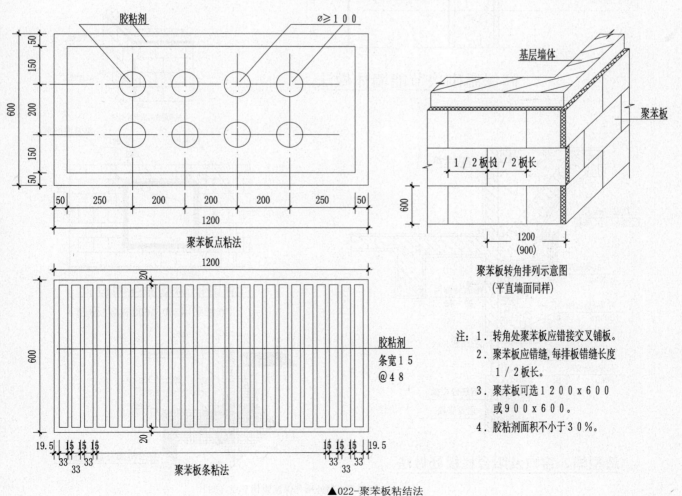

聚苯板点粘法

聚苯板条粘法

聚苯板转角排列示意图
(平直墙面同样)

注：1.转角处聚苯板应错接交叉铺板。
    2.聚苯板应错缝,每排板错缝长度
      1／2板长。
    3.聚苯板可选1200x600
      或900x600。
    4.胶粘剂面积不小于30％。

▲022-聚苯板粘结法

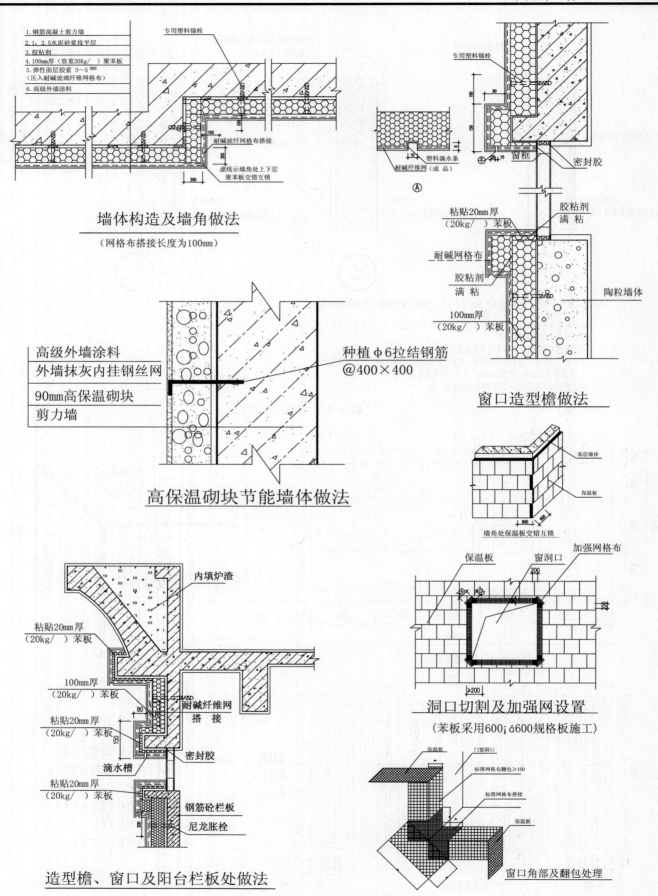

1. 钢筋混凝土剪力墙
2. 1：2.5水泥砂浆找平层
3. 胶粘剂
4. 100mm厚（容重20Kg/　）聚苯板
5. 弹性面层胶浆 3～5mm
（压入耐碱玻璃纤维网格布）
6. 高级外墙涂料

专用塑料锚栓

耐碱玻纤网格布搭接

虚线示墙角处上下层
聚苯板交错互锁

墙体构造及墙角做法

（网格布搭接长度为100mm）

专用塑料锚栓

塑料滴水条

耐碱纤维网（成品）

Ⓐ

粘贴20mm厚
（20kg/　）苯板

耐碱网格布

胶粘剂
满 粘

100mm厚
（20kg/　）苯板

胶粘剂
满 粘

窗框

密封胶

陶粒墙体

窗口造型檐做法

高级外墙涂料

外墙抹灰内挂钢丝网

90mm高保温砌块

剪力墙

种植φ6拉结钢筋
@400×400

高保温砌块节能墙体做法

基层墙体

保温板

墙角处保温板交错互锁

内填炉渣

粘贴20mm厚
（20kg/　）苯板

100mm厚
（20kg/　）苯板

耐碱纤维网
搭 接

粘贴20mm厚
（20kg/　）苯板

密封胶

滴水槽

粘贴20mm厚
（20kg/　）苯板

钢筋砼栏板

尼龙胀栓

造型檐、窗口及阳台栏板处做法

保温板

窗洞口

加强网格布

洞口切割及加强网设置

（苯板采用600¡á600规格板施工）

保温板

门窗洞口

标准网格布翻包≥100

标准网格布搭接

保温板

窗口角部及翻包处理

▲023-节能型外墙外保温墙体节点详图

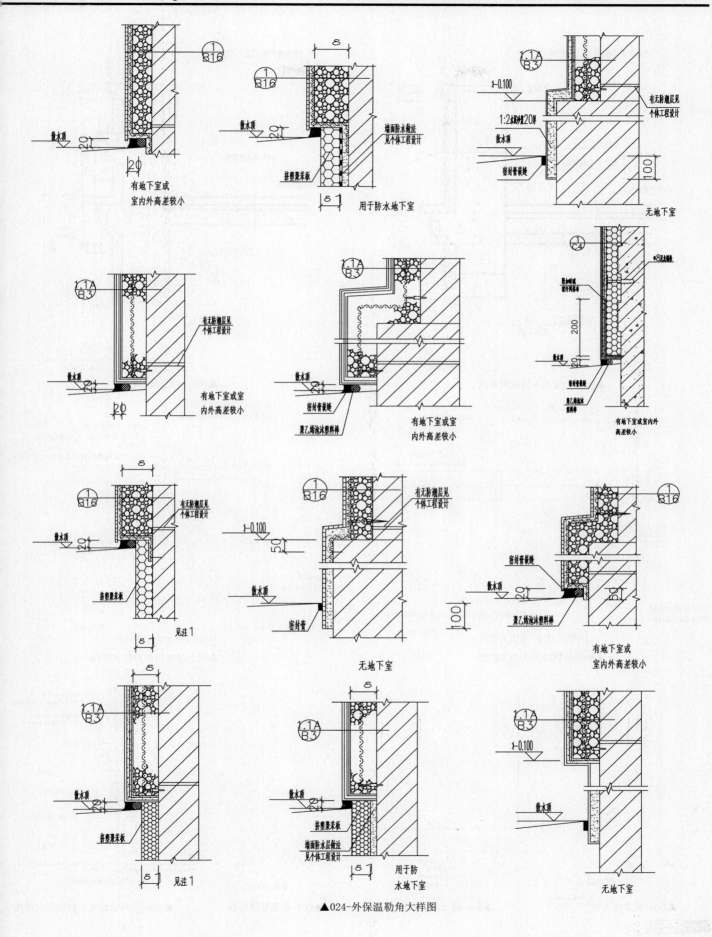

▲024-外保温勒角大样图

外墙饰面详图

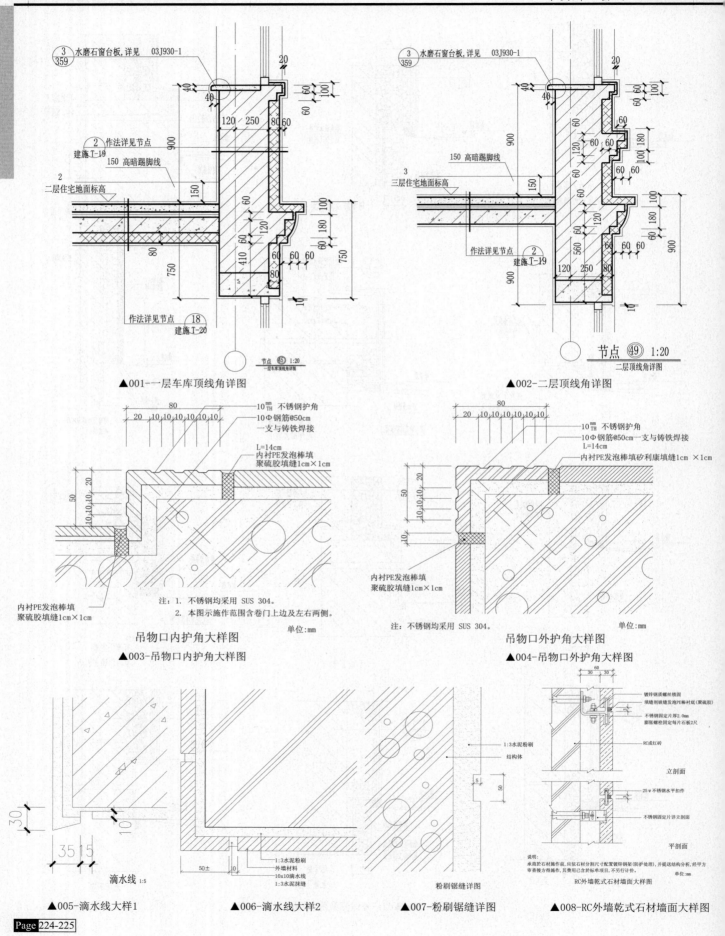

▲001-一层车库顶线角详图

▲002-二层顶线角详图

▲003-吊物口内护角大样图

▲004-吊物口外护角大样图

▲005-滴水线大样1

▲006-滴水线大样2

▲007-粉刷锯缝详图

▲008-RC外墙乾式石材墙面大样图

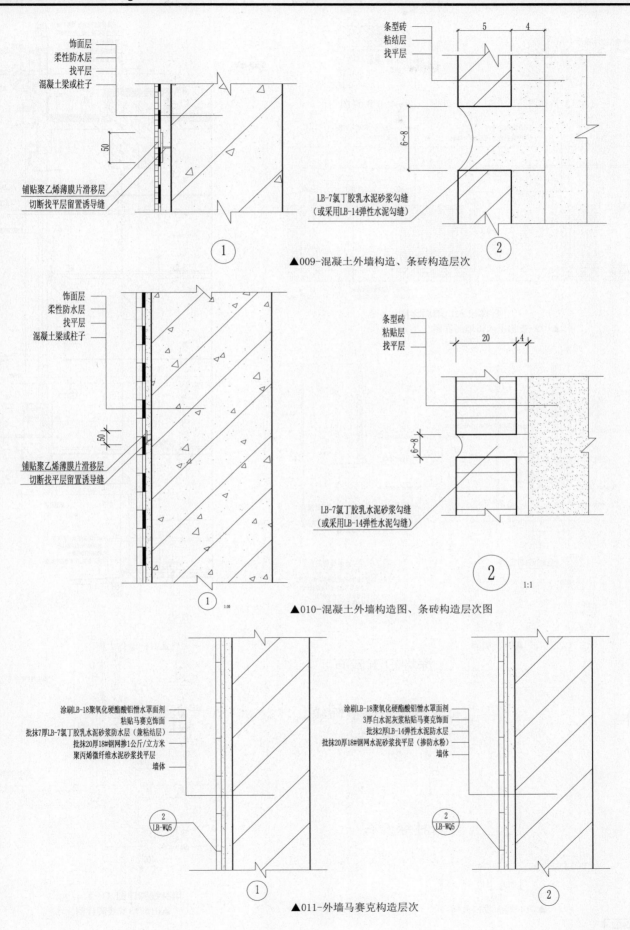

饰面层
柔性防水层
找平层
混凝土梁或柱子

50

铺贴聚乙烯薄膜片滑移层
切断找平层留置诱导缝

①

条型砖
粘结层
找平层

5   4

6~8

LB-7氯丁胶乳水泥砂浆勾缝
（或采用LB-14弹性水泥勾缝）

②

▲009-混凝土外墙构造、条砖构造层次

饰面层
柔性防水层
找平层
混凝土梁或柱子

50

铺贴聚乙烯薄膜片滑移层
切断找平层留置诱导缝

①   1:10

条型砖
粘贴层
找平层

20   4

6~8

LB-7氯丁胶乳水泥砂浆勾缝
（或采用LB-14弹性水泥勾缝）

②   1:1

▲010-混凝土外墙构造图、条砖构造层次图

涂刷LB-18聚氧化硬酯酸铝憎水罩面剂
粘贴马赛克饰面
批抹7厚LB-7氯丁胶乳水泥砂浆防水层（兼粘结层）
批抹20厚18#钢网掺1公斤/立方米
聚丙烯微纤维水泥砂浆找平层
墙体

2
LB-WQ5

①

涂刷LB-18聚氧化硬酯酸铝憎水罩面剂
3厚水泥灰浆粘贴马赛克饰面
批抹2厚LB-14弹性水泥防水层
批抹20厚18#钢网水泥砂浆找平层（掺防水粉）
墙体

2
LB-WQ5

②

▲011-外墙马赛克构造层次

外墙饰面详图

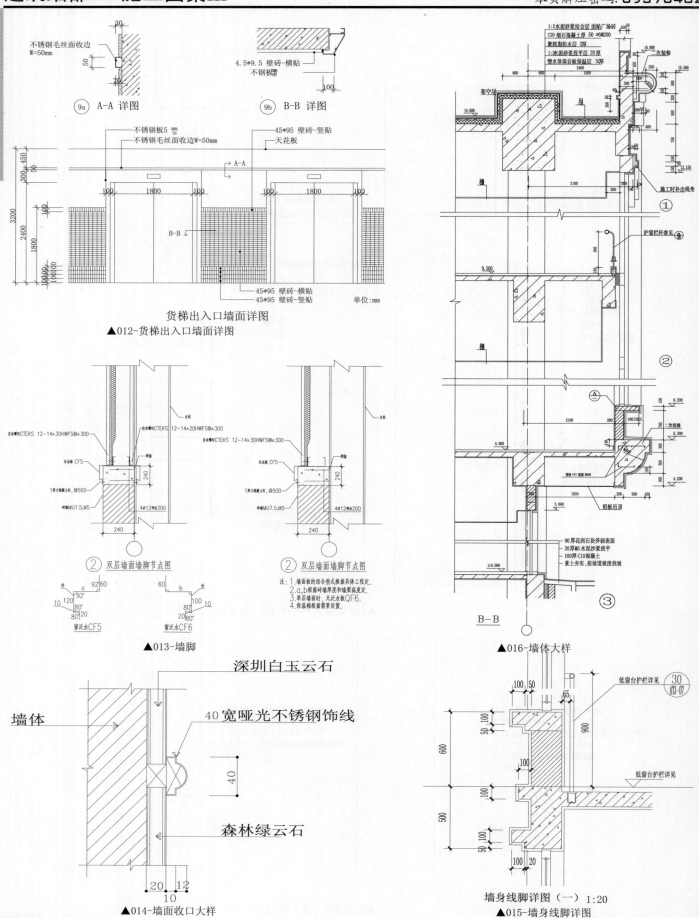

⑨a **A-A 详图**

⑨b **B-B 详图**

货梯出入口墙面详图

▲012-货梯出入口墙面详图

② 双层墙面墙脚节点图

② 双层墙面墙脚节点图

注:1.墙面板的组合型式根据具体工程定。
2.a,b根据墙砖厚度和墙梁高度定。
3.单层墙面时,无泛水板QF6.
4.保温棉根据需要设置。

窗泛水CF5 窗泛水CF6

▲013-墙脚

深圳白玉云石

40宽哑光不锈钢饰线

墙体

森林绿云石

▲014-墙面收口大样

B-B

▲016-墙体大样

墙身线脚详图(一) 1:20

▲015-墙身线脚详图

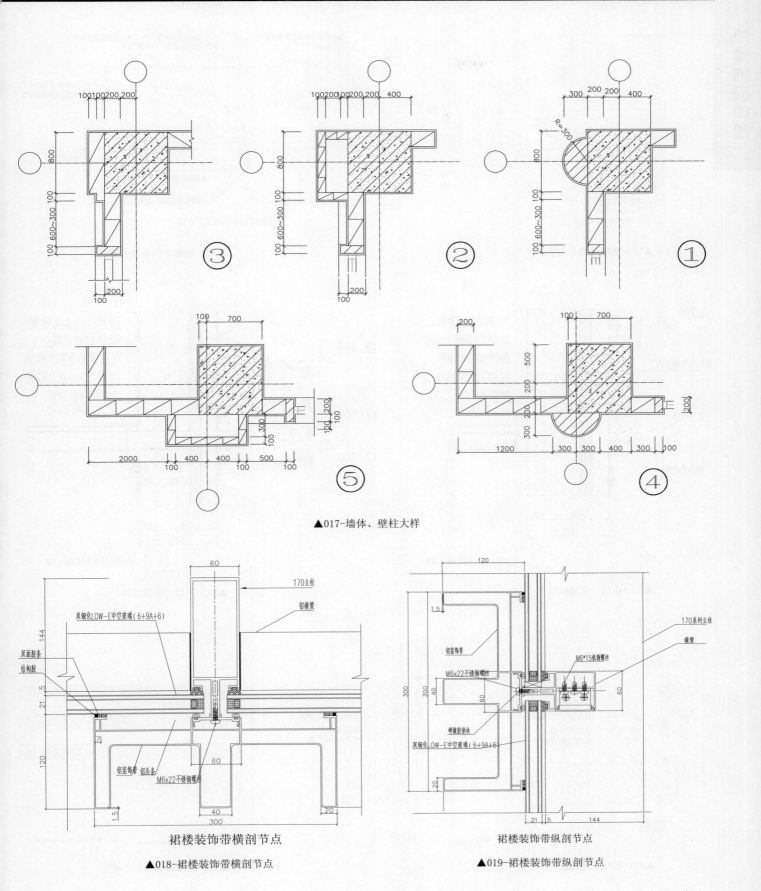

▲017-墙体、壁柱大样

裙楼装饰带横剖节点

▲018-裙楼装饰带横剖节点

裙楼装饰带纵剖节点

▲019-裙楼装饰带纵剖节点

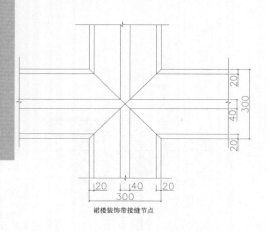

裙楼装饰带接缝节点

▲020-裙楼装饰带接缝节点

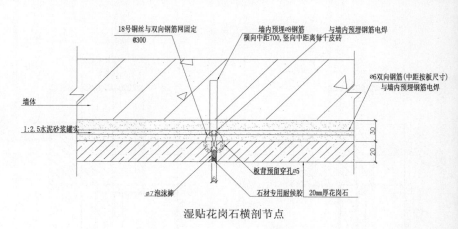

湿贴花岗石横剖节点

▲021-湿贴花岗石横剖节点

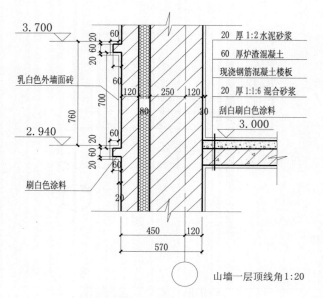

山墙一层顶线角1:20

▲022-山墙一层顶线角

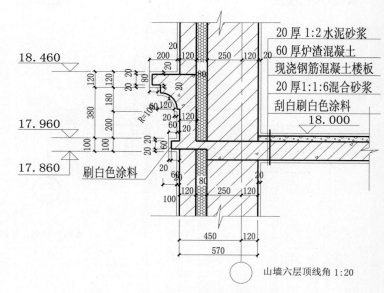

山墙六层顶线角 1:20

▲023-山墙六层顶线角

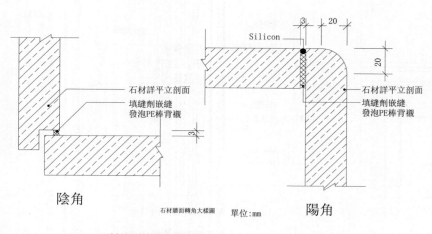

陰角

陽角

石材牆面轉角大樣圖   單位:mm

▲024-石材墙面转角大样图

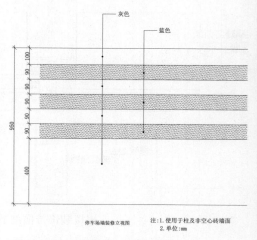

停车场墙装修立视图

注:1.使用于柱及非空心砖墙面
2.单位:mm

▲025-停车场墙装修立视图

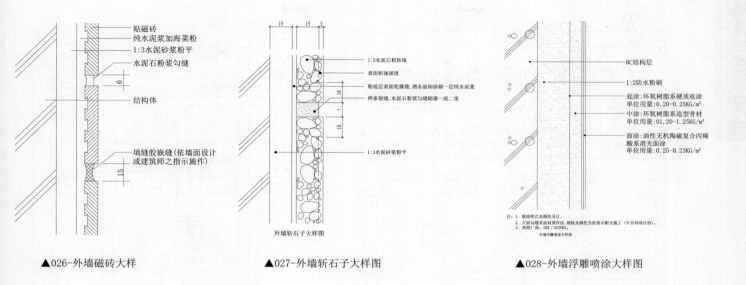

贴磁砖
纯水泥浆加海菜粉
1:3水泥砂浆粉平
水泥石粉浆勾缝

结构体

填缝胶嵌缝(依墙面设计
或建筑师之指示施作)

▲026-外墙磁砖大样

1:2水泥石粒斩琢
表面斩琢深度
粉底层表面乾燥後,洒水湿润涂刷一层纯水泥浆
押条留缝,水泥石粉浆勾缝刷漆一底二度

1:3水泥砂浆粉平

外墙斩石子大样图

▲027-外墙斩石子大样图

RC结构层

1:2防水粉刷

底涂:环氧树脂系硬质底涂
单位用量:0.20-0.25KG/m²
中涂:环氧树脂系造型骨材
单位用量:01.20-1.25KG/m²
面涂:油性无机磁陶复合丙稀
酸系消光面涂
单位用量:0.25-0.23KG/m²

注: 1. 滚涂样式及颜色另订。
2. 立面勾缝采原材质作法,规格及颜色另依指示配合施工 (不另列项计价)。
3. 叁照厂商:SKK / SUZUKA。
外墙浮雕喷涂大样图

▲028-外墙浮雕喷涂大样图

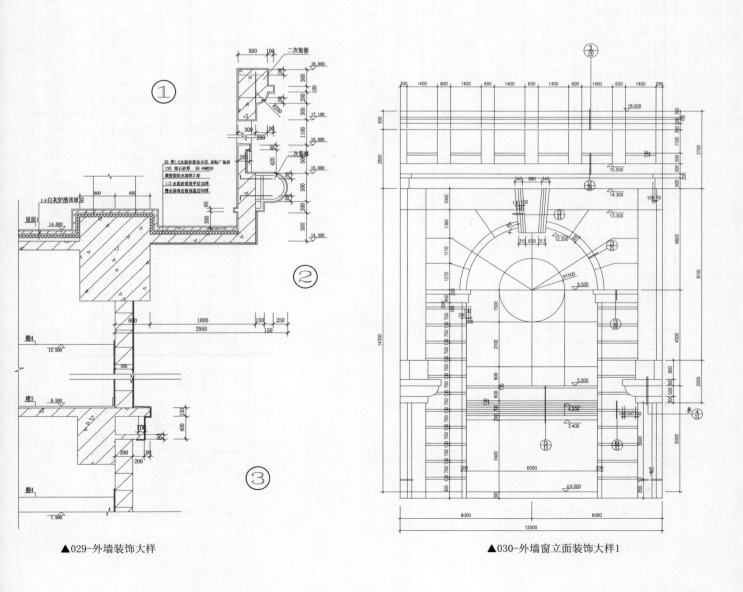

▲029-外墙装饰大样

▲030-外墙窗立面装饰大样1

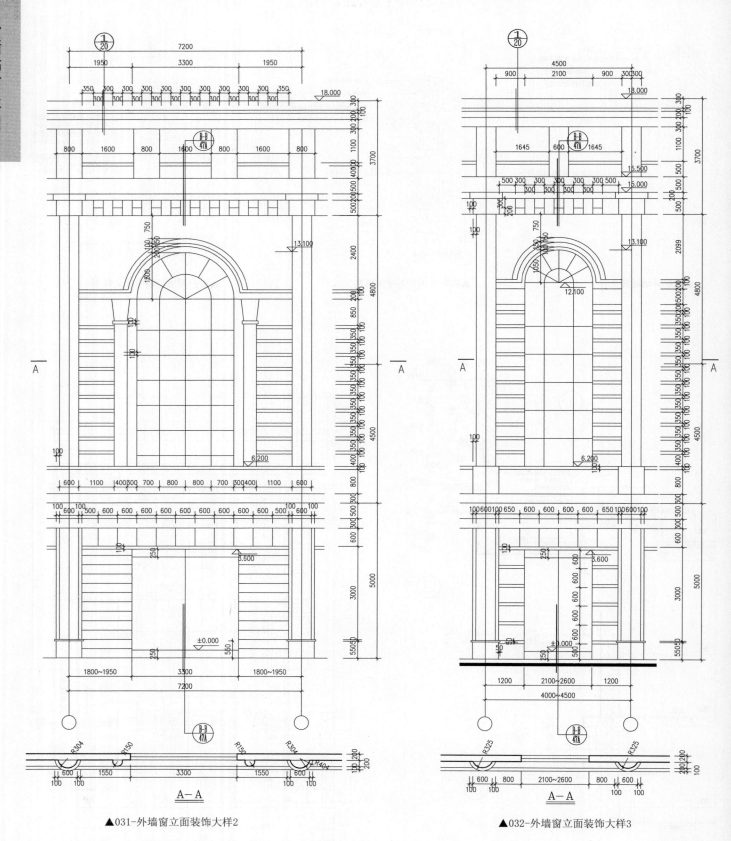

▲031-外墙窗立面装饰大样2

▲032-外墙窗立面装饰大样3

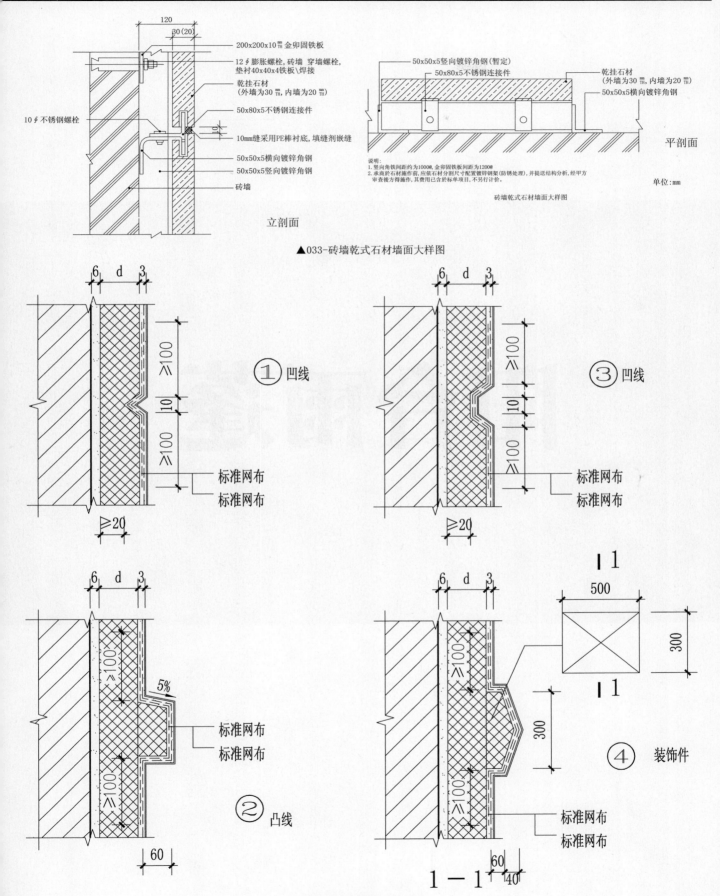

120
30 (20)

200x200x10㎜金卯固铁板

12φ膨胀螺栓,砖墙 穿墙螺栓,
垫衬40x40x4铁板\焊接

乾挂石材
(外墙为30㎜,内墙为20㎜)

50x80x5不锈钢连接件

10㎜缝采用PE棒衬底,填缝剂嵌缝

50x50x5横向镀锌角钢

50x50x5竖向镀锌角钢

砖墙

10φ不锈钢螺栓

立剖面

50x50x5竖向镀锌角钢(暂定)
50x80x5不锈钢连接件
乾挂石材
(外墙为30㎜,内墙为20㎜)
50x50x5横向镀锌角钢

平剖面

说明:
1. 竖向角铁间距约为1000@,金卯固铁板间距为1200@
2. 承尚於石材施作前,应依石材分割尺寸配置镀锌钢架(防锈处理),并提送结构分析,经甲方
审查後方得施作,其费用已含於标单项目,不另行计价。

单位:mm

砖墙乾式石材墙面大样图

▲033-砖墙乾式石材墙面大样图

① 凹线
标准网布
标准网布

③ 凹线
标准网布
标准网布

② 凸线
标准网布
标准网布

④ 装饰件
500
300
1-1
60
40

标准网布
标准网布

▲034-线脚. 装饰件. 滴水

阳台雨蓬

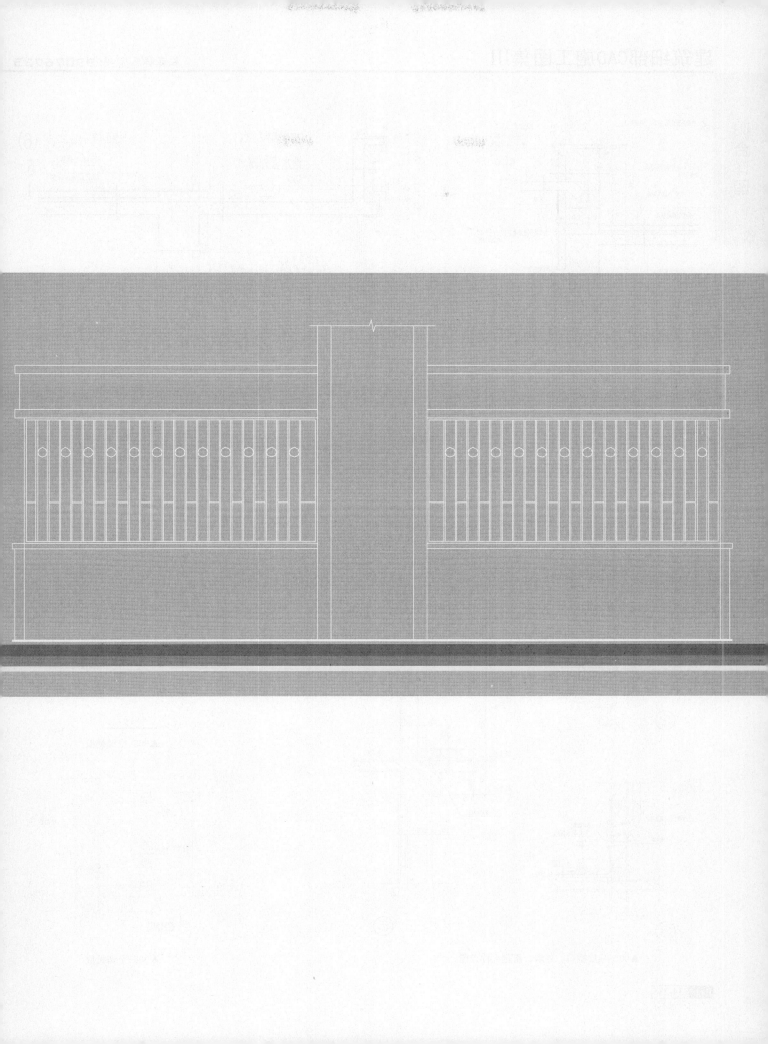

阳台详图

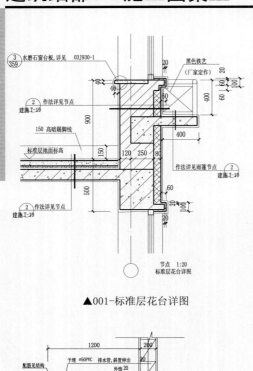

▲001-标准层花台详图

作法详见节点 ③

∅50泄水管外露 50

二次装修甲方自理
1:2水泥砂浆掺5% 防水粉厚20
阳台作法03J930-1

节点 ④ 1:20
标准层阳台详图

▲002-标准层阳台详图

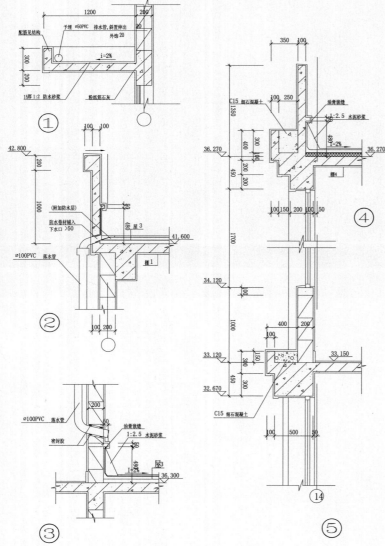

① ②

③

▲003-顶层檐口、外墙、雨棚大样详图

④

⑤

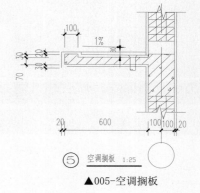

雨篷大样图
YP1
(梁长L=4480)

▲004-钢砼雨篷详图

⑤ 空调搁板 1:25

▲005-空调搁板

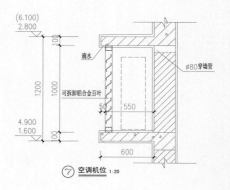

⑦ 空调机位 1:20

▲006-空调机位

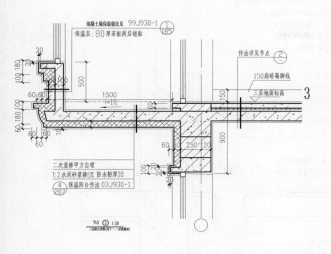

▲007-三层阳台详图(用于一.二层商服处)

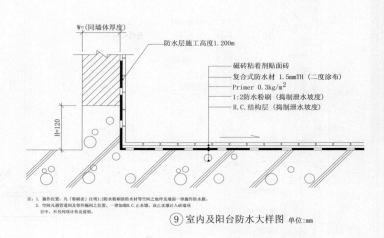

⑨ 室内及阳台防水大样图 单位:mm

▲008-室内及阳台防水大样图

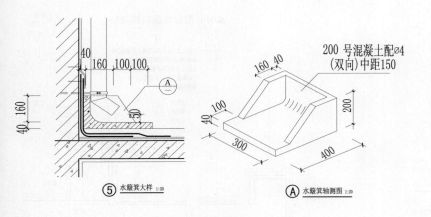

⑤ 水簸箕大样 1:20

Ⓐ 水簸箕轴测图 1:20

200 号混凝土配∅4
(双向)中距150

▲009-水簸箕大样

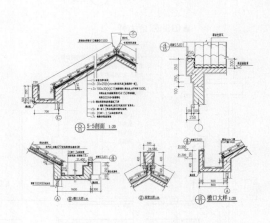

⑩ 5-5剖面 1:20

⑩ 檐口大样 1:20

▲010-檐口大样

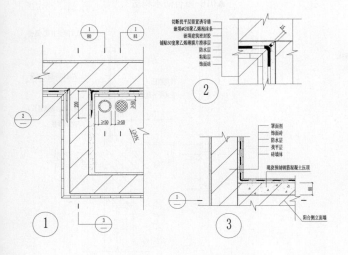

▲011-阳台、阳台压顶与外墙交接部位构造图

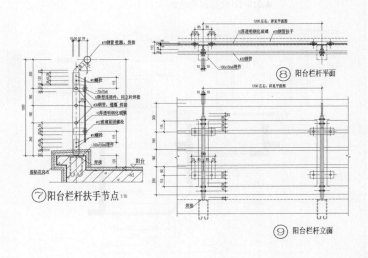

⑦ 阳台栏杆扶手节点 1:10

⑧ 阳台栏杆平面

⑨ 阳台栏杆立面

▲012-阳台玻璃栏板节点

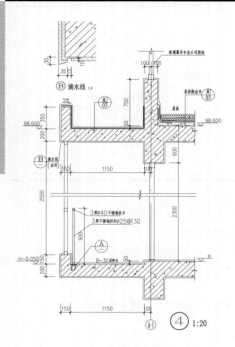

▲013-阳台大样

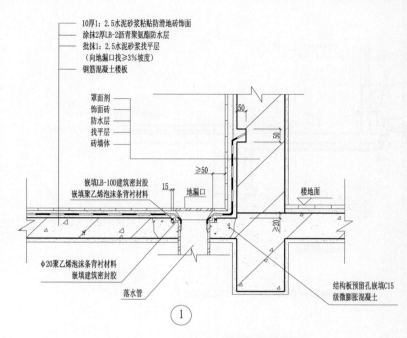

10厚1: 2.5水泥砂浆粘贴防滑地砖饰面
涂抹2厚LB-2沥青聚氨酯防水层
批抹1: 2.5水泥砂浆找平层
(向地漏口找≥3%坡度)
钢筋混凝土楼板

罩面剂
饰面砖
防水层
找平层
砖墙体

嵌填LB-10D建筑密封胶
嵌填聚乙烯泡沫条背衬材料
地漏口
楼地面

φ20聚乙烯泡沫条背衬材料
嵌填建筑密封胶
落水管

结构板预留孔嵌填C15级微膨胀混凝土

▲014-阳台地漏口构造1

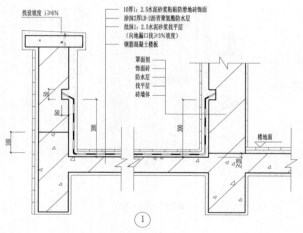

找设坡度 i≥6%

10厚1: 2.5水泥砂浆粘贴防滑地砖饰面
涂抹2厚LB-2沥青聚氨酯防水层
批抹1: 2.5水泥砂浆找平层
(向地漏口找≥3%坡度)
钢筋混凝土楼板

罩面剂
饰面砖
防水层
找平层
砖墙体

楼地面

▲015-阳台防水构造2

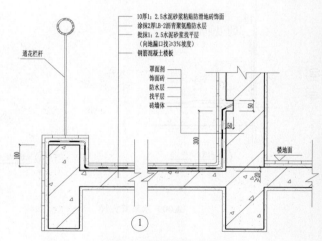

通花栏杆

10厚1: 2.5水泥砂浆粘贴防滑地砖饰面
涂抹2厚LB-2沥青聚氨酯防水层
批抹1: 2.5水泥砂浆找平层
(向地漏口找≥3%坡度)
钢筋混凝土楼板

罩面剂
饰面砖
防水层
找平层
砖墙体

楼地面

▲016-阳台防水构造3

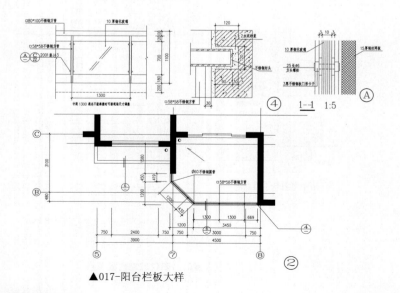

▲017-阳台栏板大样

铁花栏杆
花式甲方自定
内撑10厚钢化玻璃
予埋- 80x8扁铁通长
与栏杆焊接

□100x50,防锈漆打底, 通长

① 阳台栏杆大样一 1:20

▲018-阳台栏杆大样

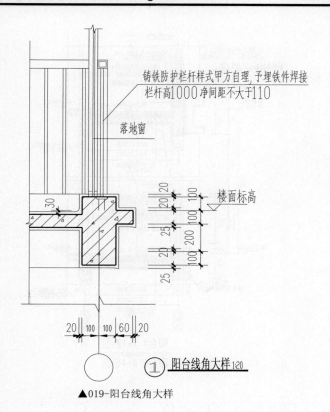

铸铁防护栏杆样式甲方自理,予埋铁件焊接
栏杆高1000净间距不大于110

落地窗

楼面标高

① 阳台线角大样 1:20

▲019-阳台线角大样

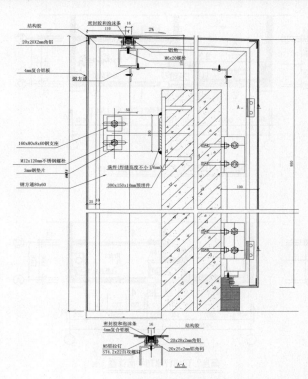

结构胶
密封胶和泡沫条
20x20X2mm角铝
铝角
M6x20螺栓
4mm复合铝板
钢方通

160x80x8x60钢支座
M12x120mm不锈钢螺栓
3mm钢垫片
钢方通80x60
满焊(焊缝高度不小于6mm)
300x150x10mm预埋件

A-A

密封胶和泡沫条
4mm复合铝板
M5铝拉钉
ST4.2x22自攻螺钉
结构胶
20x20x2mm角铝
20x25x2mm铝角码

A-A

▲020-阳台收边节点图

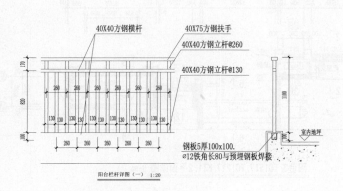

40X40方钢横杆
40X75方钢扶手
40X40方钢立杆@260
40X40方钢立杆@130

钢板5厚100x100.
∅12铁角长80与预埋钢板焊接

室内地坪

阳台栏杆详图(一) 1:20

▲021-阳台栏杆详图

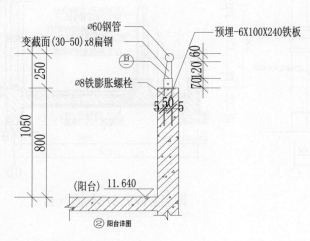

∅60钢管
预埋-6X100X240铁板
变截面(30-50)x8扁钢
B
∅8铁膨胀螺栓

(阳台) 11.640

② 阳台详图

▲022-阳台详图

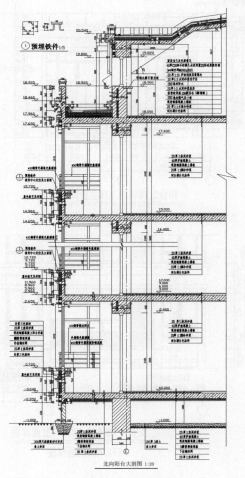

① 预埋铁件 1:5

北向阳台大剖图 1:20

▲023-北向阳台大剖图

阳台详图

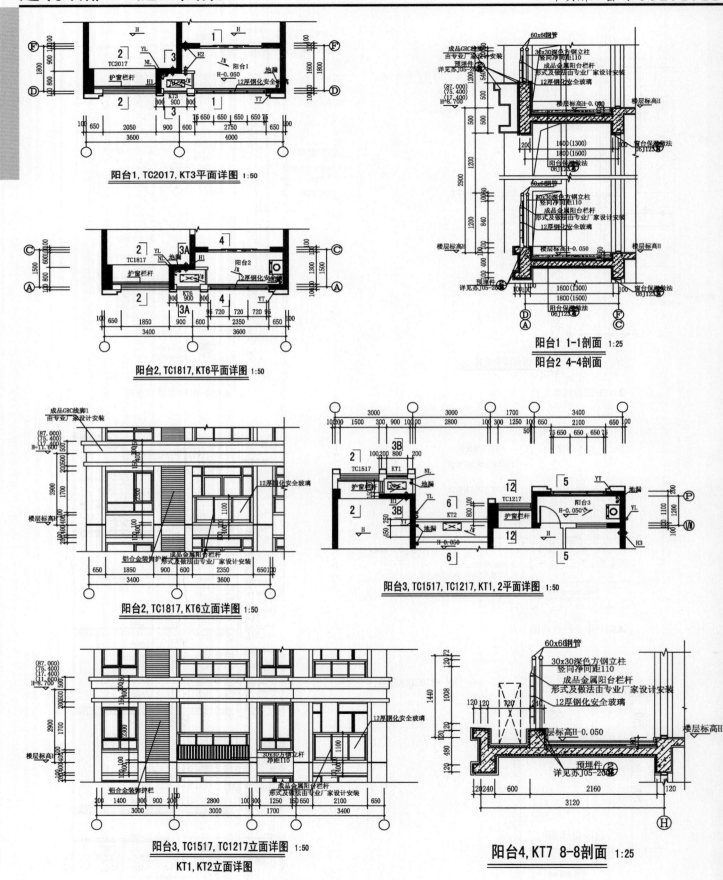

阳台1, TC2017, KT3平面详图 1:50

阳台2, TC1817, KT6平面详图 1:50

阳台2, TC1817, KT6立面详图 1:50

阳台3, TC1517, TC1217立面详图 1:50

KT1, KT2立面详图

阳台1 1-1剖面 1:25

阳台2 4-4剖面

阳台3, TC1517, TC1217, KT1, 2平面详图 1:50

阳台4, KT7 8-8剖面 1:25

▲024-简欧式住宅阳台、空调机位、凸窗节点详图1

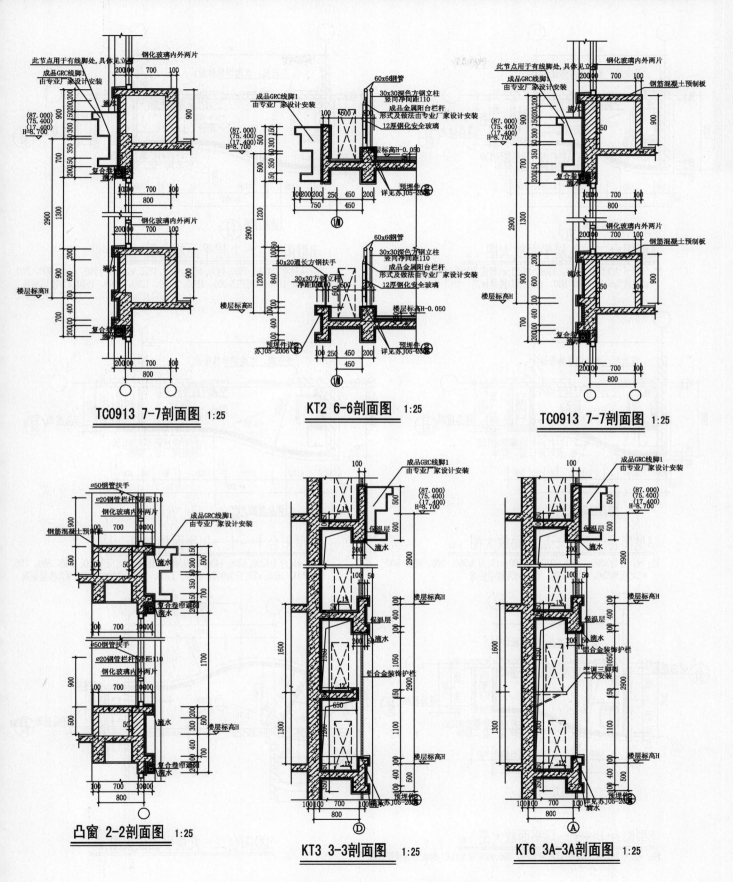

TC0913 7-7剖面图 1:25

KT2 6-6剖面图 1:25

TC0913 7-7剖面图 1:25

凸窗 2-2剖面图 1:25

KT3 3-3剖面图 1:25

KT6 3A-3A剖面图 1:25

▲简欧式住宅阳台、空调机位、凸窗节点详图2

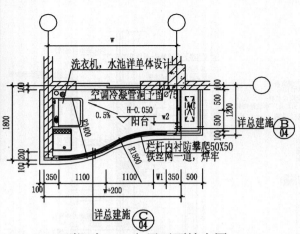

A型阳台二~九层平面放大图 1:50

注: w尺寸为3000, 3100, 3300, 3600; w1对应为300, 400, 600, 900;
w2对应为530, 630, 830, 1130; H为楼层标高

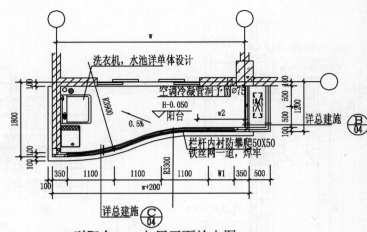

B型阳台二~九层平面放大图 1:50

注: w尺寸为4200, 4300, 4400, 4500, 4600, 4850; w1对应为400, 500, 600, 700,
800, 1050; w2对应为900, 1000, 1100, 1200, 1300, 1550; H为楼层标高

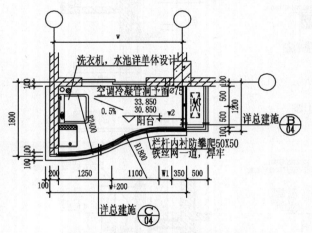

A型阳台十~十一层平面放大图 1:50

注: w尺寸为3000, 3100, 3300, 3600; w1对应为300, 400, 600, 900;
w2对应为530, 630, 830, 1130; H为楼层标高

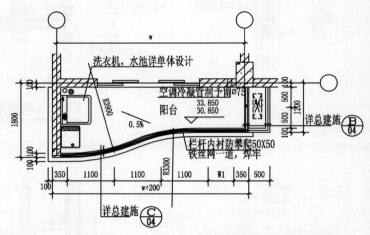

B型阳台十~十一层平面放大图 1:50

注: w尺寸为4200, 4300, 4400, 4500, 4600, 4850; w1对应为400, 500, 600, 700,
800, 1050; w2对应为900, 1000, 1100, 1200, 1300, 1550; H为楼层标高

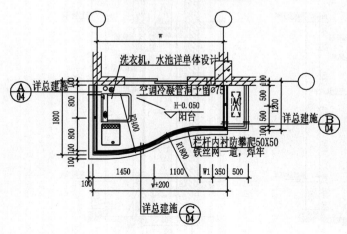

E型阳台十~十一层平面放大图 1:50

注: w尺寸为2784, 3000; w1对应为84, 300; w2对应为314, 530; H为楼层标高

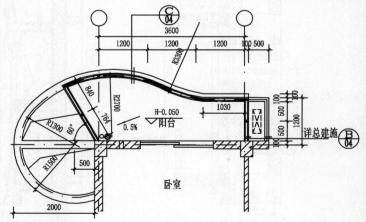

H型阳台二~九层平面放大图 1:50

▲026-大样图1

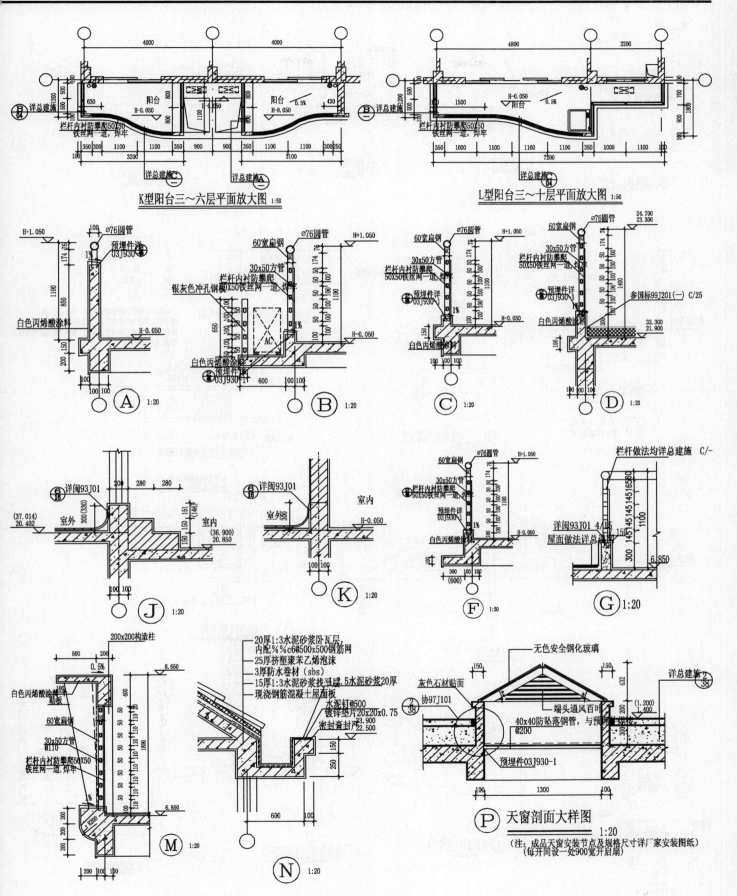

K型阳台三～六层平面放大图 1:50

L型阳台三～十层平面放大图 1:50

P 天窗剖面大样图 1:20
(注: 成品天窗安装节点及规格尺寸详厂家安装图纸)
(每开间设一处900宽开启扇)

阳台详图

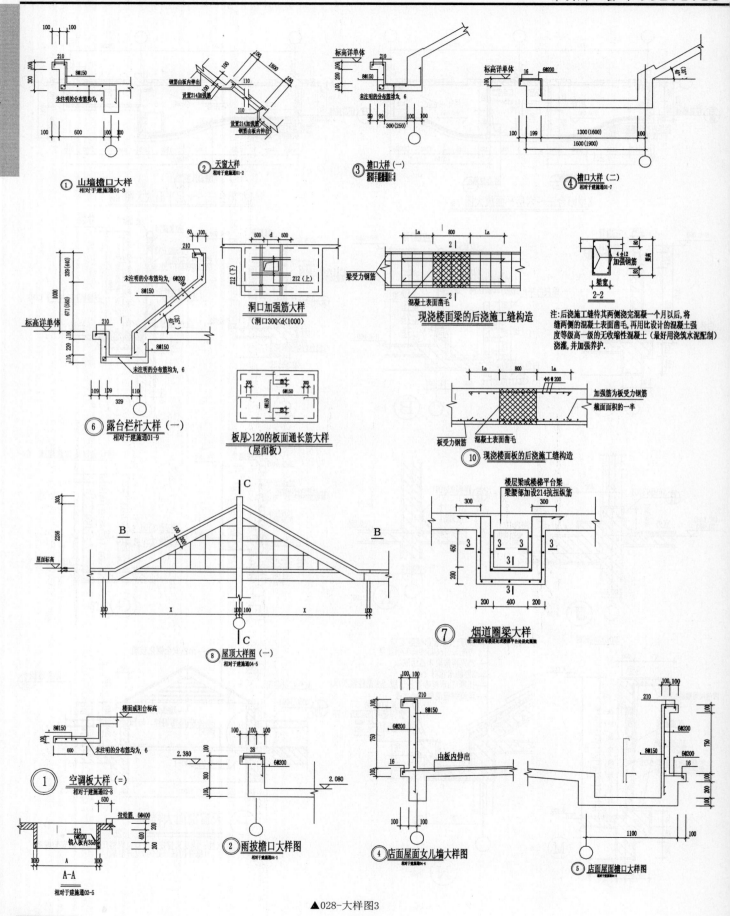

① 山墙檐口大样
相对于建施通01-3

② 天窗大样
相对于建施通01-2

③ 檐口大样（一）
相对于建施通01-6

④ 檐口大样（二）
相对于建施通01-7

⑥ 露台栏杆大样（一）
相对于建施通01-9

洞口加强筋大样
（洞口300≤d＜1000）

板厚≥120的板面通长筋大样
（屋面板）

现浇楼面梁的后浇施工缝构造

2-2

注:后浇施工缝待其两侧浇完混凝一个月以后,将缝两侧的混凝土表面凿毛,再用比设计的混凝土强度等级高一级的无收缩性混凝土(最好用浇筑水泥配制)浇灌,并加强养护.

⑩ 现浇楼面板的后浇施工缝构造

⑧ 屋顶大样图（一）
相对于建施通04-5

⑦ 烟道圈梁大样

① 空调板大样（=）
相对于建施通02-8

A-A
相对于建施通02-5

② 雨披檐口大样图
相对于建施通04-1

④ 店面屋面女儿墙大样图
相对于建施通04-4

⑤ 店面屋面檐口大样图
相对于建施通04-4

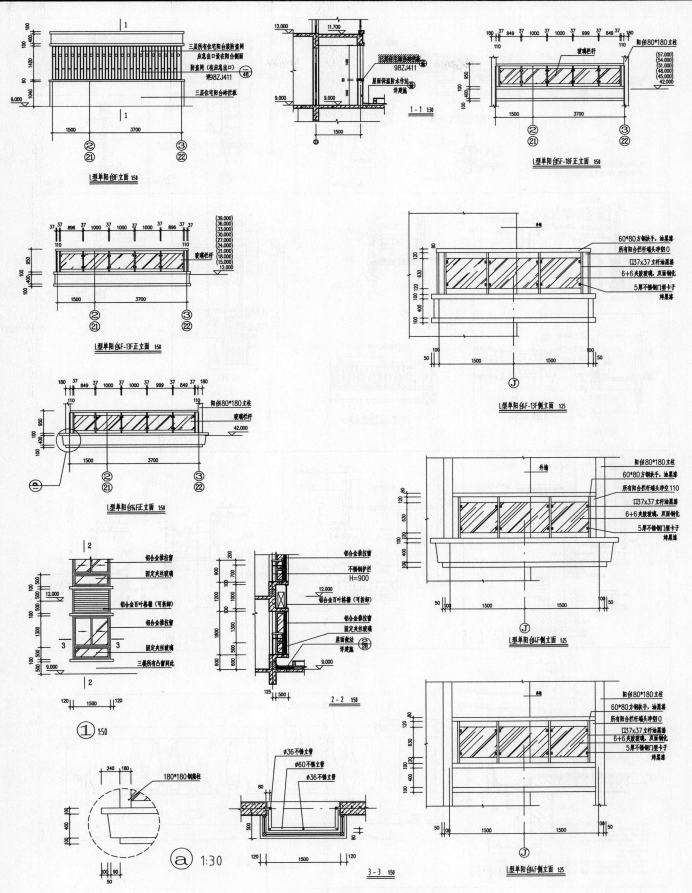

▲029-高层建筑施工图-L型阳台详图

阳台详图

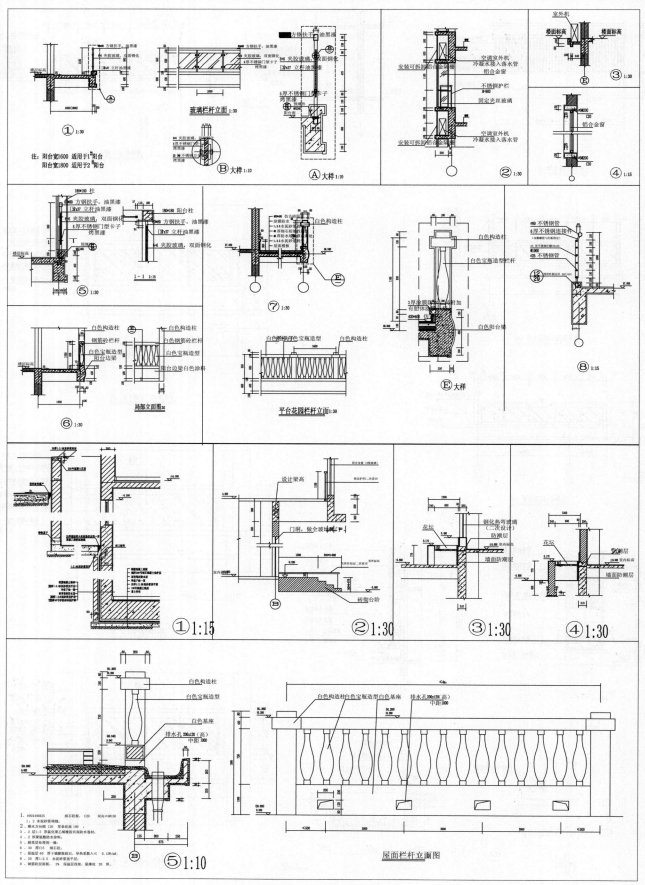

▲030-高层建筑施工图-双联型阳台详图1

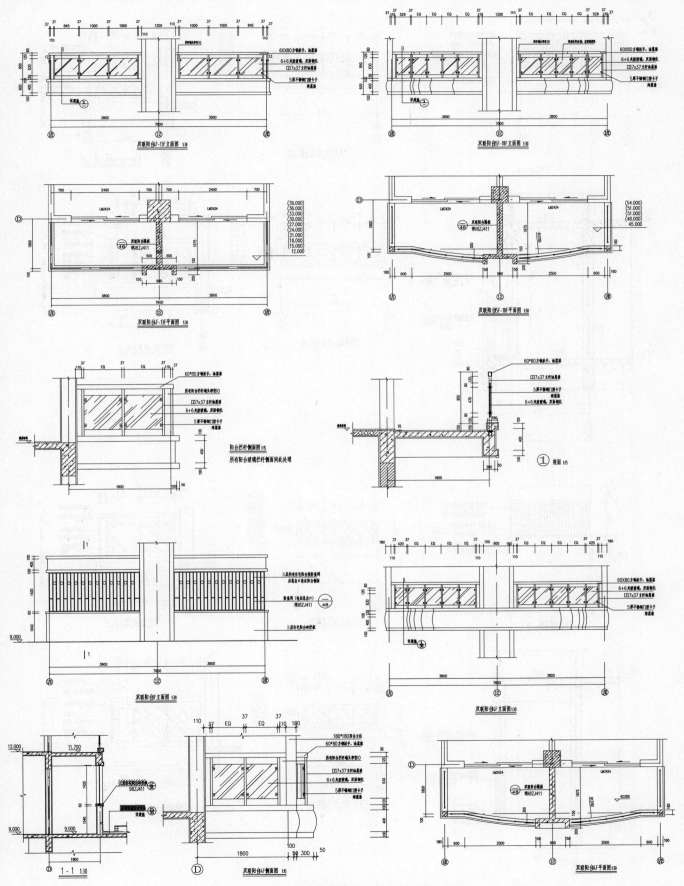

▲031-高层建筑施工图-双联型阳台详图2

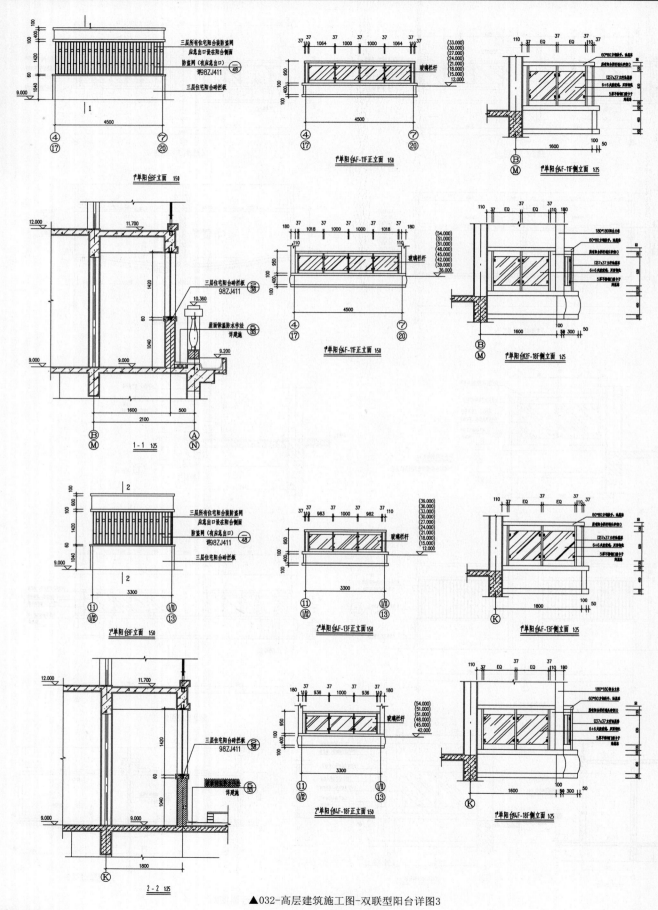

▲032-高层建筑施工图-双联型阳台详图3

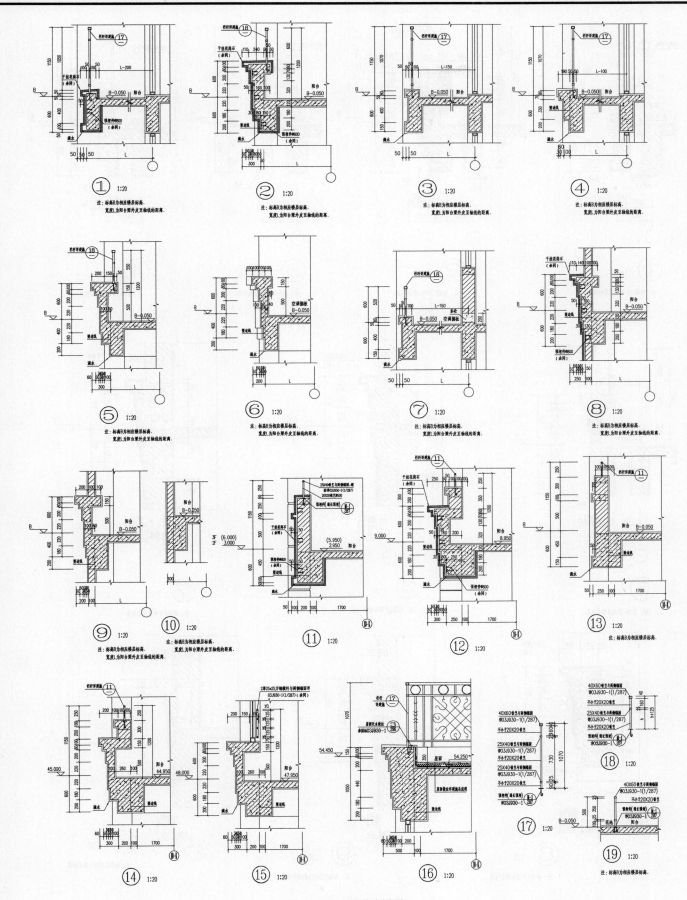

▲33-节点详图1

阳
台
详
图

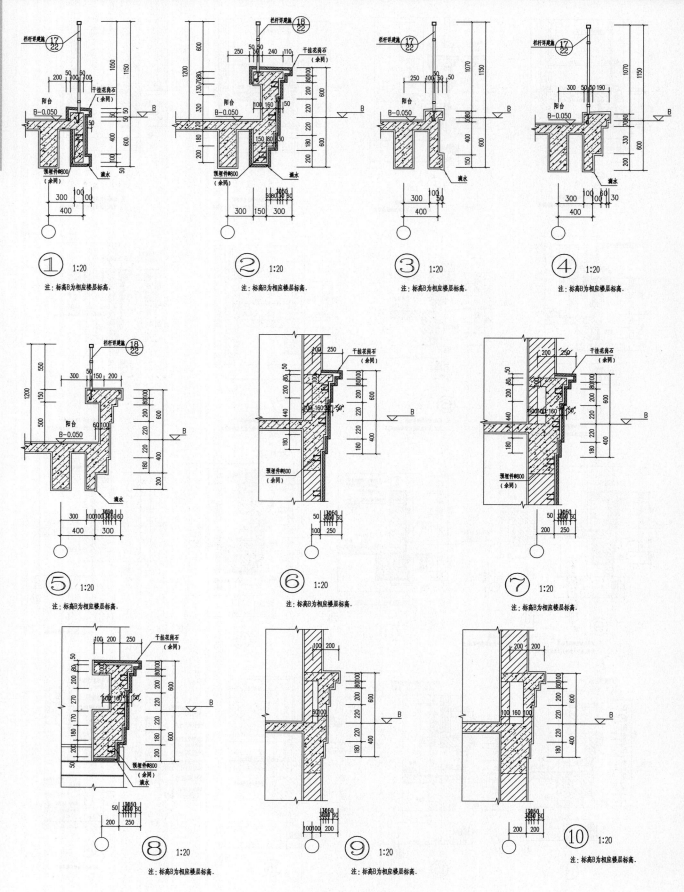

① 1:20

注: 标高B为相应楼层标高.

② 1:20

注: 标高B为相应楼层标高.

③ 1:20

注: 标高B为相应楼层标高.

④ 1:20

注: 标高B为相应楼层标高.

⑤ 1:20

注: 标高B为相应楼层标高.

⑥ 1:20

注: 标高B为相应楼层标高.

⑦ 1:20

注: 标高B为相应楼层标高.

⑧ 1:20

注: 标高B为相应楼层标高.

⑨ 1:20

注: 标高B为相应楼层标高.

⑩ 1:20

注: 标高B为相应楼层标高.

▲034-节点详图2-1

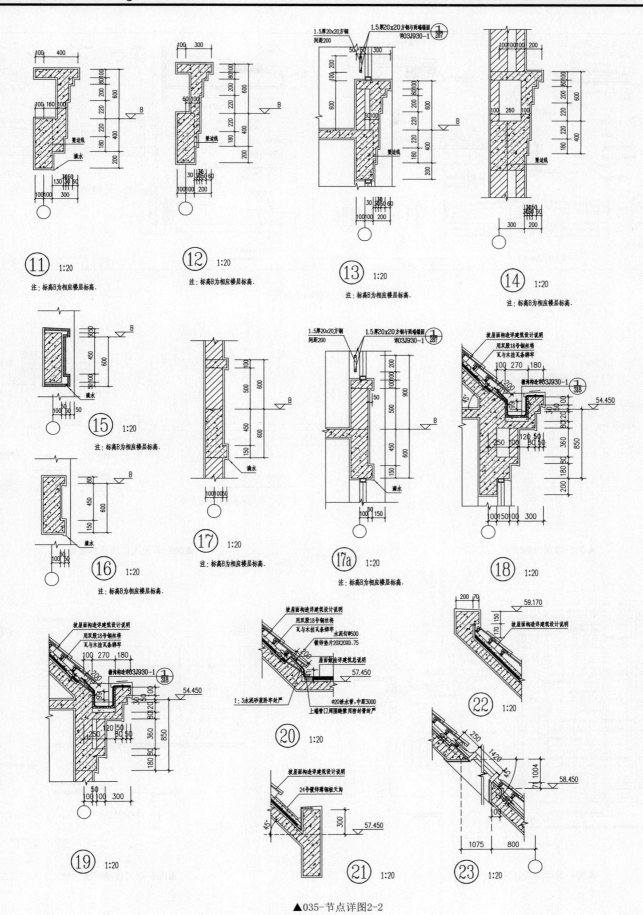

▲035-节点详图2-2

玻璃雨蓬

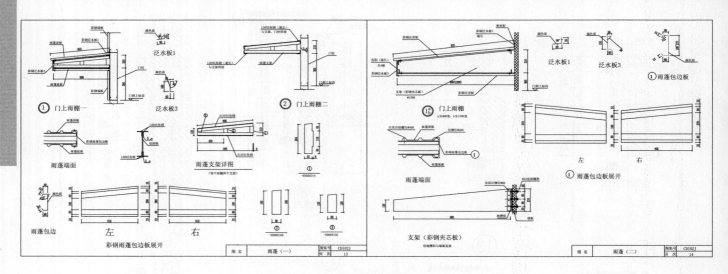

▲001-YX09a型雨蓬

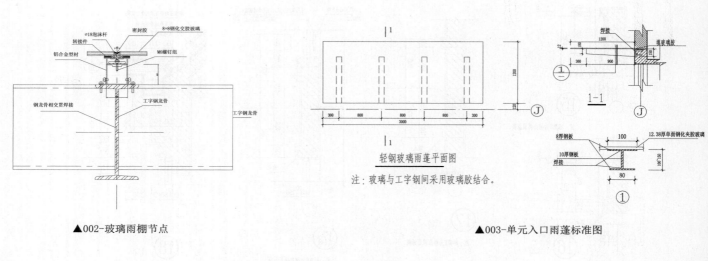

▲002-玻璃雨棚节点

轻钢玻璃雨蓬平面图

注: 玻璃与工字钢间采用玻璃胶结合。

▲003-单元入口雨蓬标准图

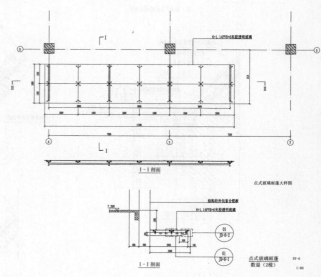

▲004-玻璃雨蓬详图

▲005-点式玻璃雨蓬大样

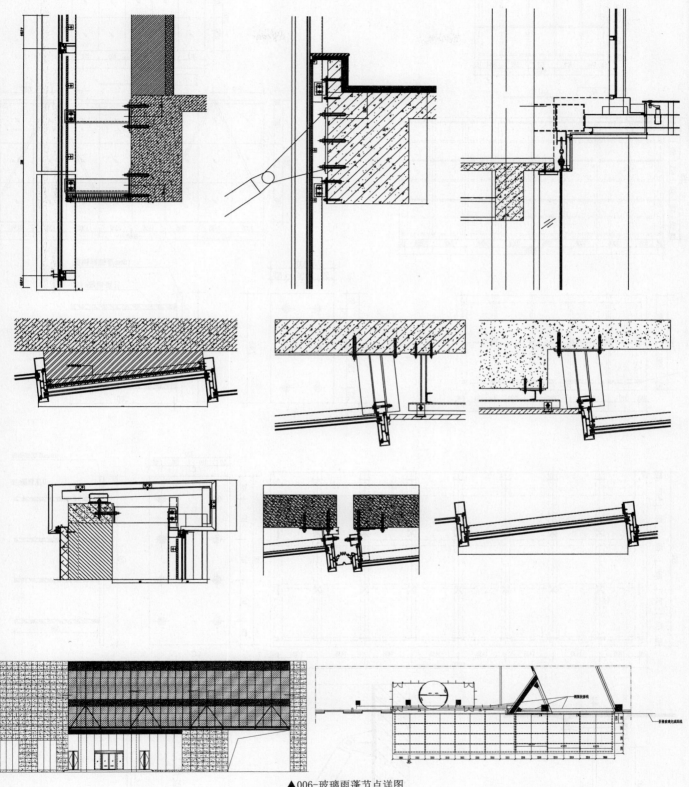

▲006-玻璃雨蓬节点详图

玻璃雨蓬

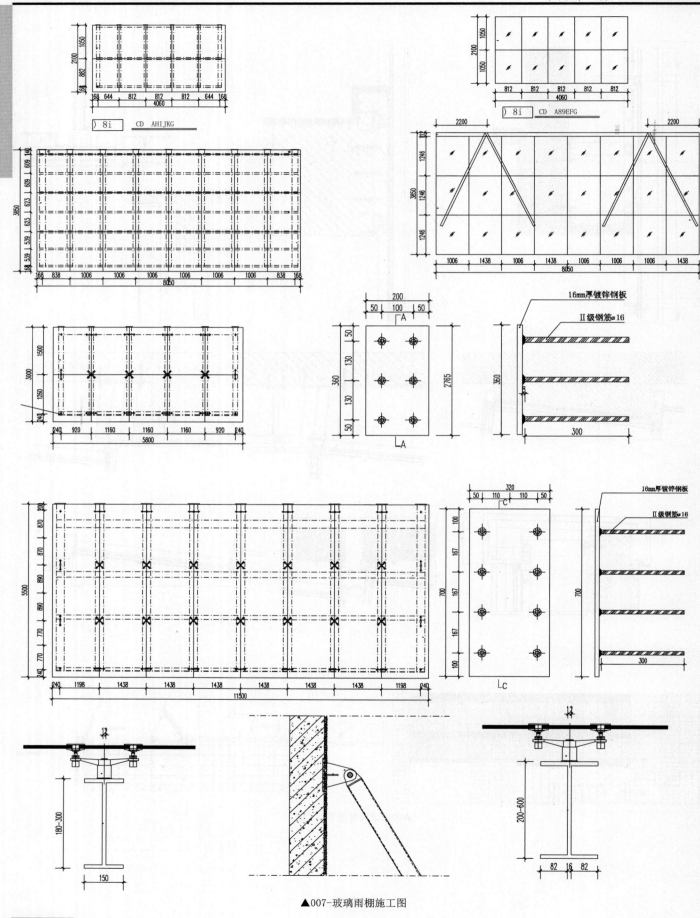

16mm厚镀锌钢板

Ⅱ级钢筋∅16

▲007-玻璃雨棚施工图

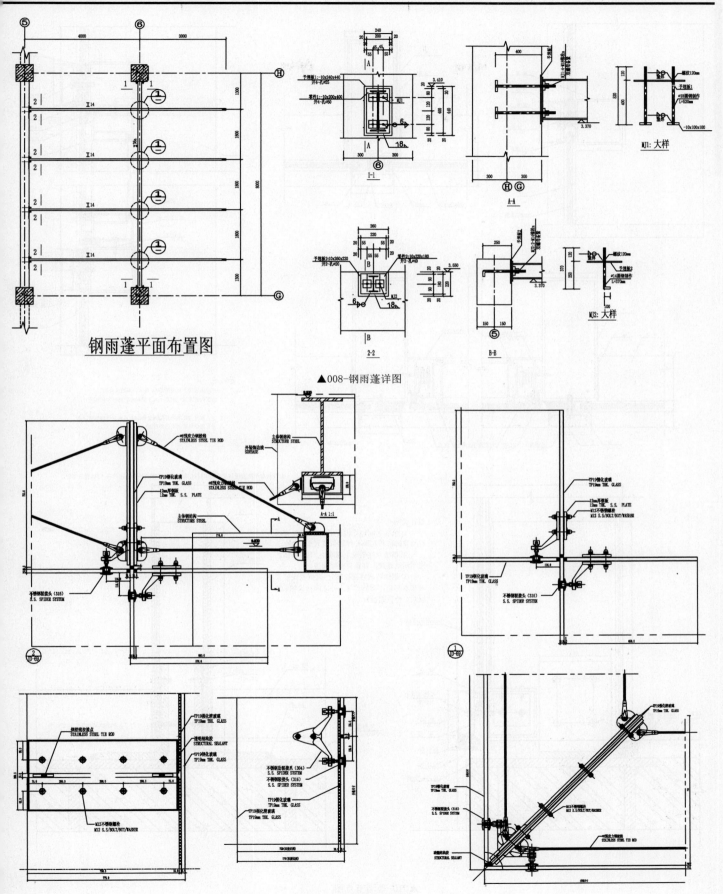

钢雨蓬平面布置图

▲008-钢雨蓬详图

▲009-拉索幕墙节点

玻璃雨蓬

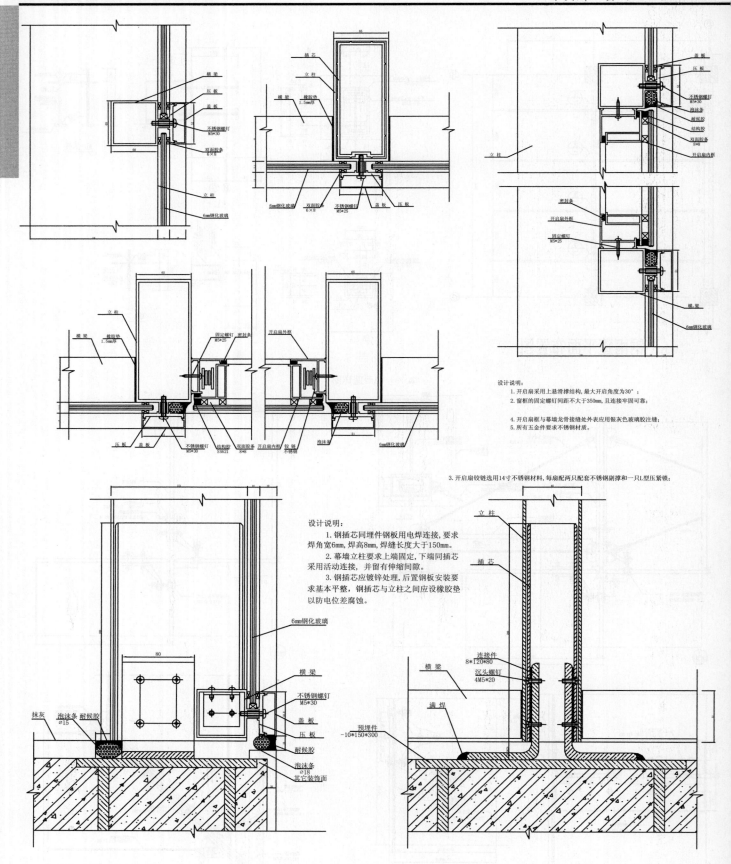

设计说明:
1. 开启扇采用上悬滑撑结构, 最大开启角度为30°;
2. 窗框的固定螺钉间距不大于350mm, 且连接牢固可靠;
4. 开启扇框与幕墙龙骨接缝处外表应用银灰色玻璃胶注缝;
5. 所有五金件要求不锈钢材质。

3. 开启扇铰链选用14寸不锈钢材料, 每扇配两只配套不锈钢副撑和一只L型压紧锁;

设计说明:
1. 钢插芯同埋件钢板用电焊连接, 要求焊角宽6mm, 焊高8mm, 焊缝长度大于150mm。
2. 幕墙立柱要求上端固定, 下端同插芯采用活动连接, 并留有伸缩间隙。
3. 钢插芯应镀锌处理, 后置钢板安装要求基本平整, 钢插芯与立柱之间应设橡胶垫以防电位差腐蚀。

▲010-幕墙节点图

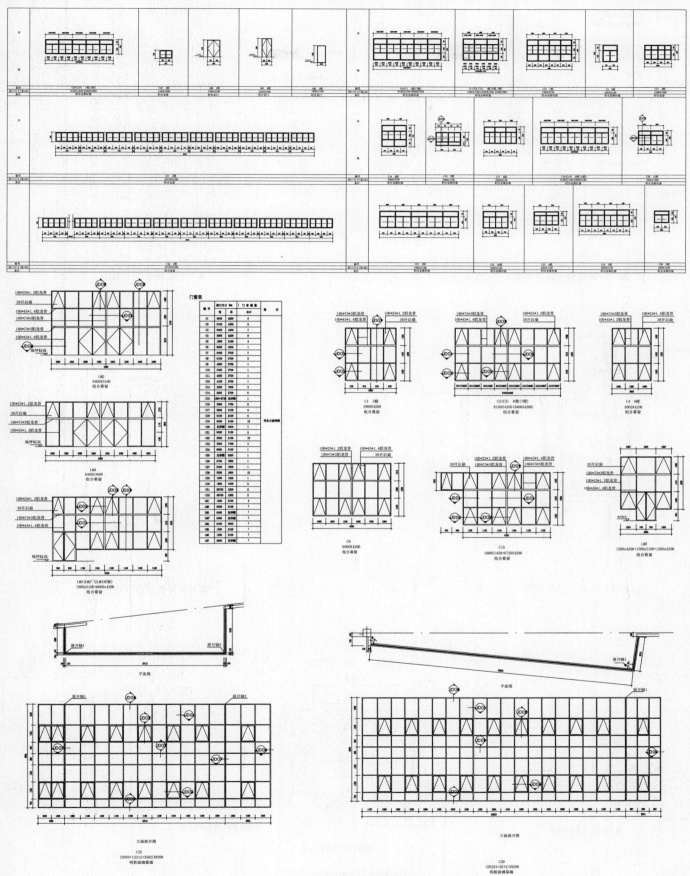

▲011-幕墙立面及分格图

玻璃雨蓬

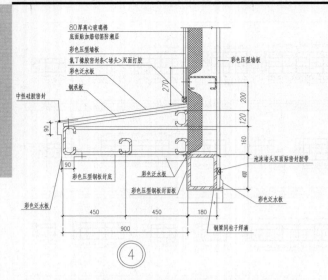

80厚离心玻璃棉
底面贴加筋铝箔防潮层
彩色压型墙板
氯丁橡胶密封条<堵头>双面打胶
彩色泛水板
钢承板
彩色压型钢板封底
彩色泛水板
彩色压型钢板封面板
彩色泛水板
中性硅胶密封
泡沫堵头双面贴密封胶带
钢梁同柱子焊满
彩色压型墙板
④

270
200
120
160
400

90
90
450
450
180
900

▲012-钢结构—雨蓬详图

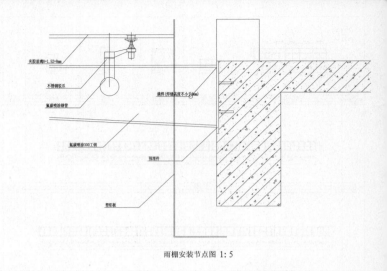

夹胶玻璃8+1.52+8mm
不锈钢锐爪
氟碳喷涂钢管
氟碳喷涂300工钢
预埋件
塑铝板
滴焊(焊缝高度不小于6mm)

雨棚安装节点图 1:5

▲013-雨棚安装节点图

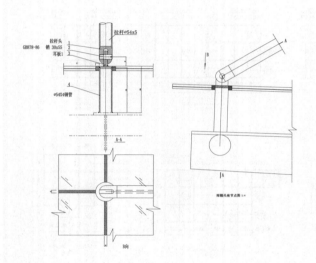

拉杆头
销 30x55
耳板1
GB878-86
拉杆∅54x5
∅54X4钢管
A-A
B向

▲014-雨棚吊座节点图

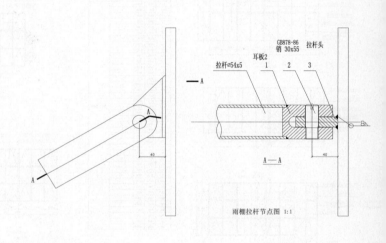

GB878-86
销 30x55
拉杆头
耳板2
拉杆∅54x5
1 2 3
A—A
40

雨棚拉杆节点图 1:1

▲015-雨棚拉杆节点图

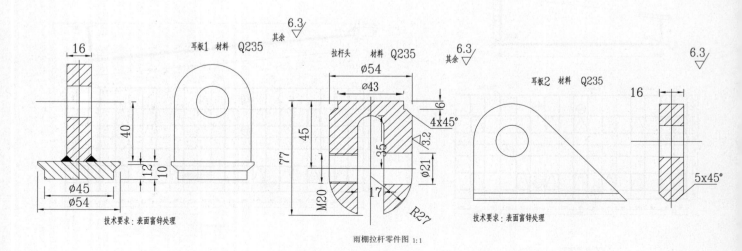

耳板1 材料 Q235
6.3 其余
16
40
12
10
∅45
∅54
技术要求:表面富锌处理

拉杆头 材料 Q235
6.3 其余
∅54
∅43
6
4x45°
3.2
45
77
35
M20
17
∅21
R27
雨棚拉杆零件图 1:1

耳板2 材料 Q235
6.3
16
5x45°
技术要求:表面富锌处理

▲016-雨棚拉杆零件图

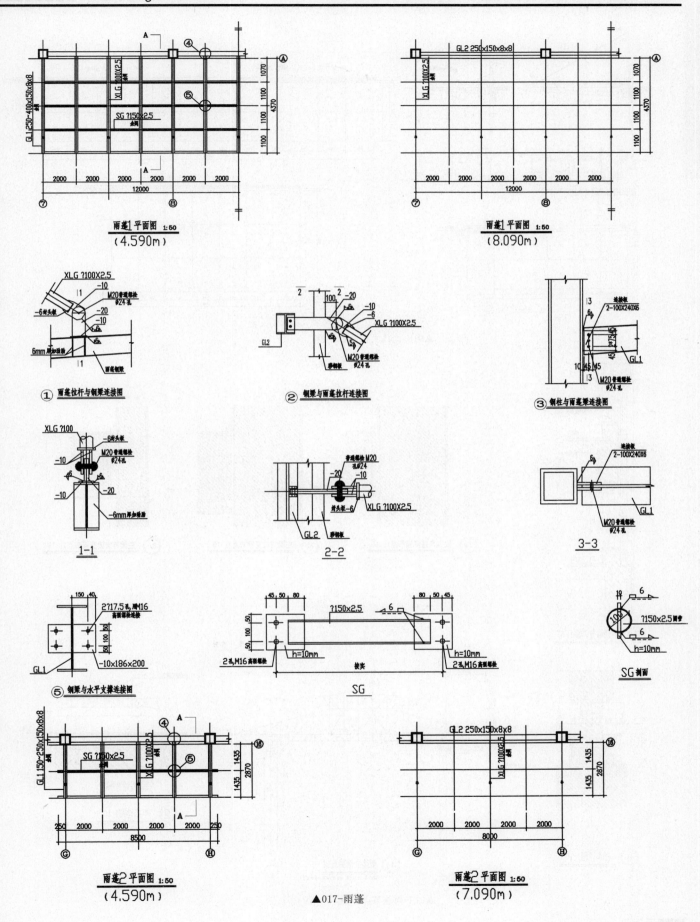

雨蓬1 平面图 1:50
(4.590m)

雨蓬1 平面图 1:50
(8.090m)

① 雨蓬拉杆与钢梁连接图

② 钢梁与雨蓬拉杆连接图

③ 钢柱与雨蓬梁连接图

1-1

2-2

3-3

⑤ 钢梁与水平支撑连接图

SG

SG 剖面

雨蓬2 平面图 1:50
(4.590m)

雨蓬2 平面图 1:50
(7.090m)

▲017-雨蓬

玻璃雨蓬

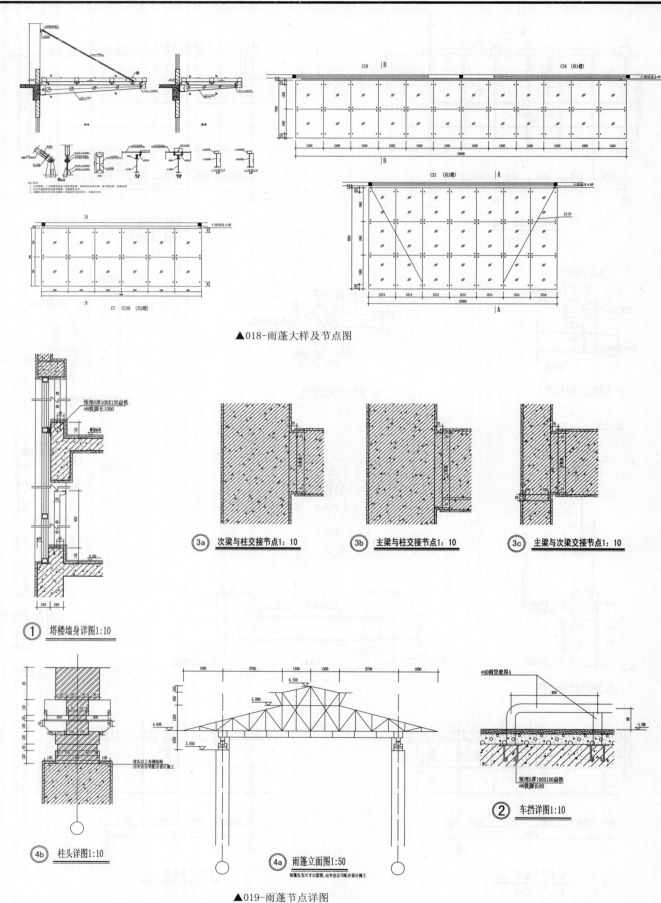

▲018-雨蓬大样及节点图

① 塔楼墙身详图1:10

3a 次梁与柱交接节点1:10

3b 主梁与柱交接节点1:10

3c 主梁与次梁交接节点1:10

4b 柱头详图1:10

4a 雨蓬立面图1:50

② 车挡详图1:10

▲019-雨蓬节点详图

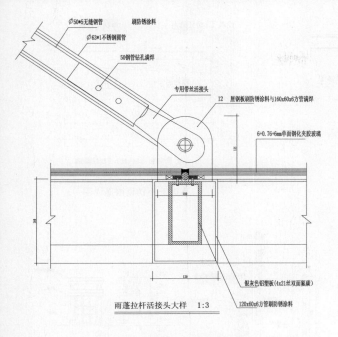

雨蓬拉杆活接头大样　1:3

▲020-雨蓬拉杆活接头大样

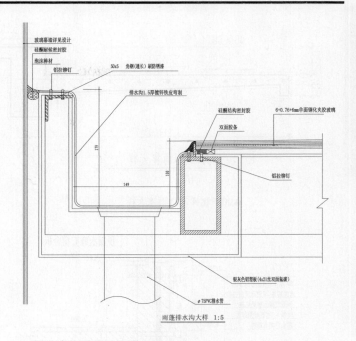

雨蓬排水沟大样　1:5

▲021-雨蓬排水沟大样

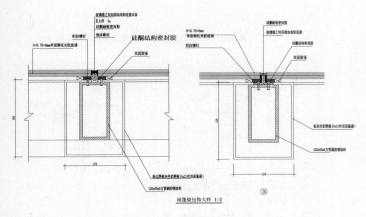

雨蓬梁包饰大样　1:2

▲022-雨蓬梁包饰大样

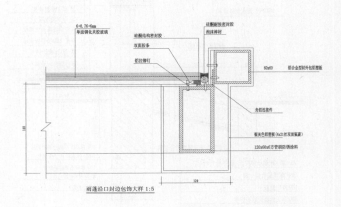

雨蓬沿口封边包饰大样 1:5

▲023-雨蓬沿口封边包饰大样

混凝土雨蓬

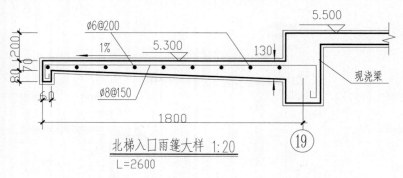

▲001-北梯入口雨篷大样

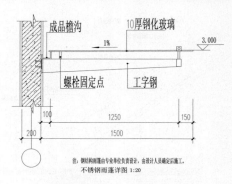

▲002-不锈钢雨蓬详图

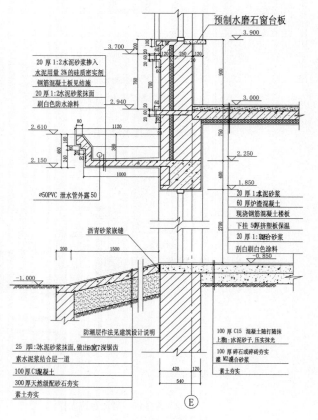

▲003-车库入口坡道雨蓬做法

▲004-法式雨蓬线脚与排水设施做法详图

▲005-法式雨蓬线脚做法详图

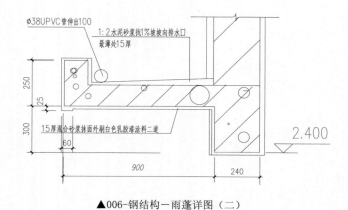

▲006-钢结构一雨蓬详图（二）

▲007-楼梯间雨蓬详图(北入口)

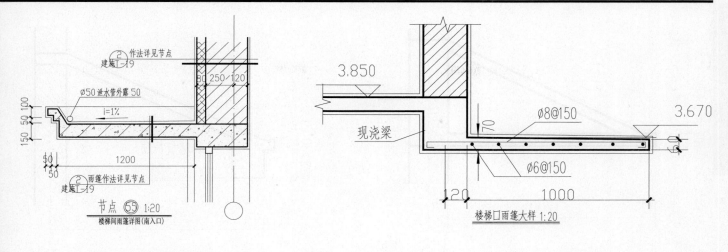

▲008-楼梯间雨篷详图(南入口)

▲009-楼梯口雨篷大样

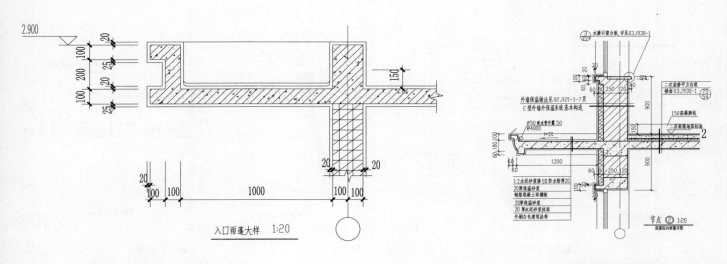

▲010-入口雨蓬大样

▲011-商服院内雨篷详图

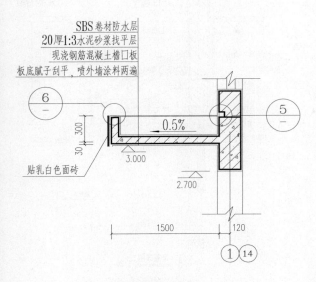

▲012-雨棚详图1

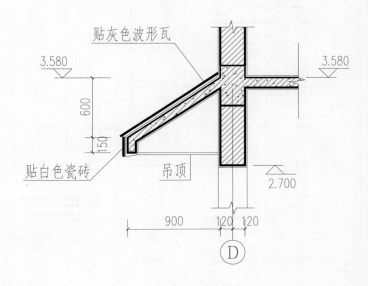

▲013-雨棚详图2

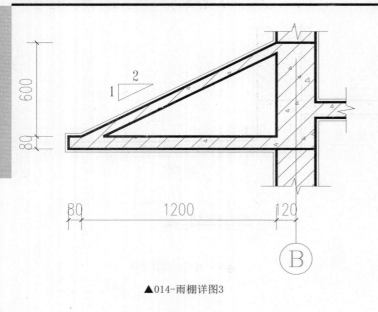

▲014-雨棚详图3

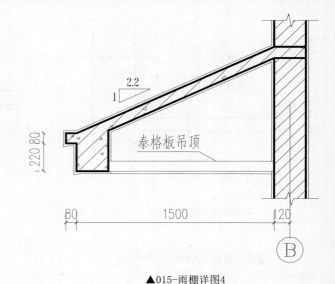

▲015-雨棚详图4

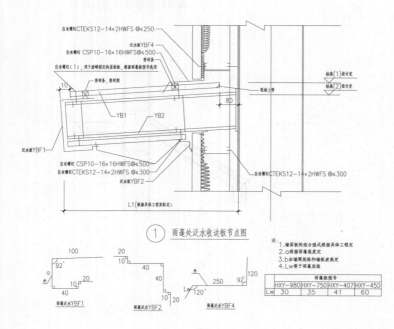

▲016-雨蓬1　　　　　　　　▲017-雨蓬2

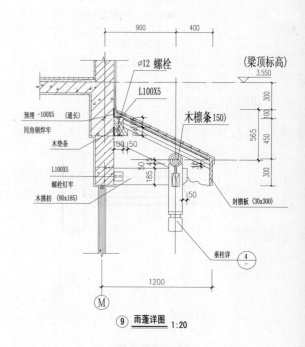

▲018-雨蓬处泛水收边板节点图2　　　　　　▲019-雨蓬详图

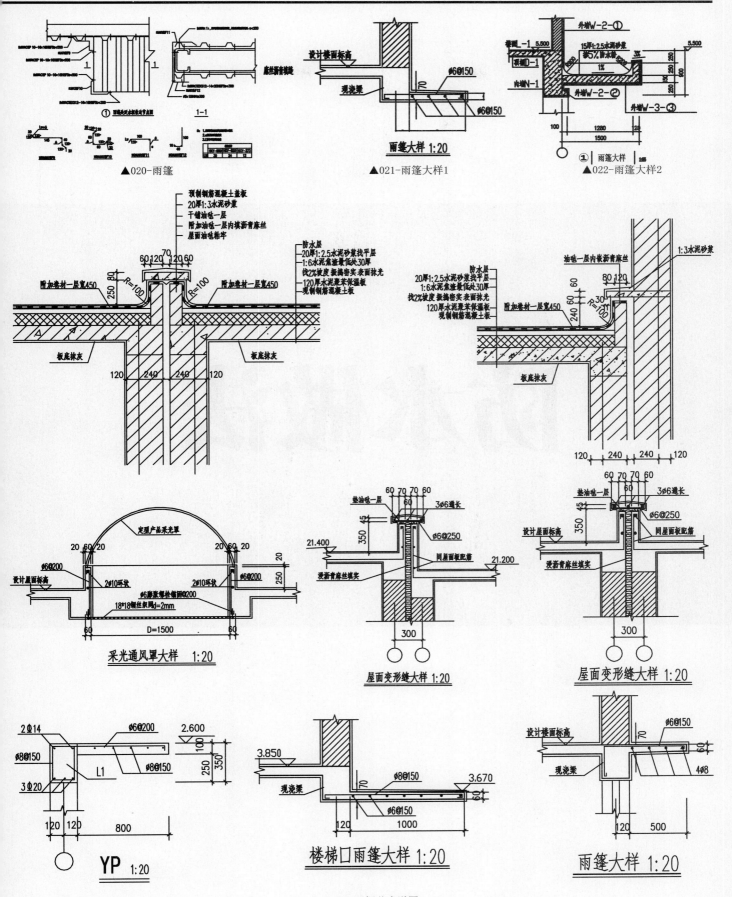

▲020-雨篷　　　▲021-雨篷大样1　　　▲022-雨篷大样2

雨篷大样 1:20

① 雨篷大样

采光通风罩大样 1:20

屋面变形缝大样 1:20　　　屋面变形缝大样 1:20

YP 1:20　　　楼梯口雨篷大样 1:20　　　雨篷大样 1:20

▲023-雨棚节点详图

防水做法

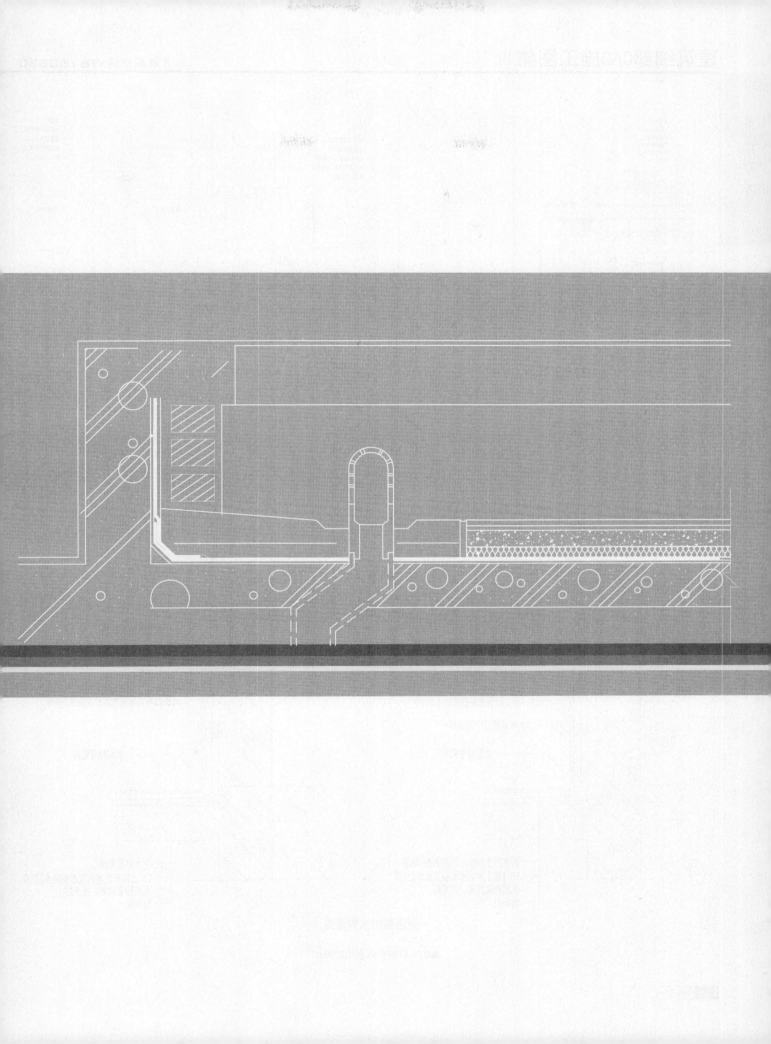

厨厕防水

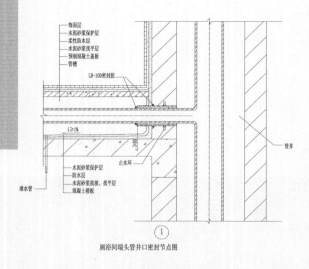

饰面层
水泥砂浆保护层
柔性防水层
水泥砂浆找平层
预制混凝土盖板
管槽
LB-10D密封胶

i≥1%

止水环

水泥砂浆保护层
防水层
水泥砂浆找坡、找平层
混凝土楼板

泄水管

管井

厕浴间端头管井口密封节点图

①

▲001-厕浴间端头管井口密封节点图

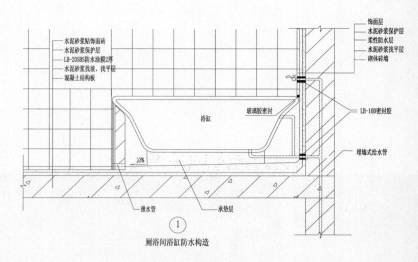

水泥砂浆贴饰面砖
水泥砂浆保护层
LB-20SBS防水涂膜2厚
水泥砂浆找坡、找平层
混凝土结构板

浴缸
玻璃胶密封

饰面层
水泥砂浆保护层
柔性防水层
水泥砂浆找平层
砌体砖墙

LB-10D密封胶

埋墙式给水管

≥3%

泄水管
承垫层

厕浴间浴缸防水构造

①

▲002-厕浴间浴缸防水构造

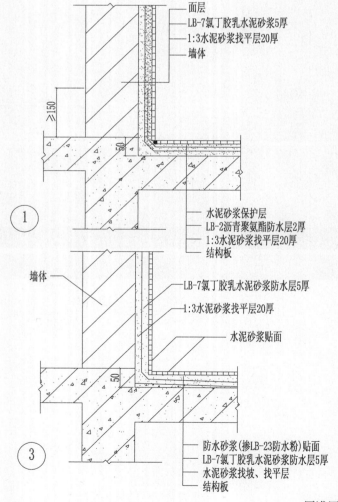

①

面层
LB-7氯丁胶乳水泥砂浆5厚
1:3水泥砂浆找平层20厚
墙体

≥150

50

水泥砂浆保护层
LB-2沥青聚氨酯防水层2厚
1:3水泥砂浆找平层20厚
结构板

③

墙体

LB-7氯丁胶乳水泥砂浆防水层5厚
1:3水泥砂浆找平层20厚
水泥砂浆贴面

50

防水砂浆(掺LB-23防水粉)贴面
LB-7氯丁胶乳水泥砂浆防水层5厚
水泥砂浆找坡、找平层
结构板

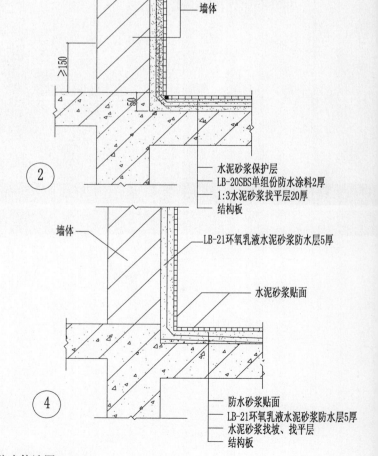

②

面层
LB-14弹性水泥3厚
1:3水泥砂浆找平层20厚
墙体

≥150

50

水泥砂浆保护层
LB-20SBS单组份防水涂料2厚
1:3水泥砂浆找平层20厚
结构板

④

墙体

LB-21环氧乳液水泥砂浆防水层5厚
水泥砂浆贴面

防水砂浆贴面
LB-21环氧乳液水泥砂浆防水层5厚
水泥砂浆找坡、找平层
结构板

厨浴厕防水构造图

▲003-厨浴厕防水构造图1

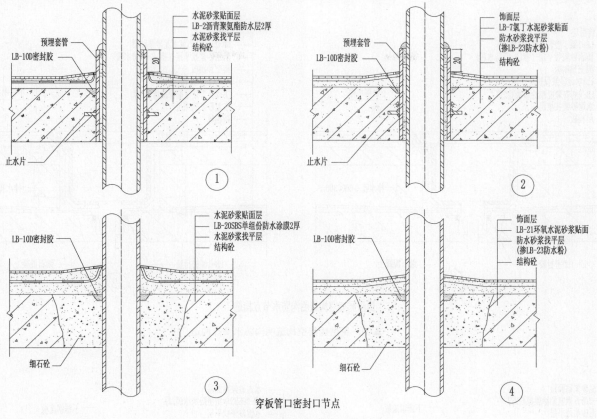

①

预埋套管
LB-10D密封胶
止水片
水泥砂浆贴面层
LB-2沥青聚氨酯防水层2厚
水泥砂浆找平层
结构砼

②

预埋套管
LB-10D密封胶
止水片
饰面层
LB-7氯丁水泥砂浆贴面
防水砂浆找平层
(掺LB-23防水粉)
结构砼

③

LB-10D密封胶
细石砼
水泥砂浆贴面层
LB-20SBS单组份防水涂膜2厚
水泥砂浆找平层
结构砼

④

LB-10D密封胶
细石砼
饰面层
LB-21环氧水泥砂浆贴面
防水砂浆找平层
(掺LB-23防水粉)
结构砼

穿板管口密封口节点

▲004-穿板管口密封口节点

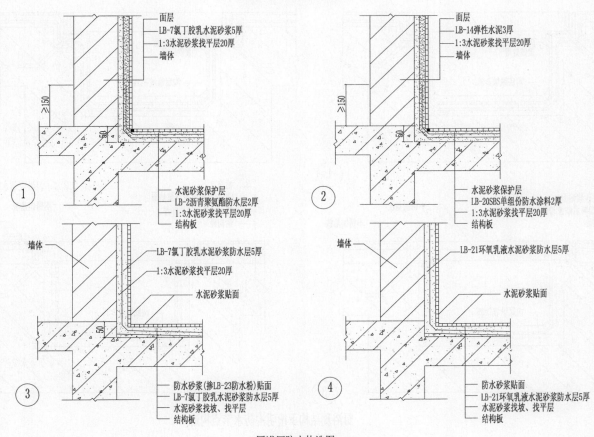

①

面层
LB-7氯丁胶乳水泥砂浆5厚
1:3水泥砂浆找平层20厚
墙体

水泥砂浆保护层
LB-2沥青聚氨酯防水层2厚
1:3水泥砂浆找平层20厚
结构板

墙体
LB-7氯丁胶乳水泥砂浆防水层5厚
1:3水泥砂浆找平层20厚
水泥砂浆贴面

③

防水砂浆(掺LB-23防水粉)贴面
LB-7氯丁胶乳水泥砂浆防水层5厚
水泥砂浆找坡、找平层
结构板

②

面层
LB-14弹性水泥3厚
1:3水泥砂浆找平层20厚
墙体

水泥砂浆保护层
LB-20SBS单组份防水涂料2厚
1:3水泥砂浆找平层20厚
结构板

墙体
LB-21环氧乳液水泥砂浆防水层5厚
水泥砂浆贴面

④

防水砂浆贴面
LB-21环氧乳液水泥砂浆防水层5厚
水泥砂浆找坡、找平层
结构板

厨浴厕防水构造图

▲005-厨浴厕防水构造图2

厨厕防水

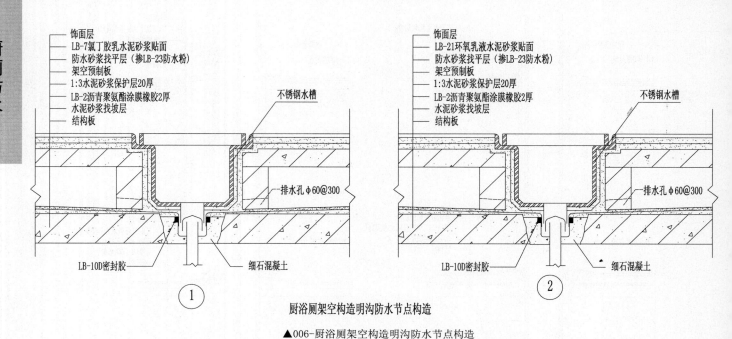

饰面层
LB-7氯丁胶乳水泥砂浆贴面
防水砂浆找平层(掺LB-23防水粉)
架空预制板
1:3水泥砂浆保护层20厚
LB-2沥青聚氨酯涂膜橡胶2厚
水泥砂浆找坡层
结构板

不锈钢水槽

排水孔φ60@300

LB-10D密封胶   细石混凝土

①

饰面层
LB-21环氧乳液水泥砂浆贴面
防水砂浆找平层(掺LB-23防水粉)
架空预制板
1:3水泥砂浆保护层20厚
LB-2沥青聚氨酯涂膜橡胶2厚
水泥砂浆找坡层
结构板

不锈钢水槽

排水孔φ60@300

LB-10D密封胶   细石混凝土

②

厨浴厕架空构造明沟防水节点构造

▲006-厨浴厕架空构造明沟防水节点构造

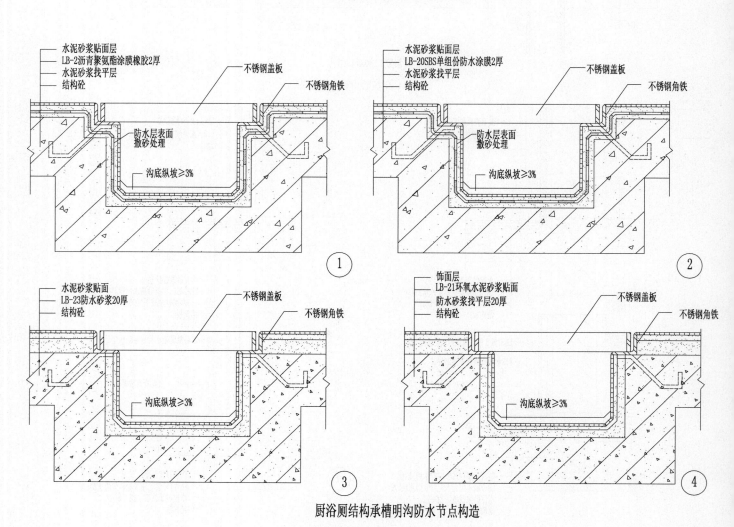

水泥砂浆贴面层
LB-2沥青聚氨酯涂膜橡胶2厚
水泥砂浆找平层
结构砼

不锈钢盖板
不锈钢角铁

防水层表面
撒砂处理

沟底纵坡≥3%

①

水泥砂浆贴面层
LB-20SBS单组份防水涂膜2厚
水泥砂浆找平层
结构砼

不锈钢盖板
不锈钢角铁

防水层表面
撒砂处理

沟底纵坡≥3%

②

水泥砂浆贴面
LB-23防水砂浆20厚
结构砼

不锈钢盖板
不锈钢角铁

沟底纵坡≥3%

③

饰面层
LB-21环氧水泥砂浆贴面
防水砂浆找平层20厚
结构砼

不锈钢盖板
不锈钢角铁

沟底纵坡≥3%

④

厨浴厕结构承槽明沟防水节点构造

▲007-厨浴厕结构承槽明沟防水节点构造

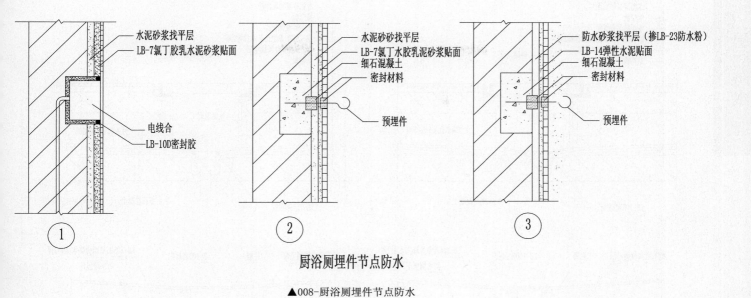

① 水泥砂浆找平层
LB-7氯丁胶乳水泥砂浆贴面
电线盒
LB-10D密封胶

② 水泥砂砂找平层
LB-7氯丁水胶乳泥砂浆贴面
细石混凝土
密封材料
预埋件

③ 防水砂浆找平层（掺LB-23防水粉）
LB-14弹性水泥贴面
细石混凝土
密封材料
预埋件

厨浴厕埋件节点防水

▲008-厨浴厕埋件节点防水

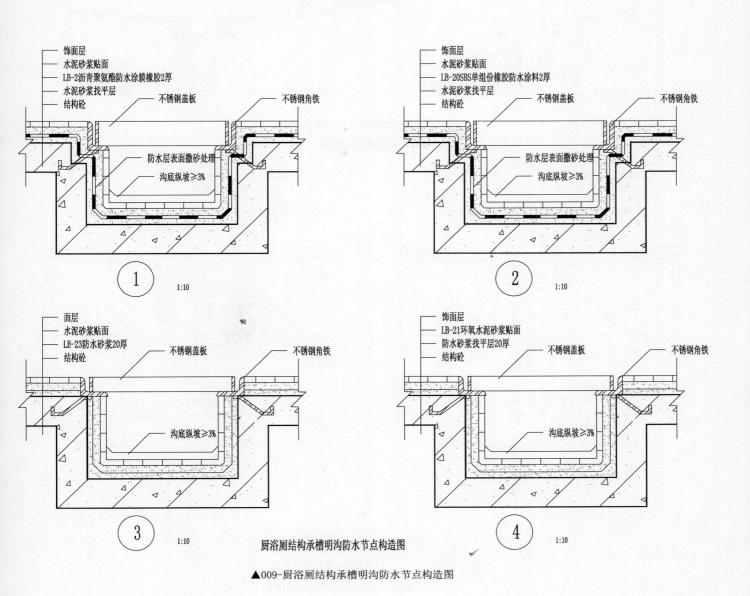

① 饰面层
水泥砂浆贴面
LB-2沥青聚氨酯防水涂膜橡胶2厚
水泥砂浆找平层
结构砼
不锈钢盖板
不锈钢角铁
防水层表面撒砂处理
沟底纵坡≥3%
1:10

② 饰面层
水泥砂浆贴面
LB-20SBS单组份橡胶防水涂料2厚
水泥砂浆找平层
结构砼
不锈钢盖板
不锈钢角铁
防水层表面撒砂处理
沟底纵坡≥3%
1:10

③ 面层
水泥砂浆贴面
LB-23防水砂浆20厚
结构砼
不锈钢盖板
不锈钢角铁
沟底纵坡≥3%
1:10

④ 饰面层
LB-21环氧水泥砂浆贴面
防水砂浆找平层20厚
结构砼
不锈钢盖板
不锈钢角铁
沟底纵坡≥3%
1:10

厨浴厕结构承槽明沟防水节点构造图

▲009-厨浴厕结构承槽明沟防水节点构造图

厨
厕
防
水

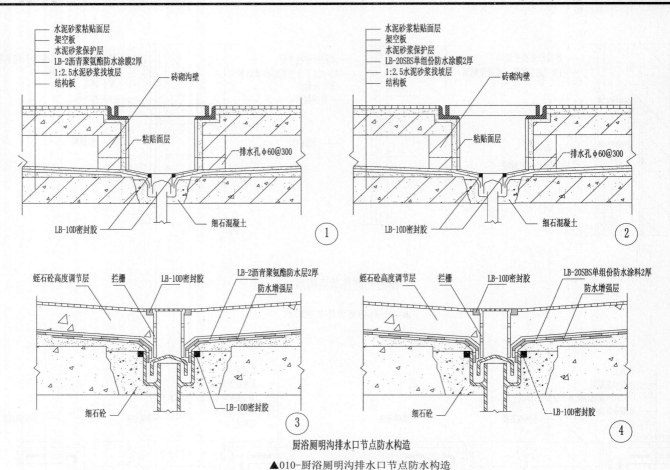

水泥砂浆粘贴面层
架空板
水泥砂浆保护层
LB-2沥青聚氨酯防水涂膜2厚
1:2.5水泥砂浆找坡层
结构板
砖砌沟壁
粘贴面层
排水孔φ60@300
LB-10D密封胶
细石混凝土
①

水泥砂浆粘贴面层
架空板
水泥砂浆保护层
LB-20SBS单组份防水涂膜2厚
1:2.5水泥砂浆找坡层
结构板
砖砌沟壁
粘贴面层
排水孔φ60@300
LB-10D密封胶
细石混凝土
②

蛭石砼高度调节层
拦栅
LB-10D密封胶
LB-2沥青聚氨酯防水层2厚
防水增强层
细石砼
LB-10D密封胶
③

蛭石砼高度调节层
拦栅
LB-10D密封胶
LB-20SBS单组份防水涂料2厚
防水增强层
细石砼
LB-10D密封胶
④

厨浴厕明沟排水口节点防水构造

▲010-厨浴厕明沟排水口节点防水构造

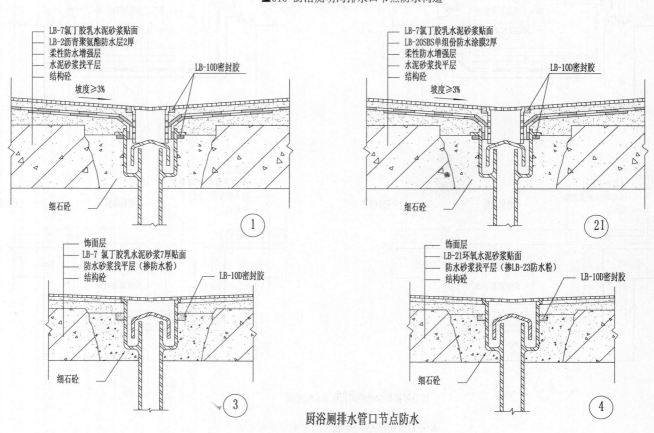

LB-7氯丁胶乳水泥砂浆贴面
LB-2沥青聚氨酯防水层2厚
柔性防水增强层
水泥砂浆找平层
结构砼
坡度≥3%
LB-10D密封胶
细石砼
①

LB-7氯丁胶乳水泥砂浆贴面
LB-20SBS单组份防水涂膜2厚
柔性防水增强层
水泥砂浆找平层
结构砼
坡度≥3%
LB-10D密封胶
细石砼
㉑

饰面层
LB-7 氯丁胶乳水泥砂浆7厚贴面
防水砂浆找平层（掺防水粉）
结构砼
LB-10D密封胶
细石砼
③

饰面层
LB-21环氧水泥砂浆贴面
防水砂浆找平层（掺LB-23防水粉）
结构砼
LB-10D密封胶
细石砼
④

厨浴厕排水管口节点防水

▲011-厨浴厕排水管口节点防水

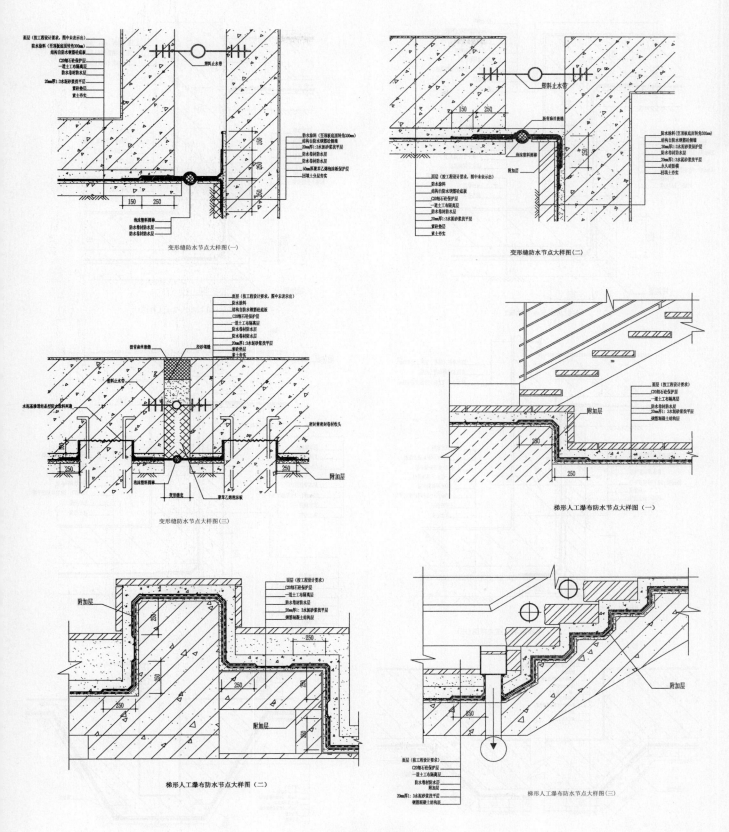

变形缝防水节点大样图(一)

变形缝防水节点大样图(二)

变形缝防水节点大样图(三)

梯形人工瀑布防水节点大样图（一）

梯形人工瀑布防水节点大样图(二)

梯形人工瀑布防水节点大样图(三)

▲012-防水节点构造合集1

厨厕防水

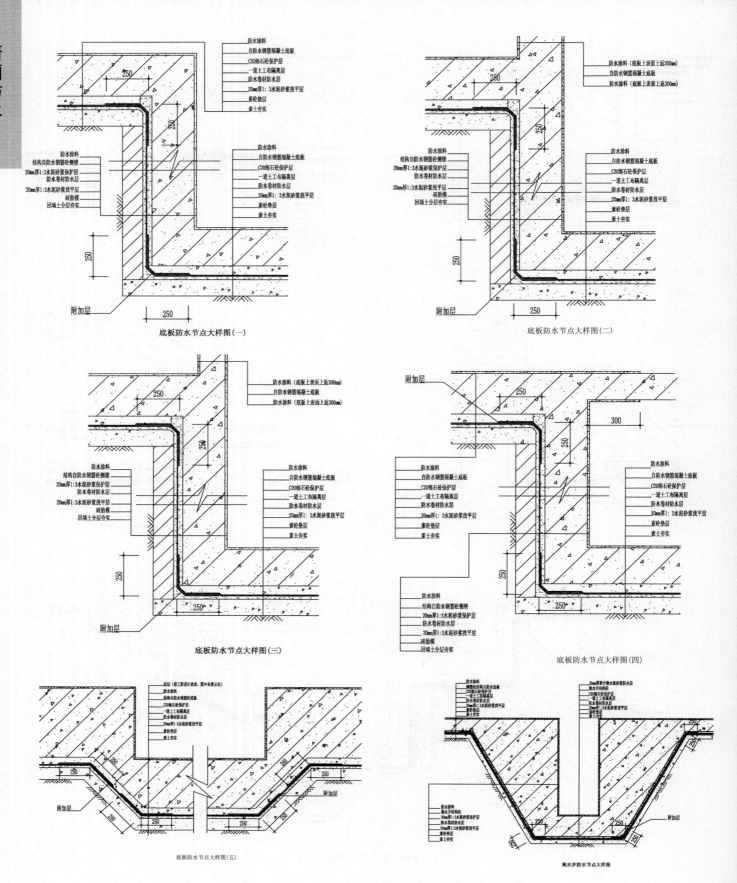

底板防水节点大样图(一)

底板防水节点大样图(二)

底板防水节点大样图(三)

底板防水节点大样图(四)

底板防水节点大样图(五)

集水井防水节点大样图

▲013-防水节点构造合集2

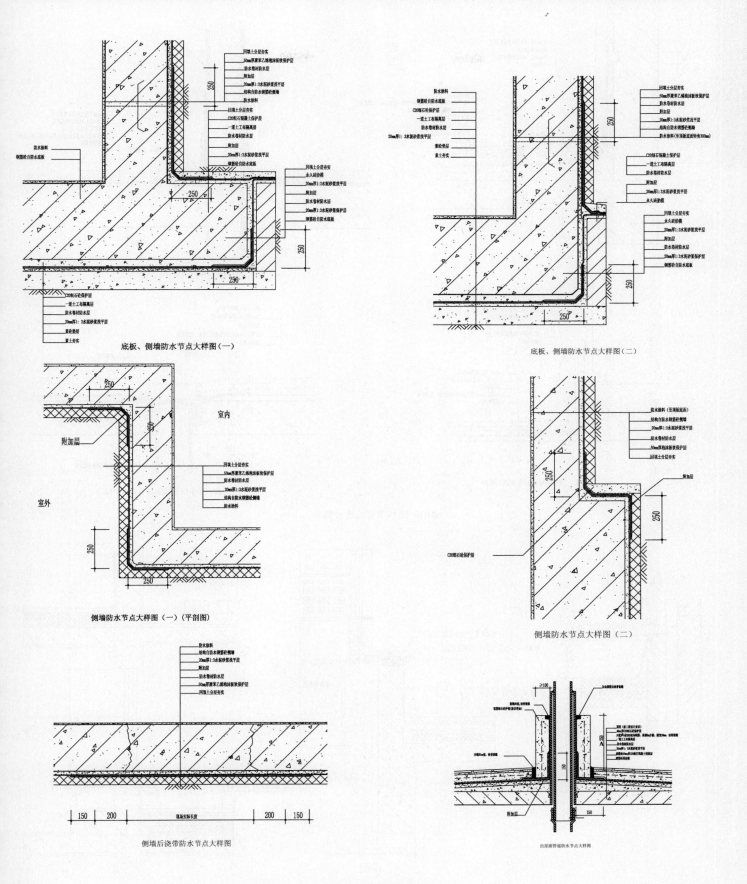

底板、侧墙防水节点大样图（一）

底板、侧墙防水节点大样图（二）

侧墙防水节点大样图（一）（平剖图）

侧墙防水节点大样图（二）

侧墙后浇带防水节点大样图

出屋面管道防水节点大样图

▲014-防水节点构造合集3

厨厕防水

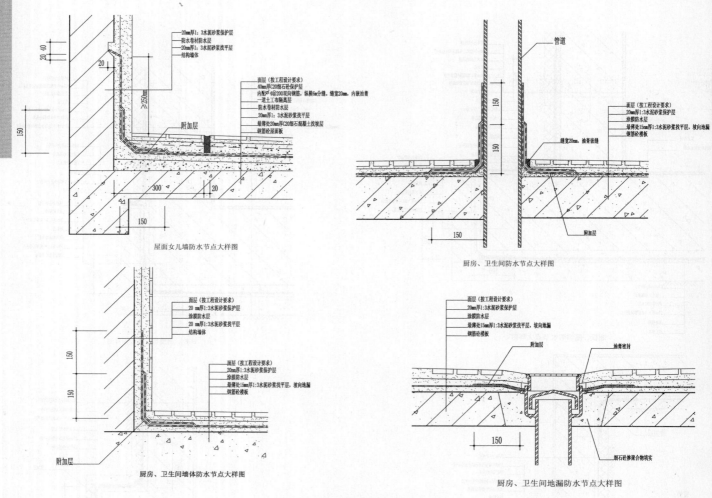

屋面女儿墙防水节点大样图

厨房、卫生间防水节点大样图

厨房、卫生间墙体防水节点大样图

厨房、卫生间地漏防水节点大样图

▲015-防水节点构造合集4

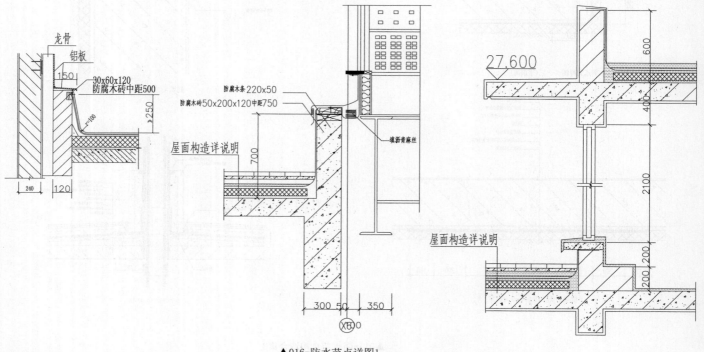

屋面构造详说明

屋面构造详说明

▲016-防水节点详图1

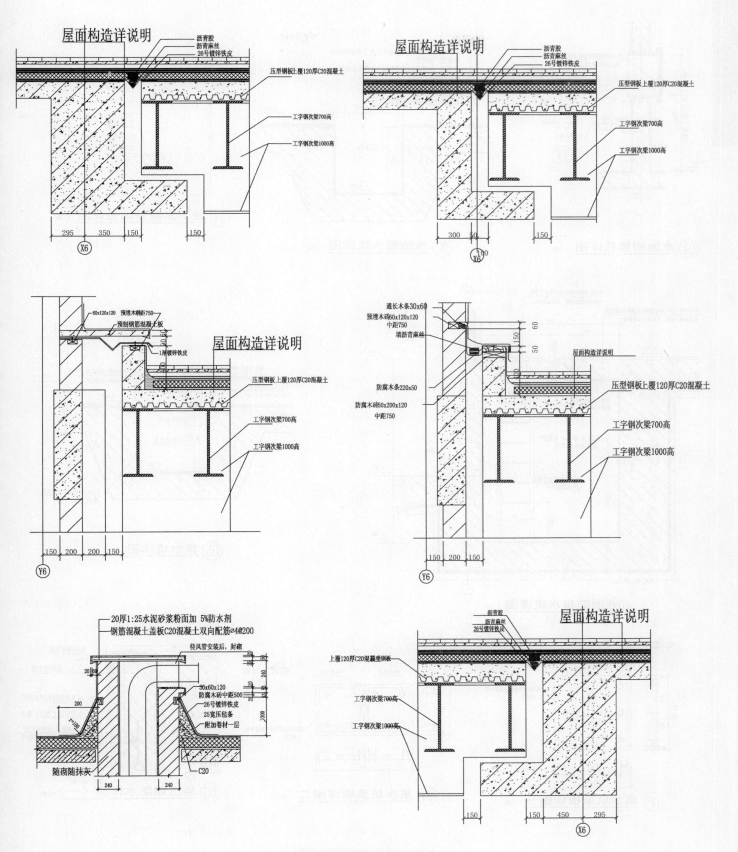

屋面构造详说明

沥青胶
沥青麻丝
26号镀锌铁皮

压型钢板上覆120厚C20混凝土

工字钢次梁700高

工字钢次梁1000高

295 350 150 150

X6

屋面构造详说明

沥青胶
沥青麻丝
26号镀锌铁皮

压型钢板上覆120厚C20混凝土

工字钢次梁700高

工字钢次梁1000高

300 50 150

X6

60x120x120
预埋木砖中距750
预制钢筋混凝土板

屋面构造详说明

1层镀锌铁皮

压型钢板上覆120厚C20混凝土

工字钢次梁700高

工字钢次梁1000高

150 200 200 150

Y6

通长木条30x60
预埋木60x120x120中距750
填沥青麻丝

屋面构造详说明

防腐木条220x50

防腐木砖50x200x120中距750

压型钢板上覆120厚C20混凝土

工字钢次梁700高

工字钢次梁1000高

60 50

150 200 150

Y6

20厚1:25水泥砂浆粉面加 5%防水剂
钢筋混凝土盖板C20混凝土双向配筋∅4@200

待风管安装后，封砌

30x60x120
防腐木砖中距500
26号镀锌铁皮
25宽压毡条
附加卷材一层

随砌随抹灰

C20

240 240

屋面构造详说明

沥青胶
沥青麻丝
26号镀锌铁皮

上覆120厚C20混凝土垫钢板

工字钢次梁700高

工字钢次梁1000高

150 150 450 295

X6

▲017-防水节点详图2

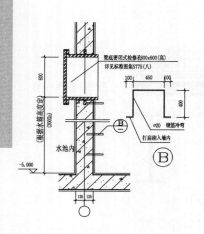

① 水池检修孔详图 1:20

梁底密闭式检修孔800x600(高)
详见标准图集S775(八)

⌀20 钢筋冷弯
打扁砌入墙内

5厚1:2 聚合物水泥砂浆抹平压光(内掺聚合物
数量见产品说明)
15厚1:3 纤维水泥砂浆打底(内掺砂浆体积0.05%
的杜拉纤维)
水池用C20 细石砼找坡2%
刷素水泥浆一道
钢筋砼底板(抗渗等级≥S8)

吸水坑

② 水池吸水坑详图 1:20

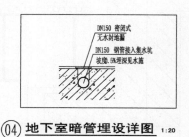

DN150 密闭式
无水封地漏
DN150 钢管接入集水坑
坡度0.5%埋深见水施

④ 地下室暗管埋设详图 1:20

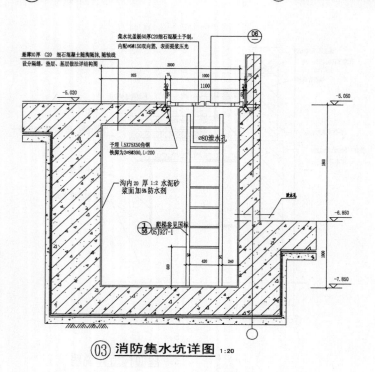

集水坑盖板60厚C20细石混凝土予制,
内配⌀6@150双向筋,表面提浆压光

最薄30厚 C20 细石混凝土随捣随抹,随抛线
设分隔缝,垫层、基层做法详结构图

予埋 L5X75X50角钢
铁脚为2x⌀8@300,L=200

沟内20 厚 1:2 水泥砂
浆面加5%防水剂

⌀80泄水孔

① 爬梯参见国标
58 05J927-1

③ 消防集水坑详图 1:20

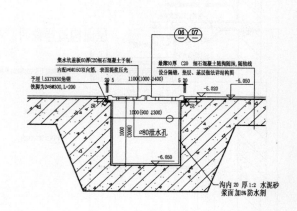

集水坑盖板60厚C20细石混凝土予制,
内配⌀6@150双向筋,表面提浆压光

最薄30厚 C20 细石混凝土随捣随抹,随抛线
设分隔缝,垫层、基层做法详结构图

予埋 L5X75X50角钢
铁脚为2x⌀8@300,L=200

⌀80泄水孔

沟内20 厚1:2 水泥砂
浆面加5%防水剂

⑤ 集水坑详图 1:20

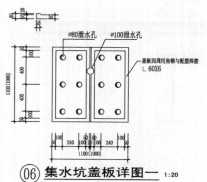

⌀80泄水孔　⌀100泄水孔

盖板四周用角钢与配筋焊接
L 60X6

⑥ 集水坑盖板详图一 1:20

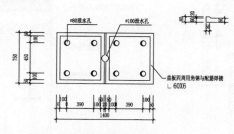

⌀80泄水孔　⌀100泄水孔

盖板四周用角钢与配筋焊接
L 60X6

⑦ 集水坑盖板详图二 1:20

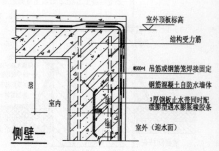

室外顶板标高
结构受力筋
@500≥4 吊筋或钢筋笼搭接固定
钢筋混凝土自防水墙体
3厚钢板止水带同时配
缓膨型遇水膨胀橡胶条
室外(迎水面)
室内

侧壁一

⑧ 施工缝防水详图（一） 1:20

▲001-地下车库防水节点详图1

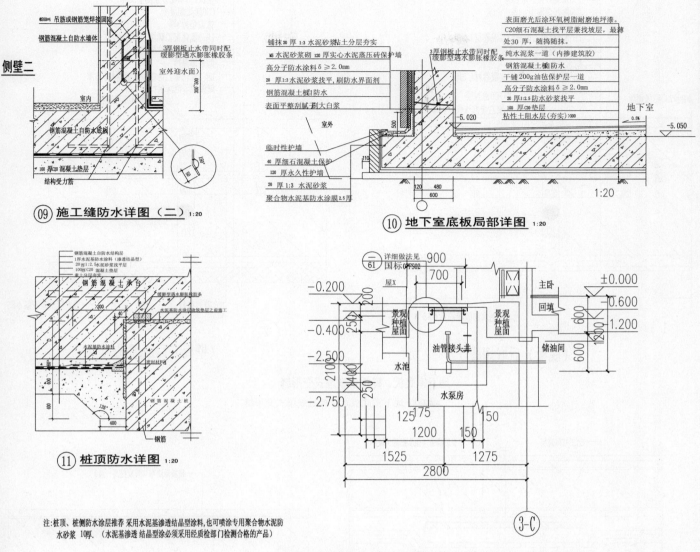

侧壁二

Φ500@4 吊筋或钢筋笼焊接固定
钢筋混凝土自防水墙体
3厚钢板止水带同时配缓膨型遇水膨胀橡胶条
室外迎水面)
室内
钢筋混凝土自防水底板
100 厚C20混凝土垫层
结构受力筋

⑨ 施工缝防水详图（二） 1:20

铺抹20 厚 1:3 水泥砂浆贴土分层夯实
M5 水泥砂浆砌 厚实心水泥蒸压砖保护墙
高分子防水涂料 δ≥2.0mm
20 厚1:3 水泥砂浆找平，刷防水界面剂
钢筋混凝土板自防水
表面平整刮腻子刮大白浆
室外
临时性护墙
40 厚细石混凝土保护
120 厚永久性护墙
20 厚 1:3 水泥砂浆
聚合物水泥基防水涂膜2.5厚

3厚钢板止水带同时配缓膨型遇水膨胀橡胶条

表面磨光后涂环氧树脂耐磨地坪漆。
C20细石混凝土找平层兼找坡层，最薄处30厚，随捣随抹。
纯水泥浆一道（内掺建筑胶）
钢筋混凝土板自防水
干铺200g油毡保护层一道
高分子防水涂料 δ≥2.0mm
20 厚1:2.5 防水砂浆找平
100 厚C20垫层
粘性土阻水层（夯实）>300

地下室

⑩ 地下室底板局部详图 1:20

桩顶防水详图

钢筋混凝土自防水结构层
1厚水泥基防水涂料（渗透结晶型）
20 厚1:2.5 水泥砂浆找平层
100g厚C20 细石混凝土垫层
土分层夯实

钢筋混凝土承台
缓膨型遇水膨胀橡胶条
水泥基防水涂料涂于垫层之前施工
水泥基防水涂料
密封材料
钢筋混凝土桩
钢筋

⑪ 桩顶防水详图 1:20

详细做法见
国标02FS02

-0.200
-0.400
-2.500
-2.750

屋X
景观种植屋面
油管接头井
水池
水泵房

900
700
主卧
回填
景观种植屋面
储油间

±0.000
-0.600
1.200

3-C

注：桩顶、桩侧防水涂层推荐 采用水泥基渗透结晶型涂料，也可喷涂专用聚合物水泥防水砂浆 10厚。（水泥基渗透 结晶型涂必须采用经质检部门检测合格的产品）

▲002-地下车库防水节点详图2

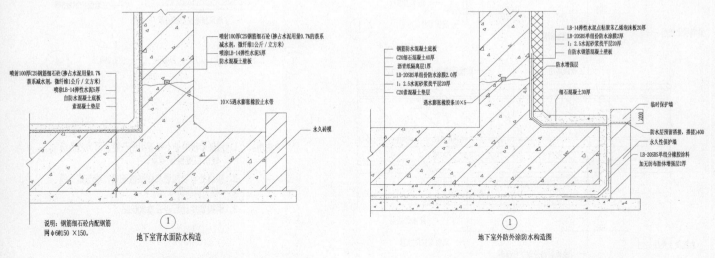

喷射100厚C25钢筋细石砼(掺占水泥用量0.7%的萘系减水剂,微纤维1公斤/立方米)
喷涂LB-14弹性水泥5厚
防水混凝土壁板

喷射100厚C25钢筋细石砼(掺占水泥用量0.7%萘系减水剂,微纤维1公斤/立方米)
喷涂LB-14弹性水泥5厚
自防水钢筋混凝土底板
素混凝土垫层

10×5遇水膨胀胶止水带
永久砖模

说明：钢筋细石砼内配钢筋网φ6@150×150。

① 地下室背水面防水构造

▲003-地下室背水面防水构造

钢筋防水混凝土底板
C20细石混凝土40厚
沥青纸隔离层1厚
LB-20SBS单组份防水涂膜2.0厚
1:2.5水泥砂浆找平层20厚
C20素混凝土垫层
遇水膨胀橡胶条10×5

LB-14弹性水泥点粘聚苯乙烯泡沫板20厚
LB-20SBS单组份防水涂膜2厚
1:2.5水泥砂浆找平层20厚
自防水钢筋混凝土壁板
防水增强层
细石混凝土30厚
临时保护墙
防水层预留搭接,搭接≥400
永久性保护墙
LB-20SBS单组份橡胶涂料加无纺布胎体增强2厚

① 地下室外防外涂防水构造图

▲004-地下室外防外涂防水构造图

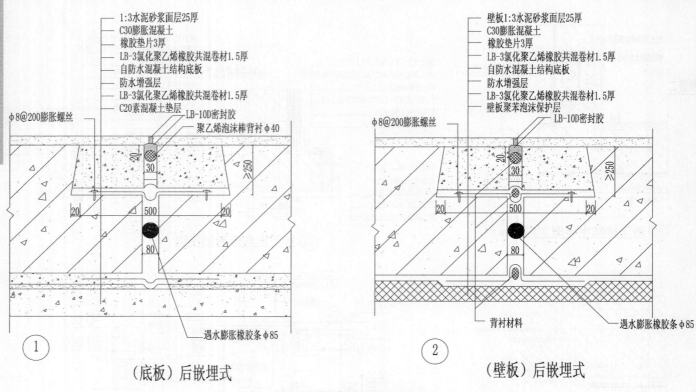

1:3水泥砂浆面层25厚
C30膨胀混凝土
橡胶垫片3厚
LB-3氯化聚乙烯橡胶共混卷材1.5厚
自防水混凝土结构底板
防水增强层
LB-3氯化聚乙烯橡胶共混卷材1.5厚
C20素混凝土垫层
φ8@200膨胀螺丝
LB-10D密封胶
聚乙烯泡沫棒背衬φ40
遇水膨胀橡胶条φ85

① （底板）后嵌埋式

壁板1:3水泥砂浆面层25厚
C30膨胀混凝土
橡胶垫片3厚
LB-3氯化聚乙烯橡胶共混卷材1.5厚
自防水混凝土结构底板
防水增强层
LB-3氯化聚乙烯橡胶共混卷材1.5厚
壁板聚苯泡沫保护层
φ8@200膨胀螺丝
LB-10D密封胶
背衬材料
遇水膨胀橡胶条φ85

② （壁板）后嵌埋式

地下室底板、壁板后嵌埋式变形缝

▲005-地下室底板、壁板后嵌埋式变形缝

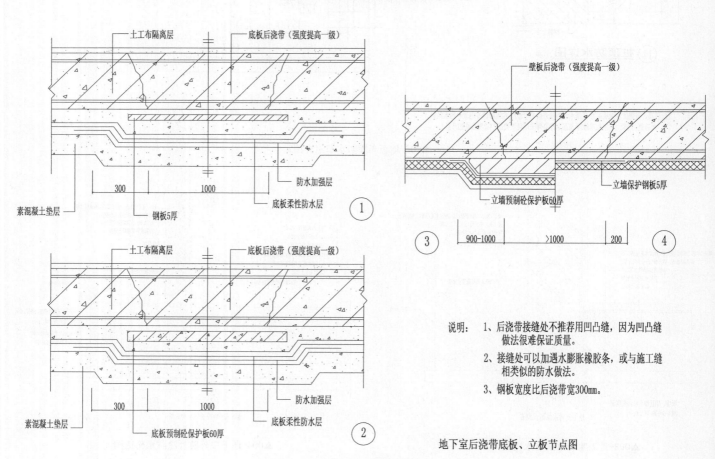

土工布隔离层
底板后浇带（强度提高一级）
防水加强层
底板柔性防水层
钢板5厚
素混凝土垫层
①

壁板后浇带（强度提高一级）
立墙保护钢板5厚
立墙预制砼保护板60厚
③　④

土工布隔离层
底板后浇带（强度提高一级）
防水加强层
底板柔性防水层
底板预制砼保护板60厚
素混凝土垫层
②

说明：1、后浇带接缝处不推荐用凹凸缝，因为凹凸缝做法很难保证质量。
2、接缝处可以加遇水膨胀橡胶条，或与施工缝相类似的防水做法。
3、钢板宽度比后浇带宽300mm。

地下室后浇带底板、立板节点图

▲006-地下室后浇带底板、立板节点图

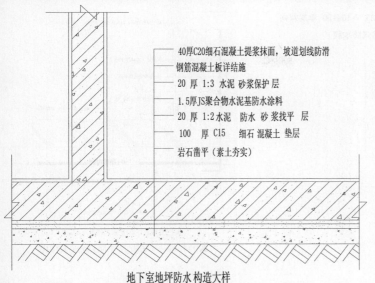

40厚C20细石混凝土提浆抹面，坡道划线防滑
钢筋混凝土板详施
20 厚 1:3 水泥 砂浆保护层
1.5厚JS聚合物水泥基防水涂料
20 厚 1:2水泥 防水 砂浆找平 层
100 厚 C15 细石 混凝土 垫层
岩石凿平（素土夯实）

地下室地坪防水构造大样

▲007-地下室地坪防水构造大样

40厚C20 细石混凝, 内配⌀4钢筋双向200
每6000设缝15宽, 并用建筑油膏设缝.
覆土
30 1:3 水泥 砂浆保护 层
1.5厚JS聚合物水泥基防水涂料
20 厚 1:2.5水泥 砂浆找平
30挤塑聚苯乙烯泡沫塑料保温板
20 厚 1:2.5水泥 砂浆找平
防水 钢筋混凝土板详施
抹灰层详建施图说明

3厚水泥基粘结剂贴广场砖
40厚C20 细石混凝, 内配⌀4钢筋双向200
每6000设缝15宽, 并用建筑油膏设缝.
20 厚 1:2.5防水 水泥 砂浆找平.
100 厚 C15 细石 混凝土 垫层
素土夯实

坡度

每6米开间设缝
宽 15 灌沥青油膏

地下室顶面防水构造大样（路面部分）

▲008-地下室顶面防水（路面部分）

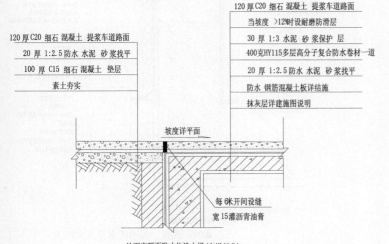

120 厚C20 细石 混凝土 提浆车道路面
20 厚 1:2.5 防水 水泥 砂浆找平
100 厚 C15 细石 混凝土 垫层
素土夯实

120 厚C20 细石 混凝土 提浆车道路面
当坡度 >12%时设耐磨防滑层
30 厚 1:3 水泥 砂浆 保护 层
400克HY115多层高分子复合防水卷材一道
20 厚 1:2.5 防水 水泥 砂浆找平
防水 钢筋混凝土板详施
抹灰层详建施图说明

坡度详平面

每6米开间设缝
宽15灌沥青油膏

地下室顶面防水构造大样（车道部分）

▲009-地下室顶面防水构造大样（车道部分）

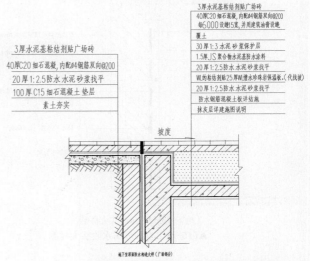

3厚水泥基粘结剂贴广场砖
40厚C20 细石混凝, 内配⌀4钢筋双向@200
20 厚1:2.5防水 水泥 砂浆找平
100厚C15 细石混凝土 垫层
素土夯实

3厚水泥基结结剂贴广场砖
40厚C20 细石混凝, 内配⌀4钢筋双向@200
每6000 设缝5宽, 并用建筑油膏设缝.
覆土
30 厚 1:3 水泥 砂浆保护 层
1.5厚JS聚合物水泥基防水涂料
20 厚1:2.5水泥 水泥 砂浆找平
WL防粘结剂25厚珍珠岩保温板(代找坡)
20 厚1:2.5水泥 水泥 砂浆找平
防水 钢筋混凝土板详结施
抹灰层详建施图说明

坡度

地下室顶面防水大样（广场部分）

▲010-地下室顶面防水构造大样（广场部分）

岩石凿平
20 厚1:3 水泥 砂浆保护层
400克HY115多层高分子复合防水卷材一道
30 厚1:2.5防水 水泥 砂浆找平
防水钢筋混凝土侧墙详结施
室内抹灰层详建施图说明

灌沥青油膏

地下室外墙防水构造大样（有岩石部分）

▲011-地下室外墙防水构造大样（有岩石部分）

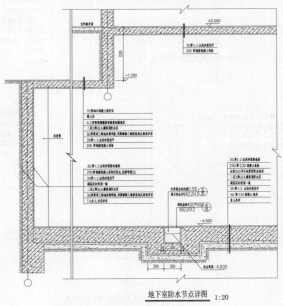

地下室防水节点详图   1:20

▲012-地下室防水节点详图

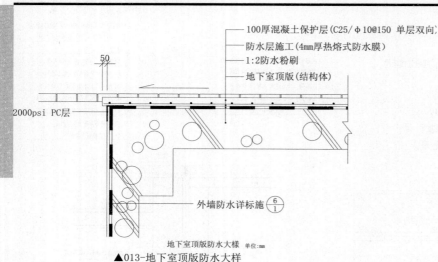

100厚混凝土保护层(C25/φ10@150 单层双向)
防水层施工(4mm厚热熔式防水膜)
1:2防水粉刷
地下室顶版(结构体)

50

2000psi PC层

外墙防水详标施 ⑥/①

地下室顶版防水大样　单位:mm
▲013-地下室顶版防水大样

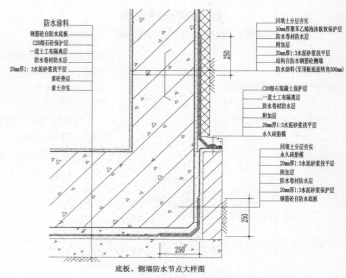

地下室外墙防水收头作法另详标施 ⊕

保护层(25mm厚 PS板)
4mm厚热熔式防水膜
1:2防水粉刷
钢板止水带标施 ⊕
搭接处3~5cm,热熔焊接

100

C15混凝土(垫层)
4mmTH 防潮毡(黑泥耐候胶布)
C10混凝土(垫层)

注:C10混凝土垫层分二次浇筑

地下(底版及外墙)防水大样图　单位:mm
▲014-地下(底版及外墙)防水大样图

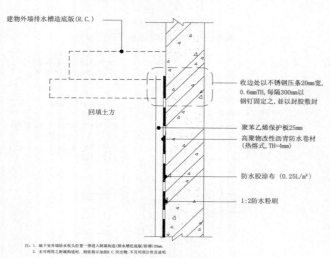

建物外墙排水槽造底版(R.C.)

回填土方

收边处以不锈钢压条20mm宽,
0.6mmTH,每隔300mm以
钢钉固定之,并以封胶敷封

聚苯乙烯保护板25mm
高聚物改性沥青防水卷材
(热熔式,TH=4mm)

防水胶涂布 (0.25L/m²)

1:2防水粉刷

注: 1. 地下室外墙防水收头位置一律进入附属构造(排水槽造底版/阶模)20mm。
　　2. 无可利用之附属构造时,则依指示加深R.C突出物,不另列项目价及说明

地下室外墙防水收头大样图
▲015-地下室外墙防水收头大样图

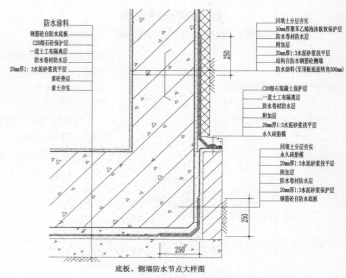

防水涂料
钢筋砼自防水底板
C20细石砼保护层
一道土工布隔离层
防水卷材防水层
20mm厚1:3水泥砂浆找平层
素土垫层
素土夯实

回填土分层夯实
50mm厚聚苯乙烯泡沫板软保护层
防水卷材防水层
附加层
20mm厚1:3水泥砂浆找平层
结构自防水钢筋砼侧墙
防水涂料(至顶板底面转角300mm)

250

C20细石混凝土保护层
一道土工布隔离层
防水卷材防水层
附加层
20mm厚1:3水泥砂浆找平层
永久砖胎模

回填土分层夯实
永久砖胎模
20mm厚1:3水泥砂浆找平层
附加层
防水卷材防水层
20mm厚1:3水泥砂浆保护层
钢筋砼自防水底板

250

250

底板、侧墙防水节点大样图
▲016-底板、侧墙防水节点大样图

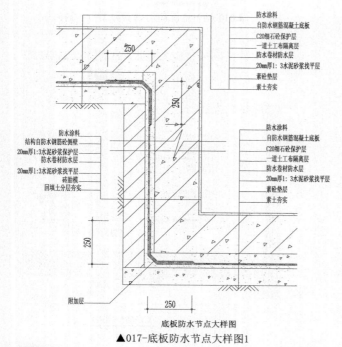

防水涂料
自防水钢筋混凝土底板
C20细石砼保护层
一道土工布隔离层
防水卷材防水层
20mm厚1:3水泥砂浆找平层
素砼垫层
素土夯实

250

250

防水涂料
结构自防水钢筋砼侧壁
20mm厚1:3水泥砂浆保护层
防水卷材防水层
20mm厚1:3水泥砂浆找平层
砖胎模
回填土分层夯实

250

附加层

250

底板防水节点大样图
▲017-底板防水节点大样图1

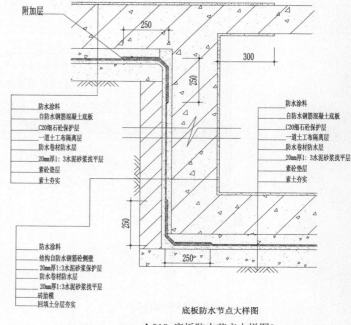

附加层

防水涂料
自防水钢筋混凝土底板
C20细石砼保护层
一道土工布隔离层
防水卷材防水层
20mm厚1:3水泥砂浆找平层
素砼垫层
素土夯实

250

250

300

防水涂料
自防水钢筋混凝土底板
C20细石砼保护层
一道土工布隔离层
防水卷材防水层
20mm厚1:3水泥砂浆找平层

250

防水涂料
结构自防水钢筋砼侧壁
20mm厚1:3水泥砂浆保护层
防水卷材防水层
20mm厚1:3水泥砂浆找平层
砖胎模
回填土分层夯实

250

底板防水节点大样图
▲018-底板防水节点大样图2

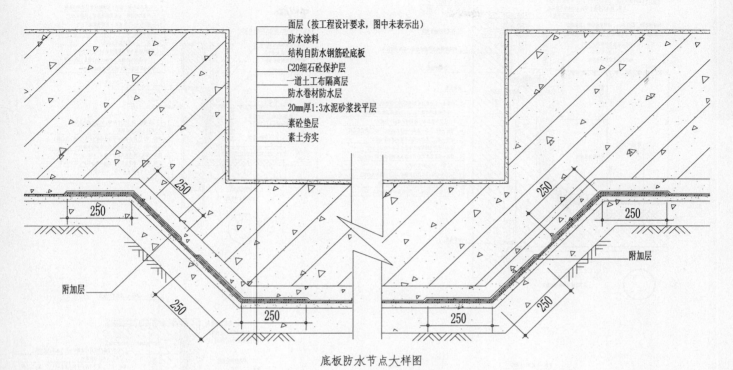

面层（按工程设计要求，图中未表示出）
防水涂料
结构自防水钢筋砼底板
C20细石砼保护层
一道土工布隔离层
防水卷材防水层
20mm厚1:3水泥砂浆找平层
素砼垫层
素土夯实

250

250

250

附加层

附加层

250

250

250

底板防水节点大样图

▲019-底板防水节点大样图3

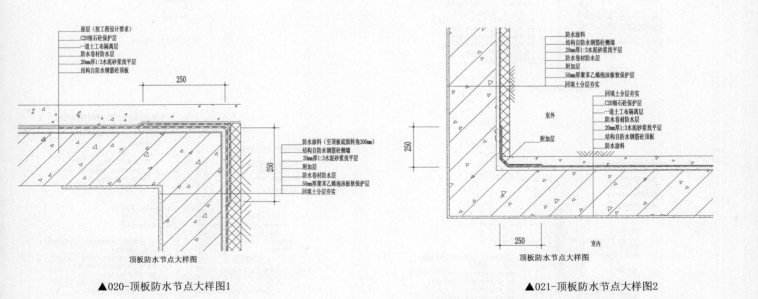

面层（按工程设计要求）
C20细石砼保护层
一道土工布隔离层
防水卷材防水层
20mm厚1:3水泥砂浆找平层
结构自防水钢筋砼顶板

250

250

防水涂料（至顶板底面转角300mm）
结构自防水钢筋砼侧墙
20mm厚1:3水泥砂浆找平层
附加层
防水卷材防水层
50mm厚聚苯乙烯泡沫板软保护层
回填土分层夯实

顶板防水节点大样图

▲020-顶板防水节点大样图1

防水涂料
结构自防水钢筋砼侧墙
20mm厚1:3水泥砂浆找平层
防水卷材防水层
附加层
50mm厚聚苯乙烯泡沫板软保护层
回填土分层夯实

回填土分层夯实
C20细石砼保护层
一道土工布隔离层
防水卷材防水层
20mm厚1:3水泥砂浆找平层
结构自防水钢筋砼顶板
防水涂料

室外

附加层

250

250

室内

顶板防水节点大样图

▲021-顶板防水节点大样图2

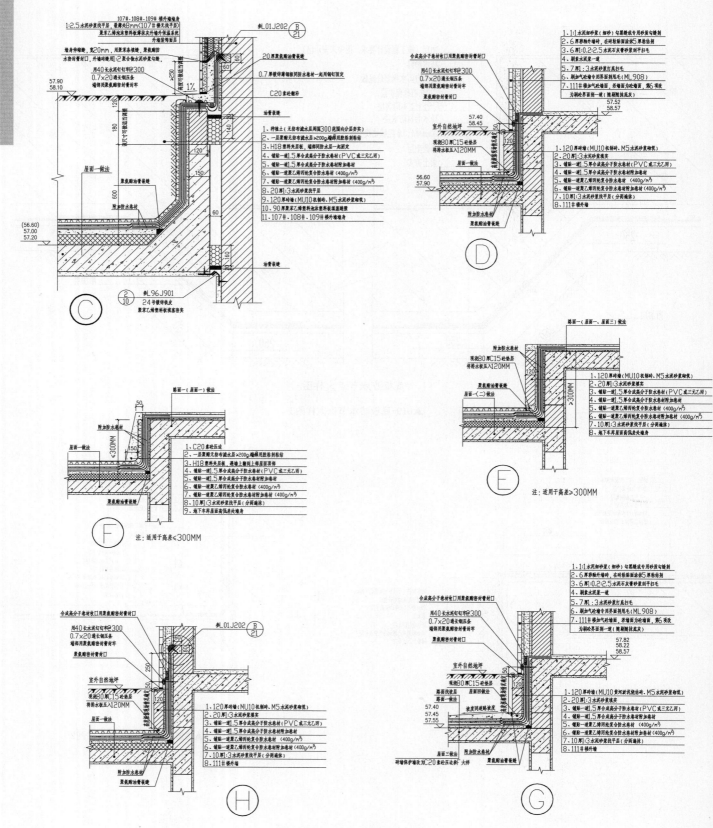

▲022-夹层塑料板1

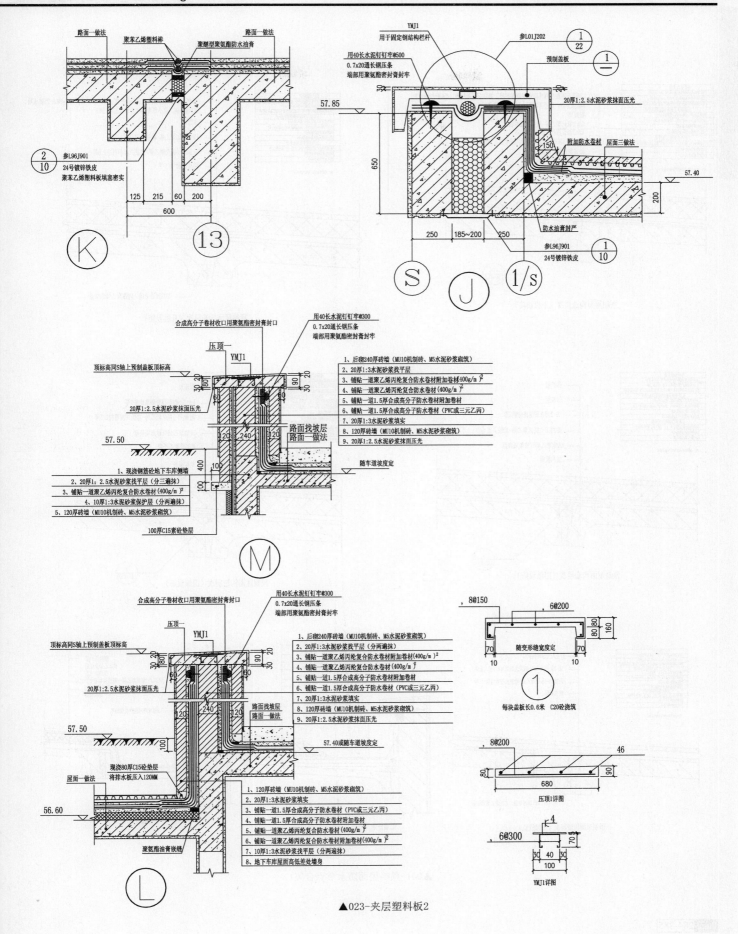

K / **13**

路面一做法
聚苯乙烯塑料棒
聚醛型聚氨酯防水油膏
路面一做法

② / 10
参L96J901
24号镀锌铁皮
聚苯乙烯塑料板填塞密实

125 215 60 200
600

S / **J** / **1/s** / **M** / **L** / **1**

YMJ1
用于固定钢结构栏杆
参L01J202 ① / 22 ①
用40长水泥钉钉牢@500
0.7x20通长钢压条
端部用聚氨酯密封封牢
预制盖板
57.85
20厚1:2.5水泥砂浆抹面压光
57.40
附加防水卷材
屋面三做法
防水油膏封严
参L96J901
24号镀锌铁皮
① / 10
650
250 185~200 250
150
200

合成高分子卷材收口用聚氨酯密封封口
用40长水泥钉钉牢@300
0.7x20通长钢压条
端部用聚氨酯密封封牢
压顶一
YMJ1
顶标高同S轴上预制盖板顶标高
20厚1:2.5水泥砂浆抹面压光
路面找坡层
路面一做法
57.50
随车道坡度定

1、后砌240厚砖墙(MU10机制砖、M5水泥砂浆砌筑)
2、20厚1:3水泥砂浆找平层
3、铺贴一道聚乙烯丙纶复合防水卷材附加卷材400g/m²
4、铺贴一道聚乙烯丙纶复合防水卷材(400g/m²)
5、铺贴一道1.5厚合成高分子防水卷材附加卷材
6、铺贴一道1.5厚合成高分子防水卷材(PVC或三元乙丙)
7、20厚1:3水泥砂浆填实
8、120厚砖墙(MU10机制砖、M5水泥砂浆砌筑)
9、20厚1:2.5水泥砂浆抹面压光

1、现浇钢筋砼地下车库侧墙
2、20厚1:2.5水泥砂浆找平层(分三遍抹)
3、铺贴一道聚乙烯丙纶复合防水卷材(400g/m²)
4、10厚1:3水泥砂浆保护层(分两遍抹)
5、120厚砖墙(MU10机制砖、M5水泥砂浆砌筑)
100厚C15素砼垫层

合成高分子卷材收口用聚氨酯密封封口
用40长水泥钉钉牢@300
0.7x20通长钢压条
端部用聚氨酯密封封牢
压顶一
YMJ1
顶标高同S轴上预制盖板顶标高
20厚1:2.5水泥砂浆抹面压光
路面找坡层
路面一做法
57.50
57.40或随车道坡度定
现浇80厚C15垫层
将排水板压入120MM
屋面一做法
56.60
聚氨酯油膏嵌缝

1、120厚砖墙(MU10机制砖、M5水泥砂浆砌筑)
2、20厚1:3水泥砂浆填实
3、铺贴一道1.5厚合成高分子防水卷材(PVC或三元乙丙)
4、铺贴一道1.5厚合成高分子防水卷材附加卷材
5、铺贴一道聚乙烯丙纶复合防水卷材(400g/m²)
6、铺贴一道聚乙烯丙纶复合防水卷材附加卷材(400g/m²)
7、10厚1:3水泥砂浆找平层(分两遍抹)
8、地下车库屋面高低差处墙身

8@150 6@200
160
80 80
70 10 10 70
随变形缝宽度定
① 每块盖板长0.6米 C20砼浇筑

8@200 46
80 90
680
压顶1详图

6@300
70
30 40 30
100
YMJ1详图

▲023-夹层塑料板2

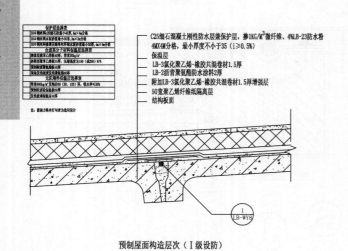

C25细石混凝土刚性防水层兼保护层，掺1KG/M³微纤维、4%LB-23防水粉
4MX4M分格，最小厚度不小于35（i≥0.5%）
保温层
LB-3氯化聚乙烯-橡胶共混卷材1.5厚
LB-2沥青聚氨酯防水涂料2厚
附加LB-3氯化聚乙烯-橡胶共混卷材1.5厚增强层
50宽聚乙烯纤维纸隔离层
结构板面

预制屋面构造层次（Ⅰ级设防）

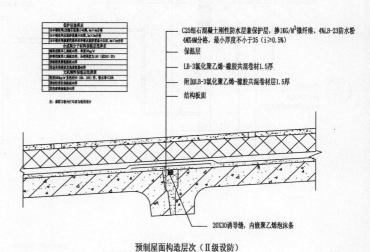

C25细石混凝土刚性防水层兼保护层，掺1KG/M³微纤维、4%LB-23防水粉
4MX4M分格，最小厚度不小于35（i≥0.5%）
保温层
LB-3氯化聚乙烯-橡胶共混卷材1.5厚
附加LB-3氯化聚乙烯-橡胶共混卷材1.5厚
结构板面

20X30诱导缝，内嵌聚乙烯泡沫条

预制屋面构造层次（Ⅱ级设防）

保护层
保温层
LB-2沥青聚氨酯涂料2厚
附加LB-3氯化聚乙烯-橡胶共混卷材1.5厚
50宽聚乙烯纤维纸隔离层
结构板面

预制屋面构造层次（Ⅲ级设防）

保护层
保温层
LB-20SBS单组分防水涂料2厚
附加LB-3氯化聚乙烯-橡胶共混卷材1.5厚
50宽聚乙烯纤维纸隔离层
水泥砂浆找平层
结构板面

预制屋面构造层次（Ⅲ级设防）

白色反光涂料保护层
LB-3氯化聚乙烯-橡胶共混卷材1.5厚（条铺）
附加LB-3氯化聚乙烯-橡胶共混卷材1.5厚
结构板面

20X30诱导缝，内嵌聚乙烯泡沫条

预制屋面构造层次（Ⅲ级设防）

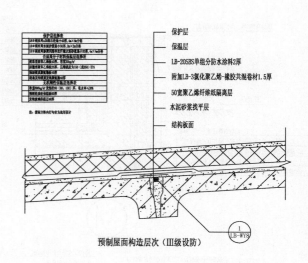

刚性保护层
保温层
柔性防水层
附加LB-3氯化聚乙烯-橡胶共混卷材防水层
水泥砂浆找平层
结构板面

1:3钢丝网水泥砂浆层25厚

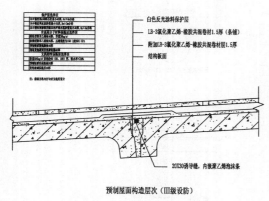

山墙泛水

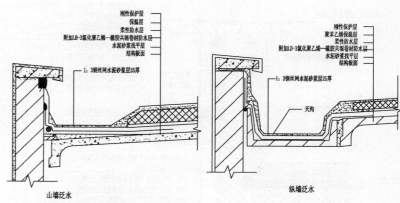

刚性保护层
聚苯乙烯保温层
柔性防水层
附加LB-3氯化聚乙烯-橡胶共混卷材防水层
水泥砂浆找平层
结构板面

1:3钢丝网水泥砂浆层25厚

天沟

纵墙泛水

▲001-预制屋面防水节点合集1

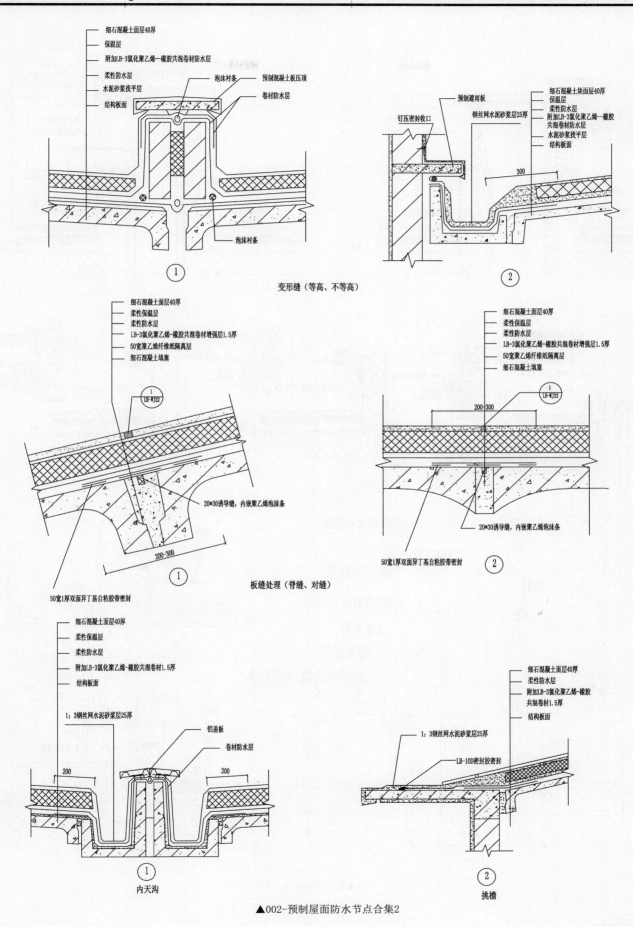

细石混凝土面层40厚
保温层
附加LB-3氯化聚乙烯—橡胶共混卷材防水层
柔性防水层
水泥砂浆找平层
结构板面
泡沫衬条
预制混凝土板压顶
卷材防水层
泡沫衬条

①

预制遮雨板
钉压密封收口
钢丝网水泥砂浆层25厚
细石混凝土块面层40厚
保温层
柔性防水层
附加LB-3氯化聚乙烯—橡胶共混卷材防水层
水泥砂浆找平层
结构板面
300

②

变形缝（等高、不等高）

细石混凝土面层40厚
柔性保温层
柔性防水层
LB-3氯化聚乙烯—橡胶共混卷材增强层1.5厚
50宽聚乙烯纤维纸隔离层
细石混凝土填塞
LB-WJ22
20*30诱导缝，内嵌聚乙烯泡沫条
200-300
50宽1厚双面异丁基自粘胶带密封

①

细石混凝土面层40厚
柔性保温层
柔性防水层
LB-3氯化聚乙烯—橡胶共混卷材增强层1.5厚
50宽聚乙烯纤维纸隔离层
细石混凝土填塞
LB-WJ22
200-300
20*30诱导缝，内嵌聚乙烯泡沫条
50宽1厚双面异丁基自粘胶带密封

②

板缝处理（脊缝、对缝）

细石混凝土面层40厚
柔性保温层
柔性防水层
附加LB-3氯化聚乙烯—橡胶共混卷材1.5厚
结构板面
1：3钢丝网水泥砂浆层25厚
铝盖板
卷材防水层
200   200

①

内天沟

细石混凝土面层40厚
柔性防水层
附加LB-3氯化聚乙烯—橡胶共混卷材1.5厚
结构板面
1：3钢丝网水泥砂浆层25厚
LB-10D密封胶密封

②

挑檐

▲002-预制屋面防水节点合集2

现浇屋面防水

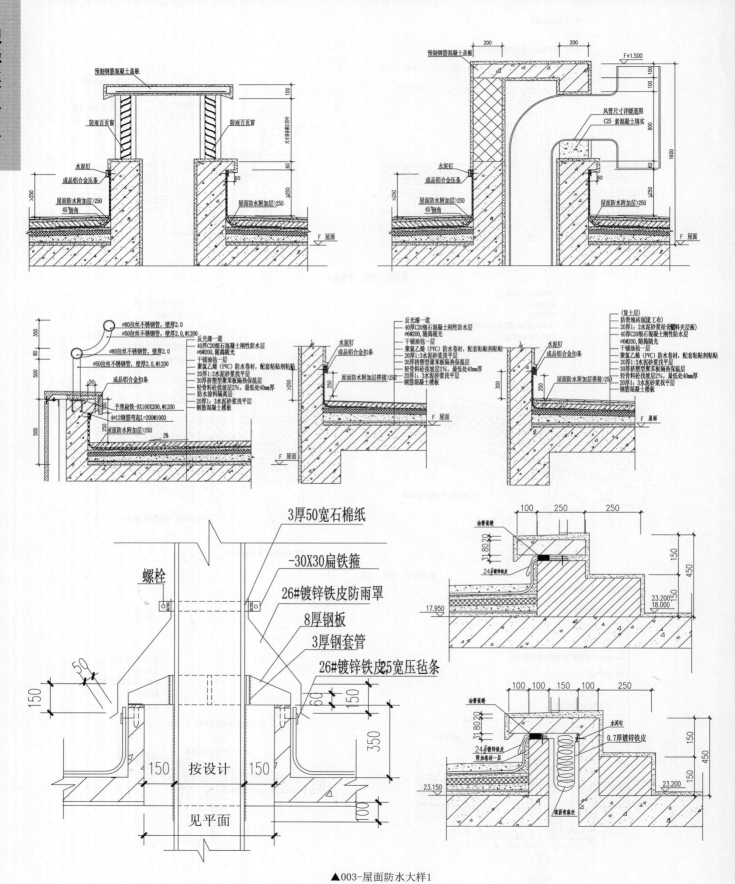

▲003-屋面防水大样1

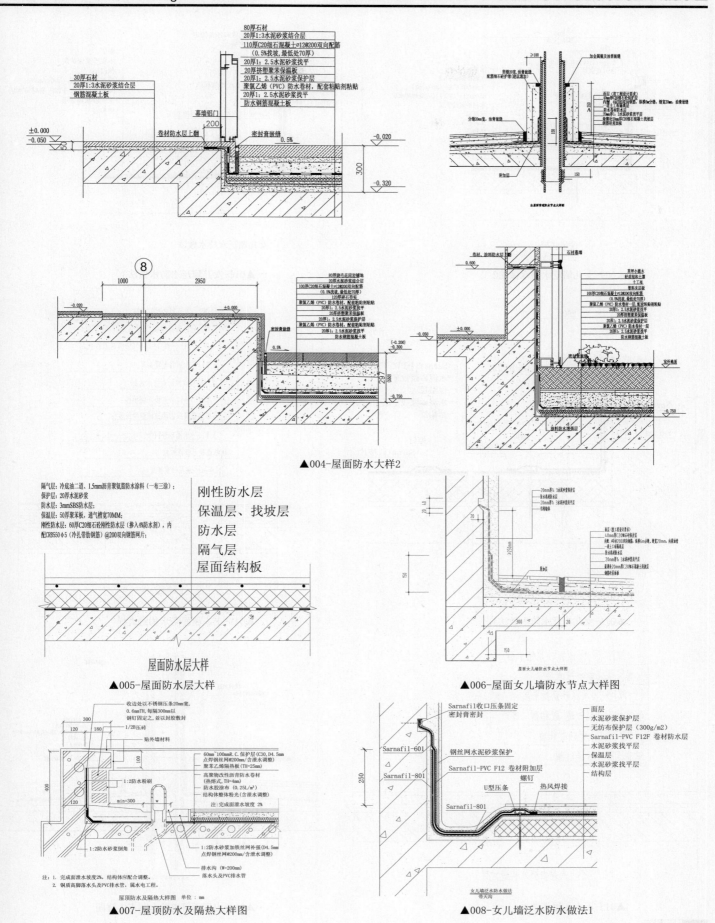

▲004-屋面防水大样2

屋面防水层大样

▲005-屋面防水层大样

▲006-屋面女儿墙防水节点大样图

▲007-屋顶防水及隔热大样图

▲008-女儿墙泛水防水做法1

现浇屋面防水

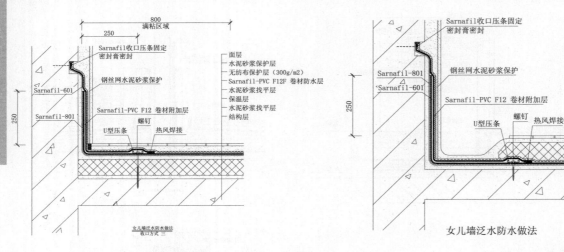

▲009-女儿墙泛水防水做法2

▲010-女儿墙泛水防水做法3

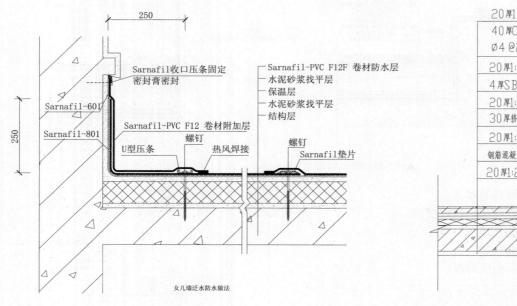

▲011-女儿墙泛水防水做法4

20厚1:2水泥砂浆贴地砖
40厚C20细石混凝土,提浆压光(内配双向Ø4 @200,加10%TS95硅质防水剂
20厚1:3水泥砂浆隔离层
4厚SBS改性沥青防水卷材
20厚1:2水泥砂浆找平保护层
30厚挤塑聚苯乙烯泡沫塑料保温板
20厚1:2水泥砂浆找平
钢筋混凝土板详结施
20厚1:2水泥砂浆抹灰

▲012-上人屋面防水构造大样

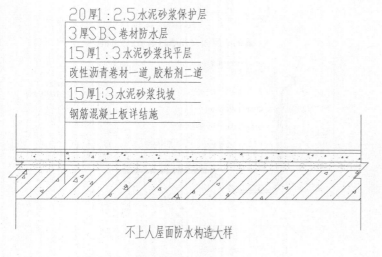

20厚1:2.5水泥砂浆保护层
3厚SBS卷材防水层
15厚1:3水泥砂浆找平层
改性沥青卷材一道,胶粘剂二道
15厚1:3水泥砂浆找坡
钢筋混凝土板详结施

不上人屋面防水构造大样

▲013-不上人屋面防水

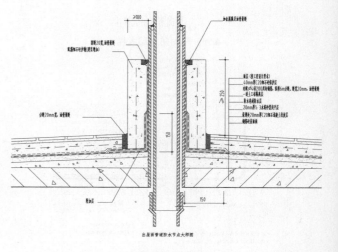

▲014-出屋面管道防水节点大样图

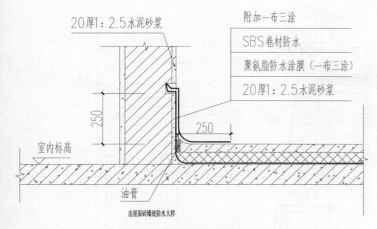

20厚1：2.5水泥砂浆

附加一布三涂

SBS卷材防水

聚氨脂防水涂膜（一布三涂）

20厚1：2.5水泥砂浆

250

室内标高

油膏

250

出屋面砖墙处防水大样

▲015-出屋面砖墙处防水大样

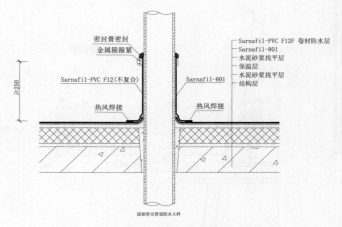

密封膏密封

金属掐掐紧

Sarnafil-PVC F12（不复合）

Sarnafil-601

热风焊接

热风焊接

Sarnafil-PVC F12F 卷材防水层
Sarnafil-801
水泥砂浆找平层
保温层
水泥砂浆找平层
结构层

≥250

屋面穿出管道防水大样

▲016-屋面穿出管道防水大样

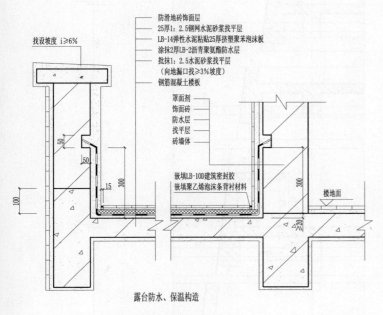

找设坡度 i≥6%

防滑地砖饰面层
25厚1：2.5钢网水泥砂浆找平层
LB-14弹性水泥粘贴25厚挤塑苯泡沫板
涂抹2厚LB-2沥青聚氨酯防水层
批抹1：2.5水泥砂浆找平层
（向地漏口找≥3%坡度）
钢筋混凝土楼板

罩面剂
饰面砖
防水层
找平层
砖墙体

嵌填LB-10D建筑密封胶
嵌填聚乙烯泡沫条背衬材料

楼地面

露台防水、保温构造

▲017-露台防水、保温构造

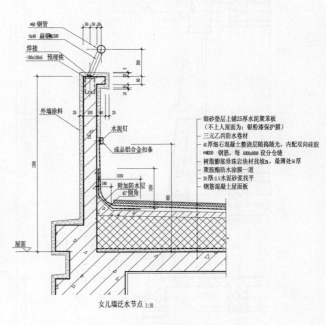

φ60 钢管
6×40 扁钢
-100×100×6 预埋铁
焊接

外墙涂料

水泥钉

成品铝合金扣条

屋面

细砂垫层上铺25厚水泥聚苯板
（不上人屋面为：银粉漆保护膜）
三元乙丙防水卷材
40厚细石混凝土整浇层随捣随光，内配双向硅胶
φ4@200 钢筋，每 6000×6000 设分仓缝
树脂膨胀珍珠岩块材找坡，最薄处50厚
聚氨酯防水涂膜一道
20厚1：2.5水泥浆找平
钢筋混凝土屋面板

附加防水层
45°倒角

女儿墙泛水节点 1:10

▲018-女儿墙泛水节点（一）

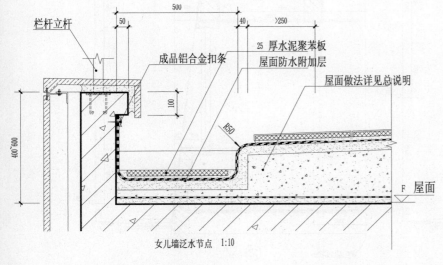

栏杆立杆

成品铝合金扣条

25 厚水泥聚苯板
屋面防水附加层

屋面做法详见总说明

R50

F 屋面

女儿墙泛水节点 1:10

▲019-女儿墙泛水节点（二）

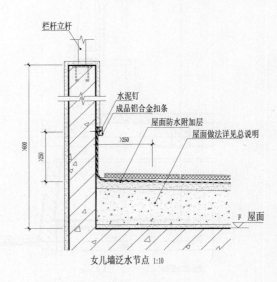

栏杆立杆

水泥钉
成品铝合金扣条

屋面防水附加层

屋面做法详见总说明

F 屋面

女儿墙泛水节点 1:10

▲020-女儿墙泛水节点（三）

现浇屋面防水

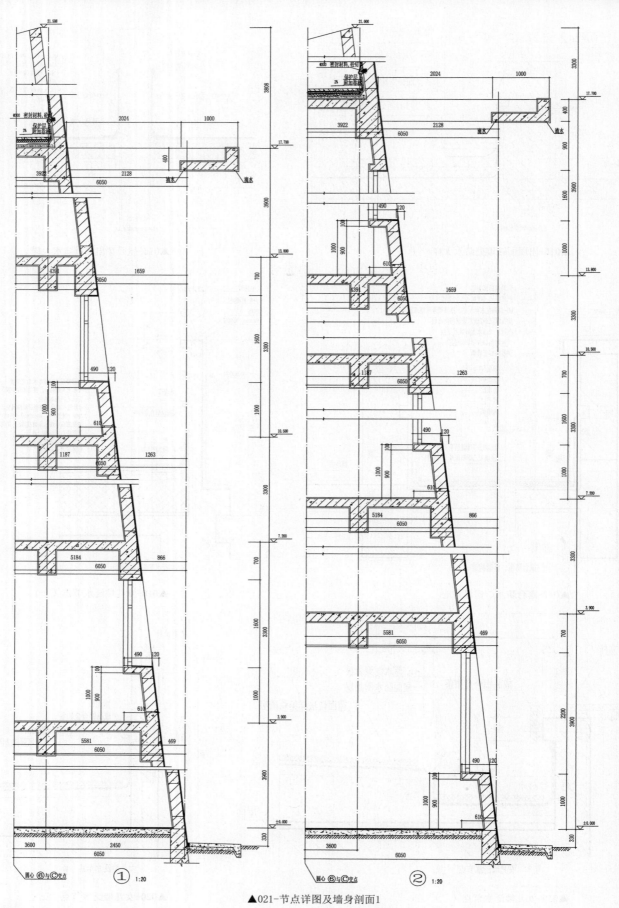

▲021-节点详图及墙身剖面1

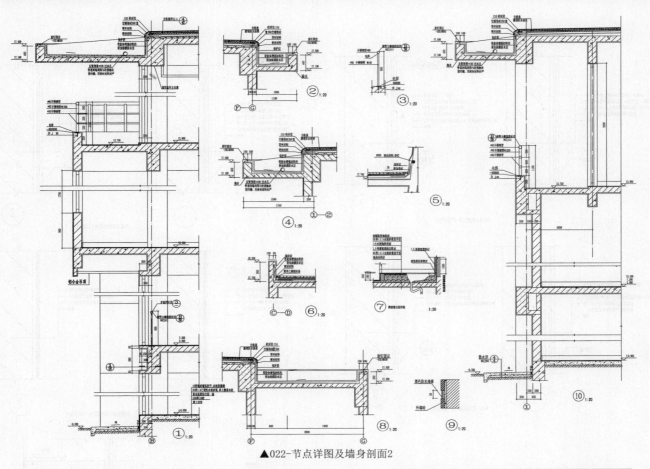

▲022-节点详图及墙身剖面2

防水等级	编号	名 称	构 造 简 图	层次	构 造 做 法	备 注
防水等级Ⅰ级的保温屋面	⑲	卷材+涂膜防水上人屋面		1	保护层: 40厚C20细石混凝土(内配Ø4@200双向);	1.加装饰性面层(水泥砖 水泥花砖 地缸砖等)做法见工程设计; 2.保护层均设分仓缝和分格缝;
				2	隔离层: 纤维布一层;	
				3	保温层: 25厚挤塑板或见单项工程;	
				4	防水层: 防水卷材二层;	
				5	找平层: 20厚1:2.5水泥砂浆;	
				6	防水层: 防水涂膜一层;	
				7	找平层 (或找坡层): 同①;	
				8	结构层: 钢筋混凝土结构层.	
	⑳	卷材+涂膜防水上人屋面		1	保护层: 35厚540x540钢筋混凝土预制板;	堵头详见第16页.
				2	垫 层: 30厚粗砂,加堵头;	
				3	隔离层: 纤维布一层;	
				4	保温层: 25厚挤塑板或见单项工程;	
				5	防水层: 防水卷材二层;	
				6	找平层: 20厚1:2.5水泥砂浆;	
				7	防水层: 防水涂膜一层;	
				8	找平层 (或找坡层): 同①;	
				9	结构层: 钢筋混凝土结构层.	
	㉑	卷材+涂膜防水泊车屋面		1	保护层: 80~100厚C15铺路混凝土预制块或广场绿化堵头详见第16页.	
				2	垫 层: 30厚粗砂垫层,加堵头;	
				3	隔离层: 纤维布一层;	
				4	保温层: 25厚挤塑板或见单项工程;	
				5	防水层: 防水卷材一层;	
				6	找平层: 20厚1:2.5水泥砂浆;	
				7	防水层: 防水涂膜一层;	
				8	找平层 (或找坡层): 同①;	
				9	结构层: 钢筋混凝土结构层.	

注: 节能型居住建筑屋面的保温层采用>35厚挤塑板.

防水等级Ⅰ级的保温屋面构造

图集号	2000沪J/T-xxx
页	10

▲023-防水等级Ⅰ级的保温屋面构造

外墙防水

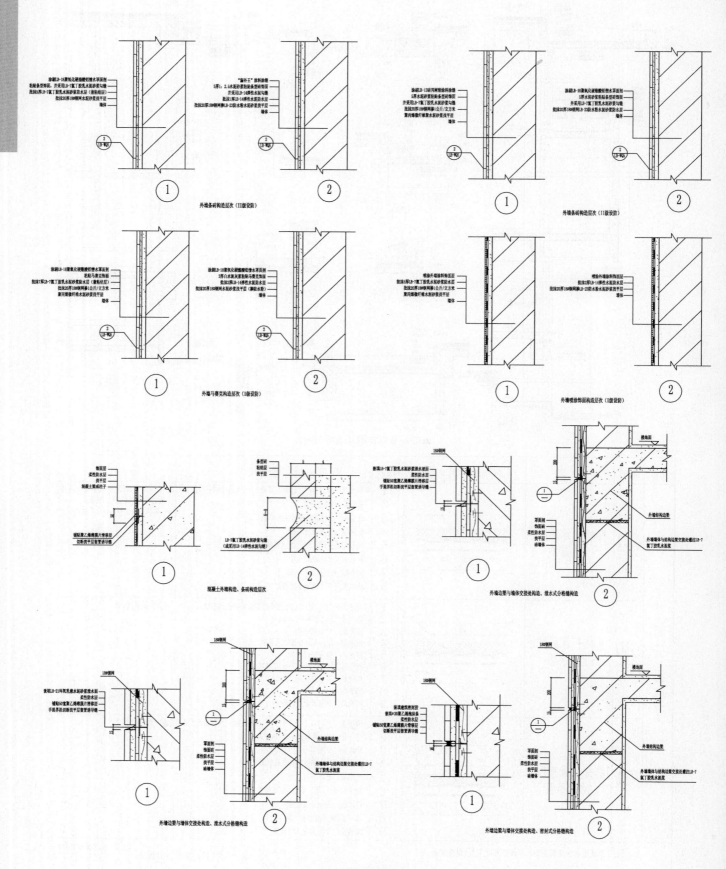

▲001-外墙防水详图1

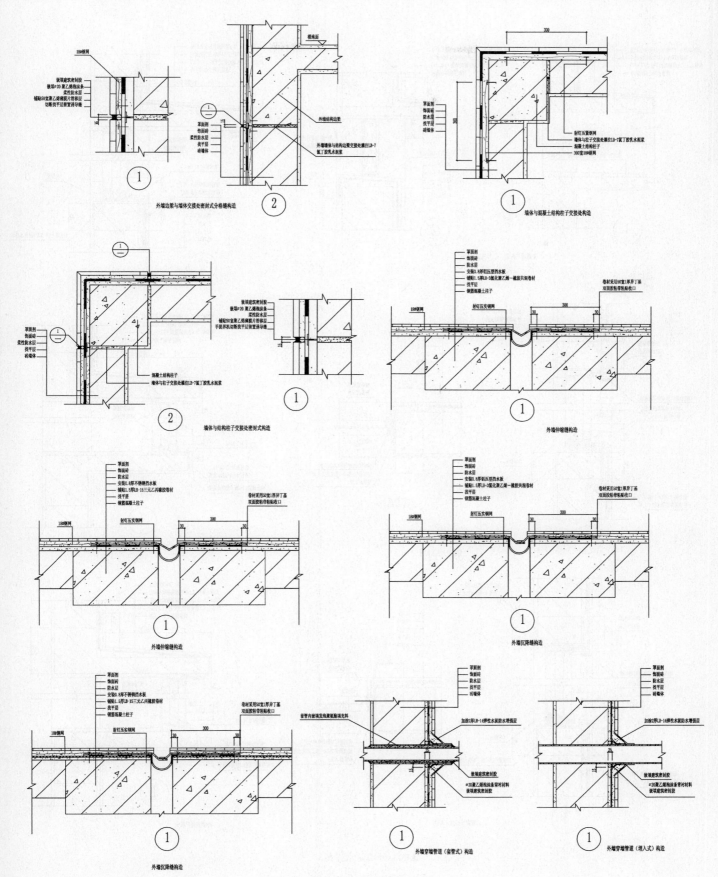

▲002-外墙防水详图2

外墙防水

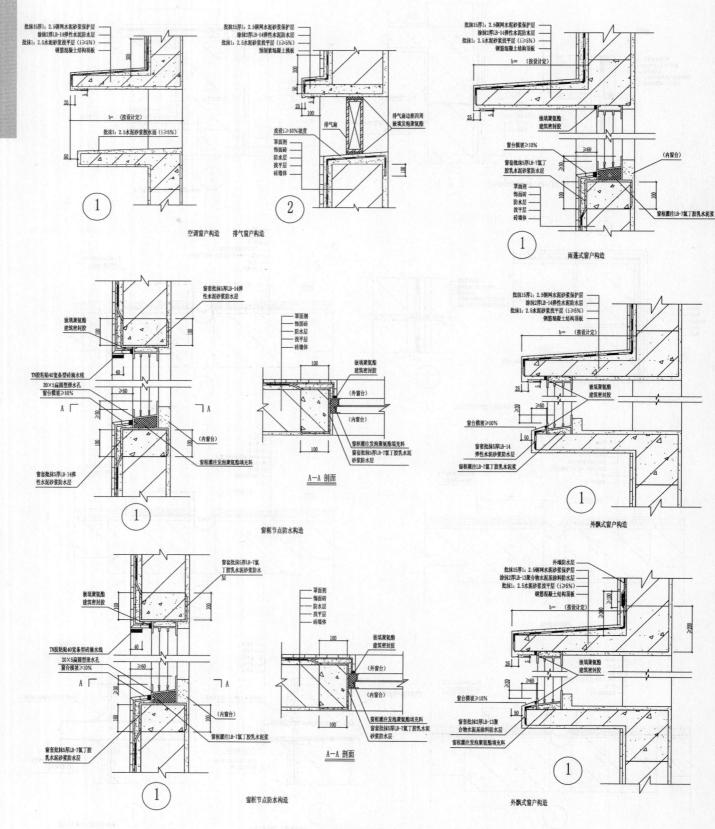

▲003-外墙防水详图3

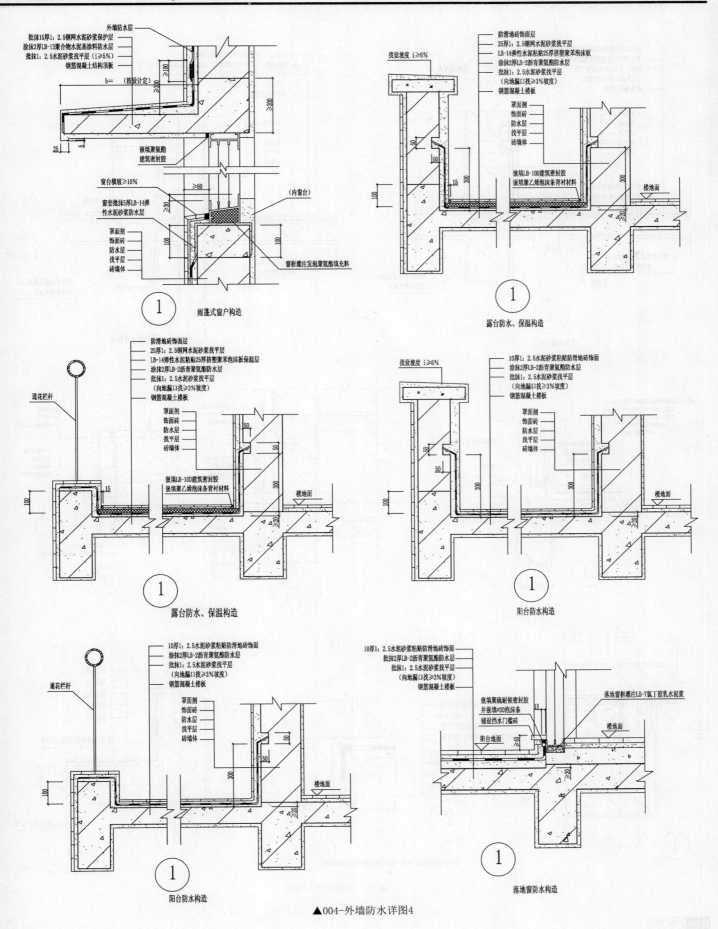

批抹15厚1:2.5钢网水泥砂浆保护层
涂抹2厚LB-13聚合物水泥基涂料防水层
批抹1:2.5水泥砂浆找平层(i≥5%)
钢筋混凝土结构顶板
外墙防水层

b=（按设计定）

嵌填聚氨酯
建筑密封胶

25

窗台模坡≥10%
窗套批抹5厚LB-14弹
性水泥砂浆防水层

（内窗台）

罩面剂
饰面砖
防水层
找平层
砖墙体

窗框灌注发泡聚氨酯填充料

① 雨蓬式窗户构造

防滑地砖饰面层
25厚1:2.5钢网水泥砂浆找平层
LB-14弹性水泥粘贴25厚挤塑聚苯泡沫板
涂抹2厚LB-2沥青聚氨酯防水层
批抹1:2.5水泥砂浆找平层
（向地漏口找≥3%坡度）
钢筋混凝土楼板

找设坡度 i≥6%

罩面剂
饰面砖
防水层
找平层
砖墙体

嵌填LB-10D建筑密封胶
嵌填聚乙烯泡沫条背衬材料

楼地面

① 露台防水、保温构造

防滑地砖饰面层
25厚1:2.5钢网水泥砂浆找平层
LB-14弹性水泥粘贴25厚挤塑聚苯泡沫板保温层
涂抹2厚LB-2沥青聚氨酯防水层
批抹1:2.5水泥砂浆找平层
（向地漏口找≥3%坡度）
钢筋混凝土楼板

通花栏杆

罩面剂
饰面砖
防水层
找平层
砖墙体

嵌填LB-10D建筑密封胶
嵌填聚乙烯泡沫条背衬材料

楼地面

① 露台防水、保温构造

10厚1:2.5水泥砂浆粘贴防滑地砖饰面
涂抹2厚LB-2沥青聚氨酯防水层
批抹1:2.5水泥砂浆找平层
（向地漏口找≥3%坡度）
钢筋混凝土楼板

找设坡度 i≥6%

罩面剂
饰面砖
防水层
找平层
砖墙体

楼地面

① 阳台防水构造

10厚1:2.5水泥砂浆粘贴防滑地砖饰面
涂抹2厚LB-2沥青聚氨酯防水层
批抹1:2.5水泥砂浆找平层
（向地漏口找≥3%坡度）
钢筋混凝土楼板

通花栏杆

罩面剂
饰面砖
防水层
找平层
砖墙体

楼地面

① 阳台防水构造

10厚1:2.5水泥砂浆粘贴防滑地砖饰面
批抹2厚LB-2沥青聚氨酯防水层
批抹1:2.5水泥砂浆找平层
（向地漏口找≥3%坡度）
钢筋混凝土楼板

嵌填聚硫耐候密封胶
并嵌填φ20泡沫条
铺设挡水门槛砖

阳台地面

落地窗框灌注LB-7氯丁胶乳水泥浆

楼地面

① 落地窗防水构造

▲004-外墙防水详图4

外墙防水

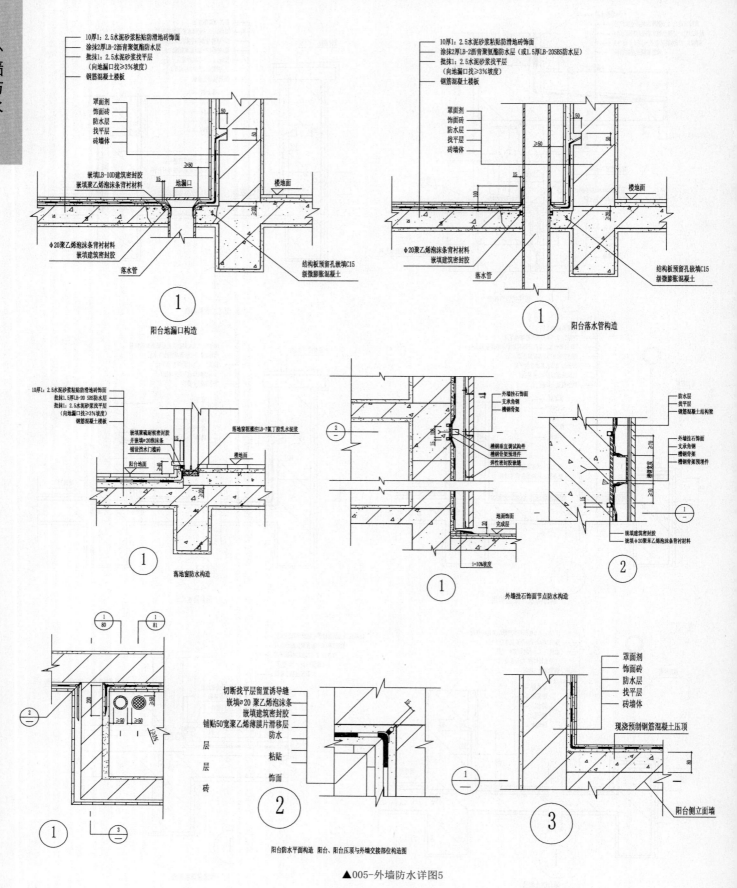

10厚1:2.5水泥砂浆粘贴防滑地砖饰面
涂抹2厚LB-2沥青聚氨酯防水层
批抹1:2.5水泥砂浆找平层
（向地漏口找≥3%坡度）
钢筋混凝土楼板

罩面剂
饰面砖
防水层
找平层
砖墙体

嵌填LB-10D建筑密封胶
嵌填聚乙烯泡沫条背衬材料

地漏口

楼地面

φ20聚乙烯泡沫条背衬材料
嵌填建筑密封胶

落水管

① 阳台地漏口构造

10厚1:2.5水泥砂浆粘贴防滑地砖饰面
涂抹2厚LB-2沥青聚氨酯防水层（或1.5厚LB-20SBS防水层）
批抹1:2.5水泥砂浆找平层
（向地漏口找≥3%坡度）
钢筋混凝土楼板

罩面剂
饰面砖
防水层
找平层
砖墙体

楼地面

φ20聚乙烯泡沫条背衬材料
嵌填建筑密封胶

结构板预留孔嵌填C15
级微膨胀混凝土

落水管

① 阳台落水管构造

10厚1:2.5水泥砂浆粘贴防滑地砖饰面
批抹1.5厚LB-20 SBS防水层
批抹1:2.5水泥砂浆找平层
（向地漏口找≥3%坡度）
钢筋混凝土楼板

嵌填聚硫耐候密封胶
并嵌填ø20泡沫条
铺设挡水门槛砖

落地窗框灌注LB-7氯丁胶乳水泥浆

阳台地面

楼地面

① 落地窗防水构造

外墙挂石饰面
支承角钢
槽钢骨架

槽钢竖立调试构件
槽钢骨架预埋件
弹性密封胶嵌缝

地面饰面
完成层

i=10%坡度

① 外墙挂石饰面节点防水构造

防水层
找平层
钢筋混凝土结构梁

外墙挂石饰面
支承角钢
槽钢骨架
槽钢骨架预埋件

嵌填建筑密封胶
嵌填φ20聚苯泡沫条背衬材料

②

① ③

切断找平层留置诱导缝
嵌填ø20 聚乙烯泡沫条
嵌填建筑密封胶
铺贴50宽聚乙烯薄膜片滑移层
防水
粘贴
饰面

层
层
砖

② 阳台防水平面构造 阳台、阳台压顶与外墙交接部位构造图

罩面剂
饰面砖
防水层
找平层
砖墙体

现浇预制钢筋混凝土压顶

阳台侧立面墙

③

▲005-外墙防水详图5

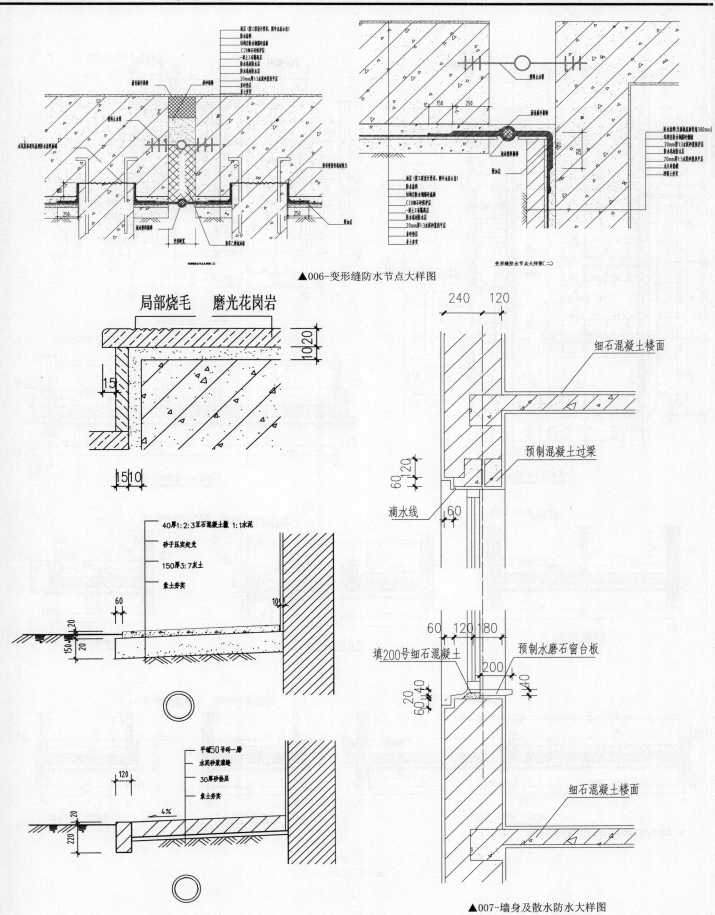

▲006-变形缝防水节点大样图

▲007-墙身及散水防水大样图

水池防水

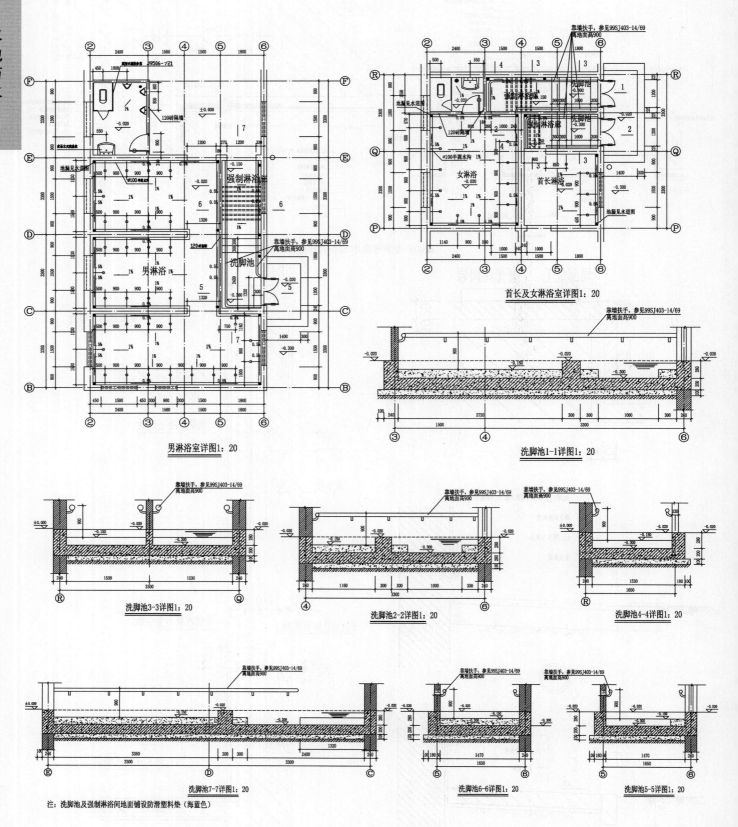

男淋浴室详图1:20

首长及女淋浴室详图1:20

洗脚池1-1详图1:20

洗脚池3-3详图1:20

洗脚池2-2详图1:20

洗脚池4-4详图1:20

洗脚池7-7详图1:20

洗脚池6-6详图1:20

洗脚池5-5详图1:20

注: 洗脚池及强制淋浴间地面铺设防滑塑料垫(海蓝色)

▲001-洗脚池详图

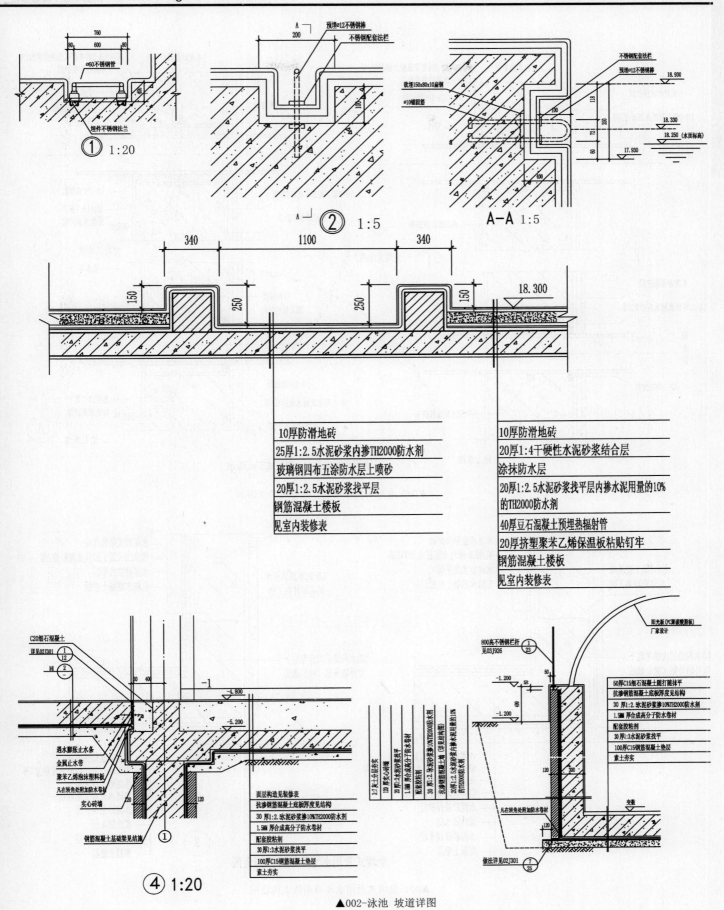

① 1:20

② 1:5

A—A 1:5

10厚防滑地砖
25厚1:2.5水泥砂浆内掺TH2000防水剂
玻璃钢四布五涂防水层上喷砂
20厚1:2.5水泥砂浆找平层
钢筋混凝土楼板
见室内装修表

10厚防滑地砖
20厚1:4干硬性水泥砂浆结合层
涂抹防水层
20厚1:2.5水泥砂浆找平层内掺水泥用量的10%
的TH2000防水剂
40厚豆石混凝土预埋热辐射管
20厚挤塑聚苯乙烯保温板粘贴钉牢
钢筋混凝土楼板
见室内装修表

④ 1:20

50厚C15细石混凝土随打随抹平
抗渗钢筋混凝土底板厚度见结构
30 厚1:2.5水泥砂浆掺10%TH2000防水剂
1.5M 厚合成高分子防水卷材
配套胶粘剂
30 厚1:3水泥砂浆找平
100厚C15钢筋混凝土垫层
素土夯实

▲002-泳池 坡道详图

水池防水

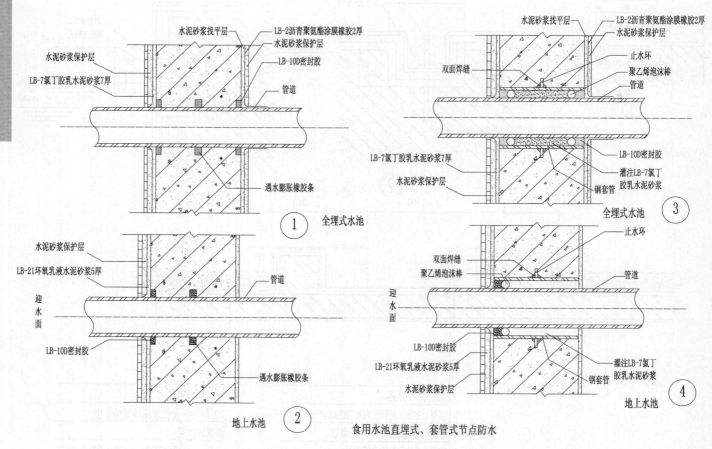

图① 全埋式水池

水泥砂浆找平层　LB-2沥青聚氨酯涂膜橡胶2厚
水泥砂浆保护层　水泥砂浆保护层
LB-7氯丁胶乳水泥砂浆7厚　LB-10D密封胶
管道
遇水膨胀橡胶条

水泥砂浆找平层　LB-2沥青聚氨酯涂膜橡胶2厚
双面焊缝　水泥砂浆保护层
止水环
聚乙烯泡沫棒
管道
LB-7氯丁胶乳水泥砂浆7厚　LB-10D密封胶
水泥砂浆保护层　灌注LB-7氯丁胶乳水泥砂浆
钢套管
③ 全埋式水池

水泥砂浆保护层
LB-21环氧乳液水泥砂浆5厚
迎水面
管道
LB-10D密封胶
遇水膨胀橡胶条
② 地上水池

止水环
双面焊缝
聚乙烯泡沫棒
迎水面
管道
LB-10D密封胶
LB-21环氧乳液水泥砂浆5厚
水泥砂浆保护层
灌注LB-7氯丁胶乳水泥砂浆
钢套管
④ 地上水池

食用水池直埋式、套管式节点防水

▲003-食用水池直埋式、套管式节点防水

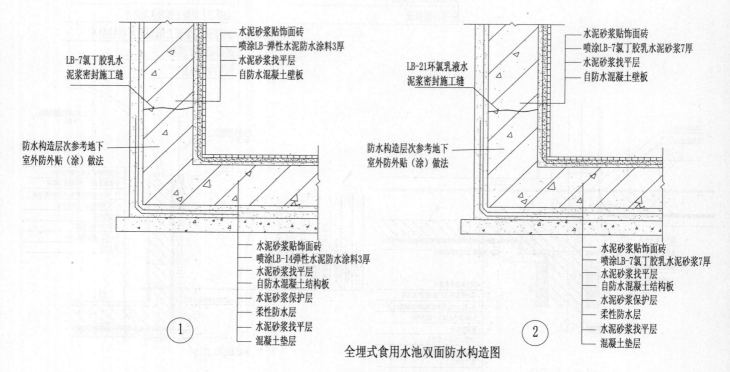

LB-7氯丁胶乳水泥浆密封施工缝
水泥砂浆贴饰面砖
喷涂LB-弹性水泥防水涂料3厚
水泥砂浆找平层
自防水混凝土壁板
防水构造层次参考地下室外防外贴(涂)做法
水泥砂浆贴饰面砖
喷涂LB-14弹性水泥防水涂料3厚
水泥砂浆找平层
自防水混凝土结构板
水泥砂浆保护层
柔性防水层
水泥砂浆找平层
混凝土垫层
①

LB-21环氧乳液水泥浆密封施工缝
水泥砂浆贴饰面砖
喷涂LB-7氯丁胶乳水泥砂浆7厚
水泥砂浆找平层
自防水混凝土壁板
防水构造层次参考地下室外防外贴(涂)做法
水泥砂浆贴饰面砖
喷涂LB-7氯丁胶乳水泥砂浆7厚
水泥砂浆找平层
自防水混凝土结构板
水泥砂浆保护层
柔性防水层
水泥砂浆找平层
混凝土垫层
②

全埋式食用水池双面防水构造图

▲004-全埋式食用水池双面防水构造图

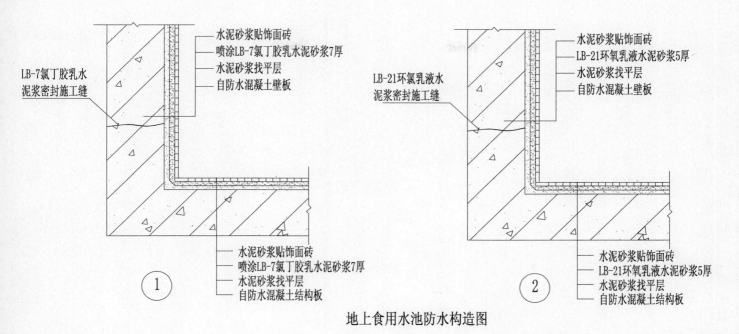

LB-7氯丁胶乳水泥浆密封施工缝

水泥砂浆贴饰面砖
喷涂LB-7氯丁胶乳水泥砂浆7厚
水泥砂浆找平层
自防水混凝土壁板

LB-21环氧乳液水泥浆密封施工缝

水泥砂浆贴饰面砖
LB-21环氧乳液水泥砂浆5厚
水泥砂浆找平层
自防水混凝土壁板

水泥砂浆贴饰面砖
喷涂LB-7氯丁胶乳水泥砂浆7厚
水泥砂浆找平层
自防水混凝土结构板

①

水泥砂浆贴饰面砖
LB-21环氧乳液水泥砂浆5厚
水泥砂浆找平层
自防水混凝土结构板

②

地上食用水池防水构造图

▲005-地上食用水池防水构造图

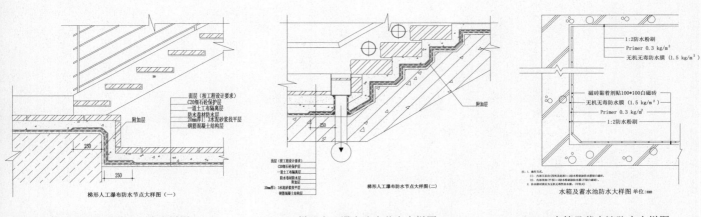

梯形人工瀑布防水节点大样图（一）

梯形人工瀑布防水节点大样图（二）

水箱及蓄水池防水大样图 单位:mm

▲006-梯形人工瀑布防水节点大样图（一）   ▲007-梯形人工瀑布防水节点大样图（二）   ▲008-水箱及蓄水池防水大样图

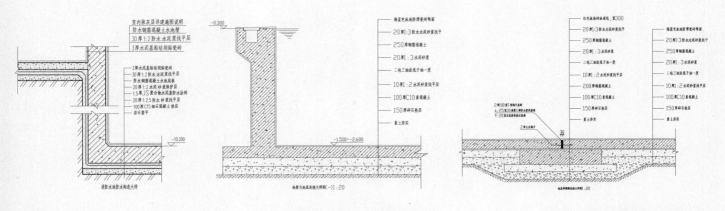

▲009-消防水池防水构造大样   ▲010-游泳馆池壁与池底连接大样   ▲011-游泳馆池底伸缩缝连接大样